봄의 창의성

데이비드 봄 저
김정래 역

박영사

목차

일러두기

1. 본 역서의 텍스트는 라우틀리지 2004년 판이다. 당초 본문은 1996년에 출판되었으나, 이 책의 편집자인 리 니콜의 서문이 실린 편집본은 1998년에 출간되었다. 리틀 베어 서문이 실린 최종본은 2004년에 출간되었다. 그러나 역자 해설을 비롯하여 본서의 출판연도는 1998년으로 표기하였다.
2. 본서는 내용 자체가 강연 형태이거나 대화를 담고 있어서 모두 경어체로 번역하였다. 이는 독자가 내용에 대하여 친근감을 높이는 데 도움이 될 것으로 보인다.
3. 원문의 용어와 인용문은 모두 겹따옴표 " "로 되어 있으므로 그대로 따랐다.
4. 원문에 강조된 이탤릭체는 번역문에서는 홑따옴표 ' '로 표기하였다.
5. 독자들이 저자의 뜻을 보다 잘 이해하도록 하고 용어의 의미를 전달하기 위하여 번역어 중 원어를 작은 글씨로 본문에 병기하였다.
6. 원문 속 저자의 주는 몇 되지 않고 미주로 되어 있어서, 그대로 따랐다. 각 페이지마다 달린 각주는 간략한 해설을 담은 역자의 주석이다.
7. 원문이 관계사나 접속사를 사용하여 긴 문장은 문장을 쪼개어 의미 전달이 수월하다고 판단되면 문장을 나누어서 번역한 경우가 있다. 그러나 원문을 최대한 존중한다는 원칙을 지키기 위하여 최소화하였다.
8. 본문 중 영어 표현상 ( ) 속에 표현된 내용은, 의미 전달에 문제가 없다고 판단되는 경우, ( )를 빼고 번역하였다.

용어해설

[여기서 설명하는 주요 용어 순서는 영어 알파벳 순서에 따르지만, 관련된 용어는 함께 묶어 다루었다. 본서에서 집중적으로 다루지 않았고 봄의 다른 저서에서 주로 다룬 용어도 본서에 들어 있는 봄의 아이디어를 이해하는 데 도움이 되는 경우 소개하였다.]

Blackfoot : 미국 아이다호주의 남동부에 소재한 도시. 이곳에 포트홀 북미 원주민 보호구역이 있다. 여기서는 주로 미국 몬태나, 캐나다 앨버타 지역에 거주하는 북부 아메리카 원주민 또는 그들의 언어를 뜻한다. / Blackfoot philosophy : 블랙풋 철학. 리틀 베어 서문에 소개된 네 가지 특징이 있다. ① 끊임없는 흐름 ; ② 카오스에서 비롯되는 질서 ; ③ 무경계(無境界) ; ④ 과정과 행동의 유동성 / Blackfoot way of knowing : 블랙풋 앎의 방식 ; 봄의 '대화'의 의미와 상통하며, 우리가 아는 일반적인 의미의 대화가 아니다. 어떤 주제나 결론을 상정하고 나누는 것은 대화가 아니라 토론이고 협상이다. 대화는 하나의 흐름 속에 있어야 한다. 본서 리틀 베어 서문과 제5장 대화의 후반부 참조.

chaos : 카오스 ; 서양의 카오스 이론의 특징을 그대로 반영하지만, 여기는 블랙풋 철학의 카오스 질서와 같이, 언어와 사고로 수용할 수 없는 질서세계. 즉 불교에서 언급되는 불가사의(不可思議)와 언어도단(言語道斷)의 뜻을 지닌다. 카오스는 '무질서'와 '혼돈스러움(mess)'과 같은 뜻이 아니다. / order : 질서 ; '질서'라고 번역하지만 본문에서 의미는 '사물의 실제 상태'로 이해하는 편이 수월하다. 봄에게 질서는 곧 총체적 질서를 말한다. 혼돈스러움은 총체성을 상실하는 데서 야기되며, 이를 카오스라고 인식하는 것은 타당하지 않다. / disorder : 무질서 ; 무질서의 근원은 총체적 사고 또는 전체적 흐름(flux)을 떠나 분별적이고 분할된 사고를 하는 데서 비롯된다.

coherence : 상통성 ; 관통성 ; 일관성 ; 경우에 따라서 정합성이라고 번역한다. / 본서의 핵심주제인 창의성은 과학과 예술의 상호 동질성을 전제할 때 이해된다. 이 용어는 특히 본서 제2장에서 과학과 예술의 상호 동질성을 이해하는 데 관건이 되는 아이디어를 담고 있다. 우선 어의적(literal sense)으로 보면, 'cohere'의 뜻을 담고 있다. / cohere : 이 용어는 다음 세 가지 뜻이 있다. ① 밀착하다, 분자 따위가 응집하다. ② 문체, 이론이 조리가 서다. ③ 결합하다, 일치하다, 모순되지 않다. / 물리학자인 봄은 이 용어의 물리학적 의미인 '관통하다', '간섭하다'라는 뜻을 창의성을 설명하는 데 원용하고 있다. 즉 부착, 응집, 시종일관, 통일성을 담고 있는 'coherence'는 총체성을 수식함으로써 총체성의 특성을 설명하고자 한다. / 한편 철학에서 진리설 중 하나인 정합설(整合說, coherence theory)은 대응설(correspondence theory)에 반대되는 진리설이다. 봄의 주장이 양자장(量子場)이론에 근거하므로 입자 또는 '것'에 기초하는 대응설에 반대되는 정합설과 부합한다고 보는 것은 어느 정도 타당하다. 그러나 정합설이 대륙의 관념론에서 다루어진다는 점에서, 봄의 주장이 정합설과 일치하는 것은 아니다. / 물리학의 관점에서 보면, 이 용어는 빛과 파장을 설명할 때 '간섭성'이라고 번역된다. 레이저 광선은 일반 전구의 빛과 달리 엄청난 에너지를 내면서 다른 사물을 뚫고 지나간다. 간섭하고 지나간다는 뜻이다. 이러한 번역어는 인문학적으로 보면 자못 원래 뜻과는 반대로 해석될 소지가 많다. 여기서는 상호 관통하고 있다는 뜻이다. 이후에 봄이 사용하는 'participation' 또는 'participatory thought'라는 용어에도 사물 간에 상호 관통한다는 뜻이 담겨져 있다. 따라서 'participation'이 '상호 간여'라고 한다면, 'coherence'는 '상통성', '관통성'이라는 번역어가 적합해 보인다. / 이와 관련하여, 이 말의 반대말인 'incoherence'는 물리학적으로 보면 '비간섭성'이 되지만, 이를 비일관성으로 번역하면 그 의미가 다소 왜곡될 수 있다. 서로 상통하지는 않지만, 일관되게 설명되는 경우가 있을 수 있다. 봄이 비판하는, 물체와 육체가 상통하지 않는다고 보는 기존의 주장인 심신이원론은 일관된 이론 체계를 지니고 있기 때문이다. 즉 수미일관(首尾一貫)하다는 뜻을 봄의 'incoherence'에서도 찾을 수 있다. 따라서 'incoherence'는 일관되어 보이지만 물체 간에, 사물 간에 서로 관통하고 상통하는 측면이 없다는 뜻으로 이해되어야 한다. 결국 이 말은 다음 세 가지 뜻을 함의한다. ① 언어와 사고에 매여서 사물의 본질이라고 할 수 있는 전체를 보지 못함. ② 단절된 개체를 지칭할 경우. 즉 조각내기 또는 분절된 형태(fragmentation)로 사고할 경우. ③ 분절된 사고, 본질을 파악하지 못하도록 하여 결과적으로 자기방어기제를 사용한 논리를 뜻할 경우. 관통한다는 뜻의 연장에서 'coherence'는 상담심리에서 사용하는

'rapport'의 뜻을 포함하기도 한다. 봄의 예화는 그의 다른 책에 소개되어 있다.[1] 이러한 점에서 'coherence'는 '상통함'이라는 번역어가 어울린다. / 간혹 'coherence'는 조화로, 'incoherence'는 부조화로 해석해도 의미상 전달이 가능하다. / 이 용어는 인간 활동 간의 상통함, 사물과 사물 간의 상통함, 상호 간여 또는 사람과 자연의 관계에서 상통함으로 설명된다. 이는 본서 제2장에서 다룬 과학과 예술의 상호 동질성 관계에서 성립한다.

collective : 집단 ; 집합 ; 다음의 세 가지 뜻이 있다. ① opposite to individual, as entity or substance, 실체로서 국가, 인민 등 ; 개인을 집단에 함몰시키는 위험성은 이 개념에서 비롯된다. ② ultra－limit ; 경계를 넘어서 / 흐름, 전체, 일. ③ 상호 의존성 ; 의타기성(依他起性). 사고가 집합적이라는 봄의 주장은 ②와 ③의 뜻이다. / 이 점이 봄의 사상 전반이 불교의 연기(緣起)라고 보는 논거이다. 제5장의 대화에서 자신의 총체성은 전체주의가 아님을 분명히 하고 있다.

communication : 의사소통 ; 어원으로 보면, communicate＝'commun(공통의, 공유의)＋fie(만들다, 하다)＋접미사'이다. 여기서 '뭔가를 공통된 것으로 만들다(to make something common)'라는 뜻을 갖는다. 즉 단순하게 전달하는 것이 아니라 한쪽의 정보나 지식, 의견 등을 전하고, 상대방은 이에 반응하면서 서로의 차이를 인식하고 이를 토대로 하여 새로운 것을 발견하는 것을 말한다. 즉 참가

---

1) Bohm, D. (1996) *On Dialogue*. 강혜정 역 (2011) 『데이비드 봄의 창조적 대화론』. 서울: 에이지. 127－128쪽. 이하 용어해설에서 1996년에 표시된 쪽수는 이 번역본의 쪽수이다.

자들이 어떤 한쪽의 의견이나 개념, 정보 등을 그냥 공유하려고(make common) 하지 않고 '공통으로(in common)' 무엇인가를 만들어내고자 하는 일이다. 여기서 한 가지 내용을 공유하려고 하는 것, 그렇게 시키는 것은 교화(indoctrination)에 해당되며, 그것은 서로의 정보 교환이나 협상을 뜻하는 것이 아니다(1996: 60). 왜냐하면, 정보 교환이나 협상은 그것이 상호 간여, 상호 침투가 전혀 일어나지 않으며 자기 자신의 기존 생각을 유지하고 방어하려는 데만 급급하기 때문이다. / 의사소통은 아렌트의 표현으로 보면 '사이 공간(in between)'에서 나오는 창조행위와 두 가지 점에서 유사하다. 첫째, 아렌트의 사이 공간은 봄의 상호 간여, 상호 관통성, 상통성이 일어나기 위하여 어떤 공간이 요구되어야 하기 때문이다. 둘째, 창조행위는 의사소통이 담고 있는 뭔가를 새롭게 만들어내는 일종의 제작행위를 말한다. 예술가는 자신이 마음속에 그리는 것과 예술작품 '사이'에서 유사점과 차이점을 인식하고 이를 토대로 창의성을 발전시켜 나간다는 것이다. / 아울러 예술가의 창조행위가 과학자들의 탐구행위와 성질상 같다는 점을 언급한다. 이 내용은 본서의 제4장에서 다루어진다. 사고의 실체 또는 실재라고 할 것이 없으므로 사고의 기능이란 곧 의사소통을 통해서 작용한다. 또한 본서 제5장에서는 사회주의나 전체주의 국가에서 시도하는 인위적 기획은 사고의 분절로 인한 의사소통의 결여에서 비롯되었다고 본다.

correspondence theory : 대응설 ; 본서 제4장에서 대응설에 대한 봄의 생각을 엿볼 수 있다. 봄은 '대응'도 일종의 맞음(fitting)이라는 점에서 대응설을 전적으로 부정하지는 않는다. 하지만 맞음, 부합함은 대응작용을 넘어선다. 즉 "함께 어울림"이라는 뜻을 지닌 총체성을 설명할 수 없다. 그 사례로서 '가로수'와 '논의의 모순점'을 들고 있다.

creativity : 창의성 ; 과학과 예술이 모두 추구하는 가치. 창의성의 핵심은 실존하는 새로운 개별 사실의 발견이 아니라 총체적인 문제 상황의 파악에 있다. 창의성의 특징은 단지 새롭거나 독특한 사물이나 사태를 찾아내는 것이 아니라 '새로운 사고의 패턴'을 만들어내는 데 있다. 또는 '새로운 질서'를 만들어내는 일이다. 다만, 창의성은 소수의 사람만이 발휘하는 것이라는 점에서 그 반대말은 '범속성(mediocrity)'이다. 즉 범속한(mediocre) 사고와 생활 방식이 창의성을 막는다는 것이다. 따라서 범속성을 벗어나면 누구든지 창의력을 발휘할 수 있다. / **originality** : 독창성 ; 과학자와 예술가들의 창의적인 활동에 동원되는 능력. 창의성과 독창성은 거의 동의어로 사용된다. 굳이 구분하자면, 독창성은 개인이 지니는 창의적 자질이다. 따라서 창의성이 새로움(newness)에 초점이 맞추어져 있다면, 독창성은 개인이 지닌 고유성(authenticity)에 초점이 맞추어져 있다.

dialogue : 대화 ; 대화는 전체 집단 안에서 '의미의 흐름(stream of meaning)'을 가능하게 해 주는 것이다. 본서에서 '대화'는 암재 질서와 예술을 이해하는 핵심이다. / '대화'는 일상적인 의미와는 다르게 이해되어야 한다. 이 용어는 '토론'과 다른 말이다. 즉 '토론(discussion)'은 'percussion' 또는 'concussion'과 같은 어원에서 나온 말이며, 그 뜻은 '나누다'는 의미에서 '모든 사람이 각기 다른 관점을 제시하며, 제시된 관점들을 분석하고 나눈다'는 뜻을 지닌다고 하였다(1996: 68). 즉 토론(discussion)은 '따지고 점수를 따서 이기는 것'과 같은 활동을 말한다. 이른바 정치적 대화라든가, 협상은 'dialogue'가 아니라 'discussion'에 가깝다. 그것은 어원상으로 증명된다. 즉 'dialogue = dia(through) + logos(word).' 여기서 봄은 'dia'가 둘(two)을 뜻하지 않음을 명기함으로써 대화가 둘 사이의 논쟁일 가능성을 배제하고 있다. 봄이 주장하는 대화는 리틀 베어 서문에 소개된 블랙풋 주민들이 주고받는 대화이다. / 봄에 따르면, 대화의 이러한 특성은 본서의 주제인 창의성과도 관련된다. 분절된 사고를 지양하고 상호 간여라든가 상호 관통과 같은 맥락에서 이어지는 대화의 자세는 창의적인 사고를 이끌어낸다. 본서에서는 제1장에서 헬렌 켈러의 예를 들어 설명하고, 제5장 후반부에서도 다루어진다.

division : 나누기 ; 쪼개기 / **fragmentation** : 조각내기 ; 분절 ; 분할 ; 번역에 있어서 'divided', 'fragmented'가 사고를 수식할 경우 '분절'이라고 번역한다. 이에 대한 봄의 아이디어는 그의 책 『전체와 접힌 질서』2)에 소개되어 있다. / 봄이 주장하는 전체 질서, 총체성, 단일성을 위배하는 사고방식. / 분절, 나누기, 쪼개기로 번역되는 이 용어는 이분법을 전제로 한 우리의 사고와 언어를 가리킨다. 이분법적 사고는 결과적으로 우주의 실상인 총체와 흐름을 파악하지 못하는 장애가 될 뿐만 아니라, 개인과 인류 전체의 불행은 여기서 비롯된다고 본다.

fitting : 맞음 ; 들어맞음 ; 어울림 ; 부합 ; 적합함. 우리말 '맞다'에 가장 맞는 말이다. 논리적으로 보면, '들어맞음'이 적절한 번역어이지

---

2) Bohm, D. (1980) *Wholeness and the Implicate Order*, 이정민 역 (2010) 『전체와 접힌 질서』. 서울: 시스테마.

만, 예술의 경우에는 '어울림', '어울리다'가 보다 어울리는 번역어이다. 용어 'fitting'은 어느 주체가 객체에 맞추어 가거나 그 역을 뜻하는 것은 아니다. 또 이를 '맞추다'의 명사형인 '맞춤'으로 하면 맞추는 주체와 맞춤의 대상인 객체를 분절해야 하므로 적절한 번역어가 아니다. 즉 '맞추다', '적합하다'로 번역할 경우, 맞추고 적응하는 대상과 주체를 분리해서 생각해야 한다. 그러면 봄이 주장하는 바와 이원론적 사고 극복에 어긋난다. 그러나 우리 언어와 사고가 이원론적 패턴을 배제하지 못하므로 그렇게 번역해야 하는 경우를 피할 수 없다. 그래서 생물학적 '적응'도 이 개념과 관련이 된다. 즉 유기체와 환경의 상호작용이라는 생물학적 측면은 이 용어의 취지에 상당히 부합한다. 따라서 이 말은 부득이 '적합함'으로 이해해야 할 경우가 있다. 듀이의 상호작용, 교변작용은 이 용어를 잘 반영한 개념이다. / 총체성, 일원상, 전체 흐름, 세계 통의 맥락에서 이해해야 하는 개념이다. /

artamovement : 자재 운동 ; 봄에 따르면 이 용어는 예술, 과학, 수학을 비롯한 모든 인간 활동이 지니는 보편적인 가치를 나타낸다. 삼라만상의 모든 측면이 저절로 어울려서 맞아 들어간다는 뜻의 'artamovement'는 봄 자신이 이 용어를 'movement of fitting'이라고 정의한다. 이런 점에서 'artamovement'를 '자재 운동'이라고 번역한다. 원래 불교에서 온 '자재(自在)'는 주객의 경계를 넘어서는 말이다. 여러 가지 방식으로 설명할 수 있지만, 양자역학 이론에서 봄의 입장에도 부합하는 번역어로 판단된다. / 이 용어는 형이상학적 특징을 지닌다. 제4장의 절 제목이 'on metaphysics and the movement of universal fitting'을 '우주의 자재 운동의 형이상학적 논의'라고 번역한 것은 이 때문이다.

flux : 흐름 ; 전체적 흐름 ; 총체적 흐름 ; 자연, 우주 등 모든 질서를 설명하는 핵심적인 개념으로서 영원불변의 실체를 전제하는 형이상학적 가정을 배제한다. 이하 나오는 전체성, 일원성 등이 이러한 흐름의 특징을 설명해 준다. flow, process와 관련을 맺는 용어이다. 베르그송, 화이트헤드 등 많은 사상가들이 채용하는 용어이기도 하다. / 봄의 사상을 가장 핵심적으로 드러내는 개념으로서 '전체로서 흐름'이라고 해석하면 그 뜻이 용이해진다. 그러한 맥락에서 총체성, 전체성, 전체 질서, 일원상과 같은 용어와 의미상 불가분하다. / household: 살림살이. 온갖 삶의 형태를 가리키는 말로서 모든 삶, 생활, 생명이 한 통으로 연결되어 있음을 뜻한다. 본서 제5장 참조 / world tube : 세계 통 ; 세계가 모든 하나의 망으로 연결되어 있다는 것을 표현한 용어. 불교의 인드라망에 상응한다. 본서 제4장 참조.

imagination : 상상력 ; imaginative : 상상력의 / ratio : 비율 ; rational : 합리적 / insight : 통찰력 / fancy : 환상 ; 창의성을 설명하는 지각작용의 네 가지 핵심 개념이다. 상상적 통찰력은 새로운 이미지를 창출하는 지각작용이다. 이 통찰에 담긴 이미지를 '합리적으로' 인식하는 것이 합리적 통찰이다. 봄의 예를 들면, 뉴턴이 사과와 행성 사이의 관련을 짓는 것이 상상적 통찰력이라면, 이를 모종의 관계로 인식하는 것이 합리적 통찰력이다. 이러한 통찰이 다른 사고인 검증 단계로 넘어가면 환상이 된다. 이때 가설 비슷한 것을 설정하는 것이 상상적 환상이다. 이를 추리, 추론 형식으로 이어가는 것이 합리적 환상이다. 결국 통찰력과 환상을 두고 볼 때, 창의성의 근본이 되는 것은 통찰력이다. 통찰력은 '이미지를 활용하는' 상상력에 따라 지각된다. 리 니콜 서문을 읽고 본서 제3장을 정독하는 것이 보다 자세한 이해를 도모하는 첩경이다.

implicate : 암재적 ; 혹자는 '접힌'이라고 번역한다. / implicate order : 암재 질서 또는 '접힌 질서'이다. / explicate : 명재적 ; 혹자는 '펼친' 이라고 번역한다. / explicate order : 명재 질서 또는 '펼친 질서'이다. 그러나 본서에서는 'implicate'-'explicate'는 '암재적'-'명재적' 으로 번역한다. / '펼친'-'접힌'의 경우는 'unfolded'-'enfolded'의 번역이다. 따라서 enfold : 접히다, 담고 있다 ; unfold : 펼치다, 드러내다. / 봄의 주장에 따르면, 언어와 사고를 가지고 사물을 대하는 우리가 파악할 수 있는 질서는 명재 질서 또는 펼친 질서이다. 암재 질서 또는 접힌 질서는 전체적 흐름, 총체성의 특징을 지니므로 그 자체를 파악하기 어렵다. / 이 두 가지 질서는 상세한 설명이 요구되지만 봄 자신의 양자장이론에 근거한다.

intelligence : 지력 ; 지각작용에서 비롯되어 마음 전반에 작용하여 통찰력을 낳는 능력. 봄은 지력을 사고와 구분한다. 사고는 지각된 내용을 분할하는 특징이 있는 반면에, 지력은 총체적 지각작용에 따른다는 데 근거한다. 본서에 소개된 통찰력과 매우 밀접한 관련을 맺으며, 창의성을 설명하는 데 핵심적인 개념이다. 본서 제3장 마지막 절을 참조 / 봄이 주장하는 바와 같이 이 말의 이러한 뜻을 이해하기 어려운 것은 이 말이 일상적으로 '지능'이라는 말로 쓰이기 때문이다. 실제로 '지능검사(Intelligence Quotient)'에서 볼 수 있는 바와 같이, 이 말은 인간의 능력을 분할하여 설명하는 용어로 사용되기도 한다. 그러나 이 말은 단일한 능력(unitary capacity)을 지칭하는 것이 아니다. / 영어 'intelligence'는 라틴어 'intellegere'에서 비롯된 말이다. 라틴어의 뜻은 사이를 뜻하는 'inter'와 '읽다'를 뜻하는 'lectio'의 합성어이다. 따라서 원뜻은 '사이를 읽다(to read between)'가 된다. 따라서 지력의 뜻은 곧 '사고' 사이를 읽어내는 능력(to read between the lines of thought)이다. 이는 봄이 크리슈나무르티와의 대화[3]에서 분명히 밝히고 있다. 이 대화에서 지력은 사고의 과정을 멈추는 일을 통해서 일종의 자각(to awaken)하는 능력이라고 하였다. 이 점에서 지력은 불교의 선정(禪定)과 비슷한 작용을 수행한다. / 사고와 지력과의 관계에서 지력의 결과로 안착된 것(to secure)이 사고일 수는 있어도 지력은 결코 사고가 아니다. 지력의 삶 전반에 걸쳐서 작용하는 일종의 편재적 특성이다. 그렇다고 지력이 선천적으로 타고 태어나는 능력은 아니다. 오히려 인간의 사고의 과정에 지력이 개입한다. 오히려 지력은 지각작용과 밀접하게 관련을 맺으면서 인식작용 전반을 파악하는 통찰력(insight)을 낳는다. / 이성이나 사고의 실체를 상정하지 않는다는 점에서 듀이의 지력과 상통한다. 듀이는 편재적이라는 용어를 사용하는 반면에, 봄은 총체적이라는 용어를 통하여 지력의 의미를 부각시킨다. 그러나 봄과 듀이의 결정적인 차이는 반성적 사고의 수용 여부에 있다. 듀이는 지력이 반성적 사고에 두루 작용하는 능력이라고 보지만, 본서 제3장에서 볼 수 있듯이, 봄은 반성적 사고가 지력에 상반되는 능력으로 본다. 이 점에서 봄의 '지력'은 베르그송의 '직관'에 가깝다. 그러나 베르그송의 경우도 그러하듯이, 직관은 분석력, 종합력 등과 같은 능력과 병렬로 여겨지는 능력이 아니다.

learning : 학습 ; 봄은 학교교육의 실패를 이성이나 합리성을 하나

3) D. Bohm and J. Krishnamurti (2017) *An Uncommon Collaboration*, David E. Moody ed. 제9장.

의 가치 있는 실체로 강조한 나머지 학습행위의 지각 측면을 경시한 데서 찾고 있다. 또 창의성의 근본이 되는 독창성을 떼어놓고 가르치려는 데서 학습이 실패한다고 본다. 총체적 지각이 성공적인 학습의 관건이라고 본다. 헬렌 켈러의 경우를 들어서 설명하지만, 본서 여러 곳에서 창의성이 배제된 학교 학습의 실패를 지적한다. / 이에 대하여 차후 교육학적으로 심도 있고 근원적인 연구가 이루어져야 할 것이다.

necessity : 필요 ; 어원은 'necesse=not to yield', 즉 양보하지 않는다는 뜻. 기타 다른 방식의 대안의 없다는 뜻이며, 이에 따라 강한 충동이 야기되고 이것이 대화를 가로막는 요인이 된다. 그러나 그것은 결국 봄의 지적처럼 '양보할 수 없는 싸움'을 야기한다는 점을 알려준다.[4] / 봄은 본서 제4장에서 이를 외적 필연성이라고 하였다. 봄의 주장은 이 용어가 사고의 분절과 추상성에 비롯되어서 일종의 의무감이나 강제성을 띠게 한다는 것이다. 그 결과 서로가 자기 생각이 보편적이라고 생각하고 물러서지 않고 이른바 '복지투쟁'을 한다는 것이다. / 이와 반대로 합리적 필연성은 지각과 통찰을 통하여 파악된다. 창의성과 관련된 필연성은 후자이다.

paradox : 역설 ; 본서에서는 직접적으로 다루어지지 않았으나, 제4장에서 사고 주체와 사고 대상 또는 사고 내용과 사고 과정의 구분을 통하여 역설이 야기된다고 주장한다. 봄의 주장은 '근원적인 역설

4) 필요의 이 뜻은 복지 또는 복지 정책에서 복지가 낳는 또 다른 분쟁의 씨앗이 된다. 역자는 필요의 뜻을 대체불가능성과 치명성으로 지적한 바 있다. 김정래 (2002) 『아동권리향연』, 제6장 ; Kim, J-N (1996) *Well-being and Education in a Liberal Society*. unpublished thesis for Ph. D. University of Keele, England 참조.

(root paradox, 1996: 200)'에 빠지지 않으려면, 사고의 내용과 사고의 과정이 불가분의 관계에 있으며, 상호 의존적이라는 점을 인식하는 것이다. 이는 '진리' 문제와도 관련된다. 봄은 근원적인 역설이 자기기만(self-deception)을 낳는다고 한다. 자기기만은 두 가지이다. 첫째, 생각하고 느끼는 대상을, 그것을 느끼고 생각하는 자신의 사고와 분리된 어떤 것으로 다루는 것, 즉 사고 주체와 사고 대상을 구별하는 것이다. 둘째, 문제의 속성과 본질을 자기 자신의 사고와 무관한 별개의 '것'으로 보고 접근하는 것이다. 즉 사고 내용과 사고 과정이라는 두 가지가 꼬인 상태를 보지 못하고 문제를 해결하려는 것이 자기기만이다. 자기기만은 문제해결이 아니라 문제와 혼란을 증폭시키기만 한다.

participate : 상호 간여 ; 봄의 'participate'는 정치참여를 뜻하는 것이 아니라, 사물이나 존재의 본질, 실체 등을 파악하고자 할 때 인간의 정신이 작용하는 것을 표현한 말이다. 앞서 소개한 'coherence'와 밀접하게 관련된다. 앞서 지적한 바와 같이, 정신이 물질에 상호 침투한다고 보는 베르그송 개념과 유사하다. / **participation** : 참여 ; 일반적으로 이 말은 다음과 같은 몇 가지 뜻으로 사용된다. 첫째, 개체가 일정한 행위나 활동에 몸을 담다. 즉 개체의 참여 ; engagement ; commitment. 개인의 의견을 표출하는 경우. 여기서 의미가 변형되어 기존의 제도 등을 '타도하다', '정복하다' 등으로 사용된다. 즉 정치참여를 뜻한다. 둘째, 몫을 챙기다. 즉 'share' 또는 'partake'의 뜻이다. 이것도 결국 분배문제와 관련된 정치문제이다. 셋째, 서로 간의 경계를 넘어서 인식하다. 즉 communion이다(Bohm, 1996: 157). 즉 영적 교감을 이룬다는 뜻이다. 한자어로 이에 가장 적합한 말은 교섭(交涉)

이다. 상호 건너다님을 뜻한다. 『주역』에 나오는 '이섭(利涉)'이라는 말은 이러한 의미를 담고 있다. 봄이 말하는 '참여'는 바로 세 번째 뜻이다. / **mutual paritcipation** : 상호 침투 / 앞의 coherence 항목 참조.

perception : 지각 / 봄은 모든 사고의 근원으로서 지각을 네 가지 측면에서 설명한다. 상상적 통찰력, 합리적 통찰력, 상상적 환상, 합리적 환상. / 앞의 imagination 항목 참조.

problem : 문제 ; 봄의 사고 체계에서 보면 역설과 짝이 되는 개념. "문제는 해결책이 있지만, 역설은 해결책이 없기 때문이다(1996: 196)." '문제'는 '역설(paradox)'과 관련지어 본서 제4장에서 자세하게 다루고 있다. / 봄의 요지는 문제는 해결을 전제로 하여 제기되는 것인데, 제기한 문제가 이미 내포하고 있는 모순과 역설을 알지 못하고 이에 대처하고 있다는 점이다. 이에 제대로 대처하지 못한다면, 문제 해결이나 잘못의 시정이 아니라 더욱 혼란스러운 상황을 맞게 된다는 것이다. 그렇지만, 봄은 문제는 해결이 가능한 사안이라고 본다. 다만 문제 이면에 깔린 역설을 헤쳐 나와야만 한다는 것이다. / 봄이 생각하는 '문제'는 곧 듀이가 말하는 '문제상황(problematic situation)'과 유사하다. 첫째, 봄의 문제는 대화가 일어나는 '장' 또는 사이공간을 전제해야 한다. 이는 듀이의 '흥미' 개념과 유사하다. 같은 이치에서 듀이가 주장하는 문제상황은 문제를 다루는 장면을 가정하고 있다. 듀이 전기의 환경과 유기체의 상호작용, 후기의 교변작용(trans-action)은 사이공간을 전제해야 한다. 둘째, 해결 가능성을 전제로 한다. 그렇게 하려면 역설을 찾아내어 극복해야 한다. 끊임없는 탐구는 듀이의 '경험의 계속적 성장'과도 상통한다.

process : 과정 ; 봄이 실재를 파악하는 가장 핵심적인 개념. 흐름, 과정, 운동, 변화 등을 실상으로 보는 형이상학적 가정을 나타내는 일련의 주장이 이 개념으로 설명된다. 역자는 이를 '일'－중심사고라고 한 바 있다. 실재와 관련하여 본서 제5장에서 봄이 직접적으로 '과정의 실재'를 언급하고 있다. 실재가 어떤 대상인 '것'을 상기하게 되므로, 과정의 실상이 보다 적합한 번역어이다. 우주의 실상이 과정, 흐름, 운동, 변화 등으로 설명된다는 것이다. '것'－중심사고에서는 '실재의 과정'이 부각된다. 실재가 있고, 이것의 변화된 양상이 있다는 뜻이다. 두 가지 사고의 차이를 더욱 간명하게 이해하려면, '변화는 실재이다'와 '실재는 변화이다'라는 두 명제를 보면 도움이 된다. 기존의 전통철학은 '변화는 실재이다' 쪽이다. '실재'를 불변하는 것으로 상정하거나 이미 존재하는 실체로 전제하고 그 속성을 서술하는 입장을 취한다. 그 속성이 변화일 경우, '변화는 실재이다'라는 진술이 된다. 반면에 봄의 입장은 '실재는 변화이다' 쪽이다. 아예 불변하거나 실재하는 실체가 있는 것이 아니라, 그것이 실체처럼 인식되기도 하지만, 정작 실재하는 것은 흐름(flux), 운동, 과정, 파동 등으로 인식(관찰, 측정)되지만, 고정된 실체라고 보지 않는다. 실재라고 하는 것 자체가 변화일 뿐이다. 즉 '과정의 실재'를 뜻한다. 전통철학의 반전(subversion)을 도모하는 이들, 이를테면 현대철학에서 니체를 필두로 하여, 에드문트 후설, 앙리 베르그송, 윌리엄 제임스, 존 듀이, 화이트헤드, 아렌트가 이러한 입장을 견지한 대표적인 인물이다. 봄은 이 입장을 물리학의 관점에서 강력하게 뒷받침하고 있는 셈이다.

reality : 실재 ; 실상 / '실재'라는 번역어는 '진실존재'를 줄인 말로 알려져 있다. 그러나 플라톤 이래로 실재라는 말은 어떤 특정한 실체, 즉 '것'을 지칭하거나 전제한다. 봄의 주장에 비추어볼 때, 그가 사용하는 'reality'는 '있는 그대로'의 사물의 실상을 말한다. 그리고 그것은 전체적인 흐름(flux)에서 파악되는 것이므로 전통철학에서 상정하는 '실재'와는 다르다. 봄에게 이 용어는 앞서 소개한 과정, 흐름, 운동을 실상으로 파악한다. 이 점에서 봄의 '실재'는 전통철학으로 보면 '현실존재'의 줄인 말인 '실존(existence)'에 오히려 더 가깝다. 그래서 본서에서는 경우에 따라 '실상'으로 번역하였다. / matter : 물질 / thing : 물체 등은 reality에 해당하는 구체물이다.

representation : 표상, 재현 ; 표상은 다시 제시된 것, 즉 재현된 것을 말한다. 우리의 사고(생각)는 표상과 재현에 의지한다. 그러나 재현과 표상이 뒤틀어져서 총체상이나 전체 질서를 파악하는 데 있어서 장애가 된다는 것이 봄의 주장이다. / "표상은 실제 인식되는 모습 중에서 흥미로운 특정 부분들을 강조하는 형태"(1996: 197)로 나타난다. 이 과정에서 단순하게 보여주는 제시가 있는 반면에, 뭔가가 섞여서 융합되어 다시 제시되는 표상이 있다는 것이다. 이와 같이 표상과 재현이 뒤섞여서 실상을 제대로 보지 못하게 된다. 그 이유는 가장 중요한 것이 바로 과거의 고정된 표상에 따라 재현하는 생각에 의존하기 때문이다. / 표상은 이미 만들어진 사고(thought)에, 그리고 재현은 생각하고 있는 사고(thinking)에 상응한다고 할 수도 있다. 그러나 문제는 재현하는 것이 과거의 그릇된 표상에 붙잡혀서 제대로 실상(實相)을 보지 못한다는 데 있다. 이러한 봄의 주장은 유식삼성(唯識三性)의 의타기성(依他起性)에 따른 설명에 해당한다. / 또한 생각이 실상을 잘못 파악한다는 점에서 봄의 주장은 일체유심조(一切唯心造)의 뜻도 담겨 있다. 사고를 통해서 만들어진 사실이 사실을 잘못 만들어내고 있다는 뜻이다. 잘못 만들어진 표상(mis-representation)이 곧 잘못된 사고이다. 또 이렇게 잘못 만들어진 사고가 본서에서 주장하는 조각난 사고 또는 파편화된 사고(fragmented thought)이다.

similarity : 유사성 ; **different similarity** : 상이한 유사성 ; **similar difference** : 유사한 차이 / 봄의 창의성을 설명하는 매우 중요한 개념군이며 그의 저서 등 여러 곳에서 자주 소개된다. 봄은 흔히 전혀 별개의 새로운 것, 즉 차이나는 것을 발견하거나 설정하는 것으로 창의성을 설명하지 않고, 유사한 질서 간의 차이를 통찰하는 데서 창의력이 발휘된다고 본다. 즉 유사한 차이를 통찰하는 데서 새로운 질서 패턴을 찾아내는 것이다. / 본서 제1장에서 예시된 직선과 곡선의 예는 봄과 피트가 펴낸 책[5]의 제3장에 자세하게 소개되어 있다. 여기서 봄의 설명(110-113쪽)은 이러하다. / 한 직선을 a, b, c, d, e, …로 분할할 경우를 생각해 보자. 선분 a와 b의 차이는 한 직선 안의 같은 선분이라는 점에서 유사하다. 이 관계는 b와 c, c와 d, d와 e 등으로 이어지므로 직선은 연속적으로 '하나의 유사한 차이'를 지닌다. 같은 방식으로 같은 크기의 선분을 지닌 다각형(이를테면 9각형)의 경우에도 a, b, c, d, e 등으로 분할할 경우를 생각해 볼 수 있다. a, b, c, d, e 등의 각 선분 간에는 다만 각도 θ를 일정하게 유지한다는 점에서 앞의 선분과 차이가 있다. 그러므로 이 두 가지 간에는 유사한 차이가 있다고 볼 수 있다. 여기서 각도 θ를 계속해서 줄이면 이 다각형은 원이 된다. 따라서 앞의 직선과 원은 모두 '하나

5) Bohm and Peat (1987) *Science, Order, and Creativity*, London: Routledge.

의 유사한 차이'를 갖는다는 점에서 동일하다. 반면에 직선과 원, 원과 다각형은 상이한 유사성을 갖는다. 왜냐하면 둘 사이에는 유사성이 확인되었지만, 뚜렷한 '차이'를 찾을 수 있다. 직선은 무한도형이고, 원은 유한도형이라는 점에서 차이를 지닌다. 또한 다각형은 각도가 일정하고 유한도형인 점에서 유사하지만, 하나는 경계가 있지만, 다른 하나는 경계가 없다. 즉 유한경계와 유한무경계라는 점에서 '상이한 유사성'을 지닌다. / 어떤 새로운 '것'을 찾아내는 것이 아니라는 점에서 봄에게 발명은 창의력이 아니다. 새로운 질서를 찾아내는 것이 창의성이므로 봄은 '창의성'을 벌어지는 '일'을 파악하는 데서 찾는다. 발명은 창의성과 무관하다고 할 수 없지만, 창의성이 어떤 새로운 '것'을 찾아내는 것이 아니라는 점에서 창의성이라고 할 수 없다.

totality : 총체성, 총체상 ; 본문에서 총체성은 상황 전체 인식과 관련된다는 점을 알 수 있다. 일종의 흐름의 파악이다. 전체적인 모습을 지칭할 경우 총체상이 더욱 적합하다. / wholeness : 전체 질서, 전체상 ; 한 통으로 되어 있는 전체 질서. 봄이 말하는 전체 질서는 전체주의를 뜻하지 않는다. 부분과 전체의 원융 측면에서 화엄의 '일즉다 다즉일(一卽多 多卽一)'에 가장 가까운 개념이다. / oneness : 일원성 ; 일원상(一元相) / unity : 단일성 / 여기서 총체성, 일원상과 같은 용어는 우리가 익숙한 일원론적 개념이 아니다. 이 경우 일원론은 늘 이원론과 짝을 이루면서 이해해야 하기 때문이다. 단일성은 이원론 극복을 위해 채용된다. 예컨대, 본서 제3장에 나와 있듯이 질과 양의 대립을 극복하고 하나의 특성을 지닐 경우에 사용된다. / 온갖 분별을 넘어서 총체적 특성을 지닌다는 점에서 『금강경』에 나오는 '일합상(一合相)'의 뜻을 담고 있다.

thought : 사고 ; 생각 ; 봄은 사고를 분석적이고, 추론적이고, 반복적인, 그래서 결국 기계적인 정신능력이라고 본다. 어떤 아이디어를 지어낸다는 뜻에서 우리말에 '생각'과 유사하다. 앞서 소개한 '표상'은 사고의 결과 나타난 부산물인 셈이다. 사고에 반대되는 개념이 '지력'이다. / **reflective thought** : 반사적 사고 / **reactive thought** : 반성적 사고 ; 사고에는 반사적 사고와 반성적 사고가 있다. 전자는 사고를 함에 있어서 어떤 틀에 가두어 반응하는 양태를 말하며, 후자는 반사작용에 의식적으로 대응하는 사고를 말한다. / 봄이 주장하는 사고 형태는 '참여적 사고(participatory thought)'이다. '참여적 사고'에서 '사고'는 영어의 'thought'라기보다는 'thinking'에 가깝다. 참여적 사고의 요점은 '생각이 지속적으로 펼쳐지는 과정'에서 생각이 과정이고, 과정이 생각인 경우로서 상호 침투가 가능하다.

truth : 진리 ; 봄은 진리를 어떤 고정된 실체이거나 영원불변의 기준으로 보지 않는다. 진리의 기준은 총체적 흐름에의 부합(fitting) 여부에 달려 있다. 봄에 따르면, 전자는 내용상 진리이고, 후자는 기능상 진리이다. 본서 제4장의 마지막 절 참조 / **truth of content** : 내용상 진리 ; 어떤 '것'을 상정하여 그것을 참이라고 보는 진리관 ; 대응설이 이 진리관에 해당한다. / **truth in function** : 기능상 진리. 진리를 표방하는 언어가 지각, 사고, 의사소통의 전체적 움직임 속에서 유기적으로 들어맞는 기능을 수행할 경우를 말한다. 인간 활동 전반에 걸쳐서 잘 작동하는가(working) 여부에 달려 있다. 이 점에서 미국 프래그마티즘의 진리관과 상통한다. 기능상 진리가 총체적인 측면에 관련되기는 하지만, 봄의 진리관은 대륙의 정합설과는 다르다. 정합설은 관념이나 실체를 중시하지만, 봄의 진리관은 이와 직접적으로 관련이 없다. 봄의 '진리'는 오히려 우리말의 '참되다'에 상응하는 뜻을 지닌다. 따라서 충실하고(faithful) 정직한(honest) 속성을 지닌다. / 내용상 진리는 지각과 실재의 일치, 대응 여부에 의하여 결정되는데, 그것은 인간의 분절된 사고를 낳기 때문이다. 이때 실재는 진짜 존재하는 것이 아니라 생각이 투사한 결과물이다. 사고는 실상을 왜곡한다. 인류의 불행을 자초하는 모든 이유는 내용상 진리에 있다. 개인이건, 집단이건 간에, 진리를 표방하는 실체에 집착하기 때문이다. 반면에 기능상 진리는 지력이 총체적으로 작용하기 때문에 수행한다. 이때 지력은 실재(실상)를 왜곡하지 않는다. / **half-truth** : 의사진리 ; 우리나라 영어 사전의 대부분에는 '일부만의 진실된 말'로 소개되어 있다. 또는 '반쪽짜리 진리'로 번역되기도 한다. 그러나 이 말은 진리의 형태를 지니고 있으나 실상은 거짓이거나 사실을 왜곡하는 경우를 지칭한다. 따라서 '의사(疑似)진리'라고 번역한다. 예를 들어서 "독약은 약이다"는 언어 형식에 있어서 참이지만, 내용상 독약은 독이다. 언어적인 경우 이외에도 "재물을 동등하게 나누어가지면 공정하고, 모두가 행복해진다"는 진술도 사회 문제에 있어서 의사진리를 나타내는 진술이다. 재물을 똑같이 나누어가지면 노력한 사람과 그렇지 않은 사람의 차이가 묵살되므로 공정하지도 않으며, 일을 할 의욕을 잃는 점에서 모두 행복감을 상실하게 된다. 따라서 이 진술도 의사진리이다. 후자는 봄이 주장하는바 기능상 진리에 들어맞지 않는다. 전자는 내용상 화학성분이라는 점에서 약으로 분류한 결과이지만 그 기능이 현실에 맞지 않는 경우이며, 후자는 개인성 또는 개인의 재산의 몰수라는 부도덕한 의도로 사람들에게 진실성을 느끼게 하는 기능을 제대로 수행하지 못하는 경우이다. 화이트헤드에 따르면, 일반적 진리의 적용범위는 광범위한 일반성을 토대로 하는 그들 상호 간의 관계를 떠나서 규정될 수 없다.[6] 이를 어길 경우 의사진리에 봉착하게 된다.

[물리학 용어]

Big Bang Theory : 빅뱅이론 ; 대폭발이론 ; 이 이론에 따르면, 약 140억 년 전에 우주는 대폭발에 의하여 만들어졌다. 대폭발 이전에는 아무것도 없었다는 뜻이다. 그러면 아무것도 없는데 어떻게 대폭발이 일어날 수 있는가, '없음'에서 '있음'이 가능할까 하는 존재론적 의문이 제기된다. / 빅뱅이론에 대한 반론이 정상우주론(steady－state cosmology)이다. 아인슈타인은 자신의 일반상대성이론을 통하여 빅뱅이론에서 설명이 안 되는 부분을 보완하고자 하였다. 그는 자신의 일반상대성이론에 입각하여 우주에 존재하는 모든 천체가 서로 끌어당겨서 언젠가는 한 점으로 붕괴될 것이라는 결론을 좋아하지 않았다. 그는 우주는 영원히 변함없는 것이라는 생각에서 붕괴되지 않을 우주를 설명할 수 있는 우주상수(cosmological constant) 개념을 도입하였다. / 아인슈타인의 정상우주론의 결함은 스티븐 호킹(Steven Hawking)이 지적하였다. 즉 정상우주론은 새로운 물질이 연속해서 탄생한다는 사실을 가정하는데, 이는 물리학의 기본법칙인 질량 보존법칙과 에너지 보존법칙에 어긋난다는 것이다. 따라서 호킹은 우주가 팽창할 수밖에 없고, 그것이 우주의 탄생이라고 생각하였다. 여기서 블랙홀과 화이트홀(White Hole)이라는 개념이 탄생하였다. 블랙홀의 존재를 보고 상대성이론에 따라 추론해 낸 것이 화이트홀이다. 그러나 화이트홀은 실

---

6) Whitehead, A. N. (1929) *Process and Reality*. 오영환 역 (2003) 『과정과 실재』. 서울: 민음사. 64쪽.

제로 증명된 바 없으며, 이론적으로만 가능한 존재이다. / 정상우주론보다는 빅뱅이론이 지지를 받는다고 한다. 그 근거는 다음 다섯 가지라고 한다. ① 우주가 팽창한다는 근거로서 허블법칙 ; ② 별의 운동에 의하여 색깔이 빨간색으로 변하면 멀어진다는 증거로서 적색편이 ; ③ 팽창의 근거로서 특이점 ; ④ 대폭발의 흔적으로서 우주배경복사 ; ⑤ 대폭발의 증거로서 우주에 존재하는 24%의 헬륨의 양 / 한편으로 빅뱅이론이 열역학 제2법칙에 어긋난다는 반론이 있다. 즉 빅뱅이론에 따르면, 무질서한 구조가 모여서 고도의 질서를 갖춘 항성으로 진화한다는 뜻이므로, 이는 열역학 제2법칙에 어긋난다.

Black Hole : 블랙홀 ; 블랙홀은 검은(black) 구멍(hole), 즉 강한 중력에 의해 빛조차 빠져나올 수 없어서 검게 보이는 천체를 뜻한다. 아인슈타인의 일반상대성이론에 의하여 설명되는 개념이다. 아키볼드(John Archibald)가 1967년 '블랙홀'이라고 명명하였다. / 당초 1783년 영국의 신학자이며 천문학자 미첼(John Michell, 1724~1793)이 뉴턴의 역학과 중력이론을 기초로 별이 무거우면서도 크기가 작으면 별 표면에서 빛조차 빠져나올 수 없게 되어 별이 보이지 않을 것이라고 주장한 데서 비롯되었다. 그러나 1915년 아인슈타인이 일반상대성이론을 발표하고 같은 해 슈바르츠실트(Karl Schwarzschild, 1873~1916)가 블랙홀의 수학적 해를 발견함으로써 비로소 블랙홀을 과학적으로 해명할 수 있게 되었다. / 일반상대성이론에 따르면, 질량이 존재하면 시공간이 휘게 되고 휜 시공간의 효과는 바로 중력에 의한 것이다. 이러한 휨 현상이 심해지면 어떤 입자나 빛도 바깥으로 빠져나올 수 없게 된다. 그 영역이 블랙홀이다. 이 영역의 바깥 경계면을 사건의 지평선(event horizon)이라고 한다. 사건의 지평선 안쪽이 어떤 상태인지는 관측할 수 없을 뿐만 아니라, 이론적으로도 탐구하기 어렵다. 그러나 블랙홀의 존재는 사건의 지평선 밖에서 일어나는 일을 관측함으로써 알아낸다. 외부에서 물질이 유입되면 사건의 지평선 밖에 부착원반이 형성되고 가열되어 빛을 내게 되고, 이 빛을 관측하여 중심부 질량을 추정함으로써 블랙홀을 확인한다. / 봄이 블랙홀을 언급한 것은 이전의 사고로는 설명할 수 없는 급진적 현상을 예시하기 위한 것이다. 즉 블랙홀은 기존의 '질서'로 설명할 수 없는 하나의 특이점(singularity)으로 볼 것이다. 창의적 사고에 의한 새로운 질서의 발견은 블랙홀과 같은 특이점으로 인하여 난관에 봉착한다는 것이다.

Brownian motion : 브라운 운동 ; 브라운 운동은 정지 상태에 있는 액체나 기체 안에서 움직이는 미소 입자 또는 미소 물체의 빠르고 혼돈적인 현상을 일컫는 용어이다. 1827년에 스코틀랜드의 식물학자 브라운(Robert Brown, 1773~1858)이 물속에 떠 있는 꽃가루 입자를 현미경으로 관찰하다 발견한 현상이다. 물에 떠 있는 꽃가루의 운동이나 냄새의 확산 현상 등에서 이 운동을 살펴볼 수 있다. / 브라운 운동은 액체나 기체 등 유체 안에 존재하는 거대한 입자가 끊임없이 불규칙적으로 움직이는 현상을 뜻한다. 이 현상은 액체나 기체를 이루는 원자나 분자 등 미세한 입자가 그 유체 안에 존재하는 거대한 입자와 불규칙적으로 끊임없이 충돌하기 때문에 일어난다. 그러나 이 운동은 유체 분자와 미소 입자가 충돌하는 비율 변동의 결과로 나타난다. 유체가 전체적으로 움직이지 않는 평형 상태라도 유체를 이루는 미소 입자는 열운동을 하고 있어서 다른 미소 입자와 부딪치면서 병진 운동을 하기 때문에 이런 현상이 일어난다. / 본서에서 브라운 운동을 예시한 것은 불규칙하게 운동하는 것이 무질서로 보이기는 해도 그것은 무질서가 아니라 '새로운' 기본 질서로 설명된다는 것을 말한다. 실제로 브라운 운동은 이후 연구를 통하여 관측 가능한 운동으로 입증되었다. 본문에서 창의성이 새로운 기본 질서의 발견에 있음을 예로 제시한 것이다.

Lorentz transformation : 로렌츠 변환 ; 특수상대성이론의 기초가 되는 4차원의 좌표변환식이다. 1895년 빛의 속도가 관측자의 상대속도와 관계없이 항상 일정한 값으로 측정된다는 마이컬슨과 몰리의 실험결과를 설명하기 위해 로렌츠(Hendrik Antoon Lorentz, 1853~1928)가 고안한 수식이다. 뉴턴의 고전물리학에서 다루는 상대성을 가지고 아인슈타인의 상대성을 설명할 수 없기 때문에 모든 물리법칙은 좌표가 변환될 때 이 변환식을 만족해야 한다.

뉴턴 역학에서는 절대공간의 관측자 O의 좌표계 K와 움직이는 물체의 관측자 O^*의 좌표계 K^*에서 K에서 기술된 사물의 속성은 K^*에서 기술된 것과 다르다.[7] 예컨대, 한 사물이 K에서는 오른쪽으로 빠르게 다가가지만, K^*에서는 왼쪽으로 느리게 멀어져간다고 기술될 수 있다. 이와 같이 이처럼 좌표계를 바꾸는 것을 "좌표변환(coordinate transformation)"이라고 한다. 좌표변환에 의하여 현상이 달리 보이는 것을 설명하여도, 물리법칙 자체는 좌표변환에서 불변한다.

예를 들어, 300km/h로 달리는 KTX에서 순방향으로 10km/h로 달리는 사람(O^*)을 밖에서 관찰하는 사람(O)이 있는 경우, O^*에게는 $V=300km/h$(기차에 탄 관측자 O^*의 속도)가 관측되지 않으므로 $v^*=10km/h$가 된다. 또 바깥에서 관측하는 사람 O의 입장에서

7) 이하에서 제시하는 예는 김명석 (2010) 「시공간의 철학」. 한양대학교 과학철학교육위원회(편). 『과학기술의 철학적 이해』. 435－455쪽을 참고한 것이다.

$v^* + V = 310km/h$가 된다. 반대로 K에서 얻은 측정 자료 $v(= 310km/h)$는 K^*에서 얻은 측정 자료로 변환시키려면, $v - V = 310 - 300 = 10km/h$가 된다.

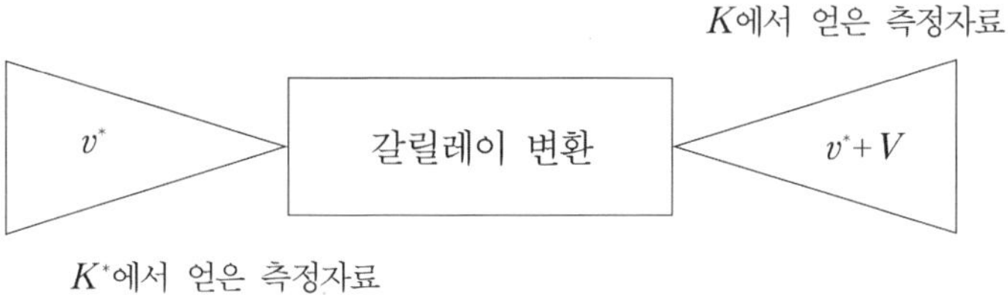

그러나 이러한 상대적 속도가 빛의 경우에 적용되지 않는다는 것이 밝혀졌다. 1887년 마이클슨(Albert Michelson)과 몰리(Edward Morley)가 빛의 상대적 속도를 측정하려 했으나 실패하였다. 다시 예를 통해서 설명해 본다.

빛의 속도 c를 상정하면, 좌표계 K^*와 좌표계 K에서 다음과 같아야 한다.

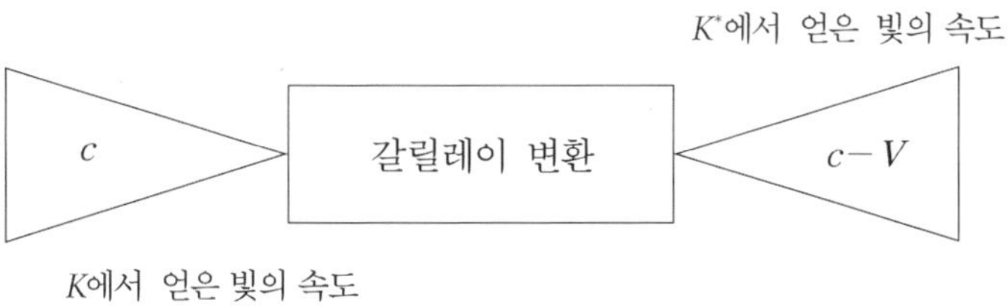

그런데 빛은 상대적 속도가 적용되지 않으므로, 관측결과 $c = c - V$가 된다. 그러나 분명히 물체는 V라는 속도로 움직이고

있으니까 $V \neq 0$이다. 여기서 아인슈타인은 빛의 속도가 상대적이지 않다는 사실을 과감하게 받아들였다. 이에 따라 아인슈타인은 광속이 일정하여 시간과 공간이 상대적으로 측정된다고 보았다. 이를 설명하려면 다른 좌표계를 요구한다.

아인슈타인이 빛의 속도가 상대적이지 않다는 사실을 과감하게 받아들인 것은 봄의 방식으로 설명하면 '상상적 통찰력'이며, 이를 입증하고자 한 것은 '합리적 통찰력'에 해당한다.

빛의 속도가 상대적이지 않다는 사실을 설명하는 변환식이 로렌츠 변환식(Lorentz transformation)이다.

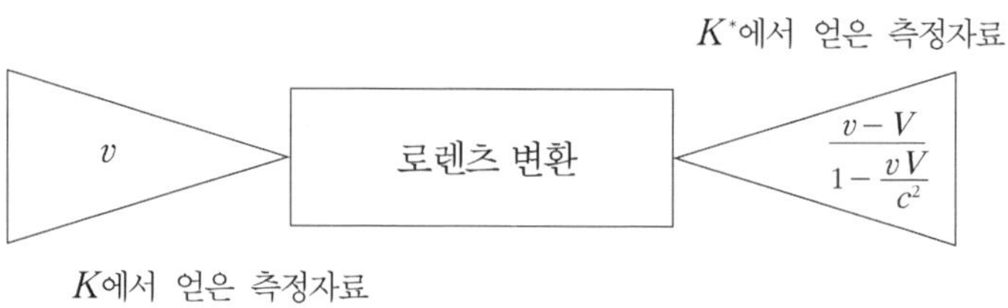

다시 예로 돌아가 본다. 이 예에서 K에서 본 빛의 속도와 K^*에서 본 빛의 속도가 모두 c가 된다. 즉 $v=c$를 대입하면, $v=c$, 즉 K에서 얻은 빛의 속도는 c가 되고, K^*에서 얻은 빛의 속도는 $\frac{v-V}{1-\frac{vV}{c^2}} = \frac{c-V}{\frac{c(c-V)}{c^2}} = c$가 된다.

다음과 같이 된다.

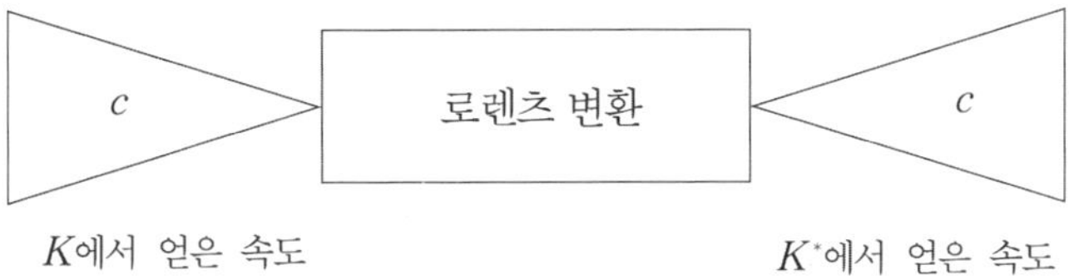

다음과 같은 결론에 이른다.

(1) 빛의 속도는 좌표변환에도 불구하고 불변한다.

(2) 뉴턴의 절대시간과 절대공간은 포기해야 한다.

따라서 빛의 속도가 절대적이면, 시간, 공간이 상대적으로 파악된다. 그 결과, 흔히 언급되는 시간이 늘어나는 시간지연(time dilation)과 길이가 줄어드는 길이수축(length contraction)이 관측된다.

본서에서 로렌츠 변환이 예로 사용된 것은 물리학자들이 발견한 '자연 법칙'이 절대불변이거나 절대진리가 아니며 항상 새로운 질서의 발견으로 바뀔 수 있음을 드러내기 위한 것이다.

pulsar : 펄서 ; 그 뜻이 '전파를 방출하는 별', 즉 'pulsating star'에서 나온 용어. 일정 주기로 펄스 형태의 전파를 방사하는 천체이다. 맥동전파원(脈動電波源)이라고도 한다. 0.0016초에서 3.745초의 규칙적인 주기로 세기가 변하는 전파(펄스)를 방출하는 별로서, 1967년에 영국의 천문학자 휴이와 벨이 발견했다. 자속(磁束)과 각운동량(角運動量)을 보존하면서 별이 중성자별로 수축되면, 1012G(기가)의 강한 자기장을 띠면서 고속으로 자전하게 된다. 자축(磁軸)이 자전축에 대하여 기울어져 있는 것이 펄스 방출의 원인이라고 생각되나, 자세한 것은 아직 밝혀지지 않고 있다.

quantum ; quanta ; 양자(量子) ; 물리량이 취할 수 있는 최소량 / 물리량이 양자화된다는 것은 물리량이 이 최소량의 정수배로 띄엄띄엄한 값을 갖는다는 뜻이다. 즉 양자화(量子化)는 띄엄띄엄한 값을 갖는다는 개념이다. 이는 고전물리학에서 물리량이 연속적인 값을 가지며, 0이 아니지만 임의로 작은 값을 갖는다는 고전물리학 가정을 뒤집는 이론이다. 양자의 대표적인 것으로 광자(光子, photon), 전자(electron)가 있다. / 양자의 개념은 물리학에서 빛이 입자인가 아니면 파동인가 하는 고전적인 논쟁을 전혀 다른 차원으로 바꿔버린 개념이다. 달리 말하자면 물리학의 탐구 대상이 알갱이인가 아니면 파동인가의 이분법이 그릇된 것을 보여주는 개념이다. 빛이 파동이라고 해도 그 물리량이 입자와 같은 정수배로 갖는다는 뜻이다. / 양자의 개념에서 비롯된 양자역학은 여러 가지 불가사의한 현상을 밝혀내고 이를 해명하려는 학문이다. 봄은 자신의 양자장이론을 통하여 불가사의한 현상을 구명하려고 한 것이며, 본서의 내용은 이를 토대로 한 창의성에 관한 것이다.

quasar : 퀘이사 ; 'QUASi－stellAR radio source'에서 나온 용어로서, '준성(準星, Quasi－stellar Object)' 또는 '준성전파원(準星電波源, Quasi－stellar Radio Source)'이라고 한다. 퀘이사는 지구로부터 수십억 광년 떨어진 거리에 있는 활동성 은하의 핵으로서 태양보다 수조 배나 밝으며 고정되어 있으므로 우주공간상 위치측정의 기준이 된다. 실제로는 은하처럼 넓게 퍼져 있는 천체이나 발견 당시 별과 같은 점광원으로 보였기 때문에 '항성과 비슷하다'는 뜻에서 '준성' 또는 '준성전파원'이라는 이름이 붙여졌다. / 퀘이사의 에너지원은 은하 중심의 블랙홀로 빠져 들어가는 물질의 중력에너지이다. 이러한 작용으로 밝게 빛나는 은하들을 활동은하(active galaxies)라고 한다. 빛은 퀘이사 중심의 블랙홀에서는 탈출할 수 없으므로, 퀘이사에서 나오는 에너지는 바깥쪽 원반에서 발생한다. 퀘이사는 전파뿐만 아니라 거의 모든 전자기파 대역에서 매우 강한 에너지를 내기 때문에, 현재는 더 이상 '준성'이라 하지 않고 일반적으로 '퀘이사'라고 한다. / 본서에서 봄이 펄서와 퀘이사를 언급한 것은 창의적인 사고를 가지고 새롭게 찾아낸 '새로운 질서'를 설명할 수 있는 용어를 만들어야 하는 예를 들기 위한 것이다.

relativity theory : 상대성이론 / 시간과 공간이 절대적이라고 본 전통적 사고에 대한 반론. 아인슈타인이 제시한 특수상대성이론과 일반상대성이론이 있다. / **special relativity theory** : 특수상대성이론 ; 광속 일정 원리에 따라 모든 관성계에는 동일한 물리법칙이 성립한다는 이론. 특수상대성이론 이전에는 뉴턴의 물리학에서는 모든 관찰자에게 시간은 일정하게 흐른다고 보았다. 그러나 모든 관찰자에게 광속은 일정하다. 광속이 불변하므로 빛보다 빠른 물체는 없다. 이때 좌표를 설명하는 것이 로렌츠 변환이다. / **general relativity theory** : 일반상대성이론 ; 중력장이론에 따라 모든 가속계에는 같은 물리법칙이 성립한다는 이론. 뉴턴의 물리학에서는 만유인력의 법칙에 따라 원격작용하는 힘이 존재한다. 그러나 아인슈타인에 따르면, 모든 가속계에서도 같은 물리법칙이 성립하며, 중력질량과 관성질량이 동등하다. 따라서 원격작용하는 힘이 존재하는 것이 아니다. 중력은 휘어진 공간을 만드는데 그것이 중력장이다. 중력장이 작용하여 공간의 휨 현상이 나타난다. 뉴턴의 만유인력법칙과는 달리, 태양의 중력에 의하여 휘어진 공간 때문에 똑바로 진행하려는 지구의 운동이 영향을 받아서 지구는 태양을 회전 운동한다. / 본서에서 상대성이론은 기존의 사고에 깔린 질서와는 다른 '새로운 질서'를 찾아낸 예로 제시된다. 봄의 창의성은 '새로운 질서'를 찾아내는 것이며, 상대성이론에서는 다음과 같은 새로운 질서가 찾아졌다. 첫째, 상대성이론에 따라 뉴턴의 '중력'이 "물체와 시공간의 상호작용"으로 대체되었다. 둘째, 질량과 에너지가 동등하다. 즉 질량 보존법칙과 에너지 보존법칙의 질서를 능가하는 새로운 질서의 발견이다. 셋째, 빛의 속도가 상수이므로, 절대적인 것으로 여겨졌던 시간과 공간이 상대적으로 '관측'된다. 넷째, 우주의 궁극적인 재료는 '마당'이다. 상대성이론은 중력장을 찾아냈다. 마찬가지로 양자이론에서 양자장도 봄이 주장하는 바와 같은 새로운 질서를 찾아낸 창의성의 징표이다.

리틀 베어 서문

— 라우틀리지 고전판 서문 —

상당 기간 나는 양자역학과 아메리카 여러 원주민들이 가졌던 개념, 앎의 방식, 사고 과정에 관한 유사성과 차이를 토론하였던 레스브리지대학University of Lethbridge에 개설된 원주민 동료들의 토론모임의 일원이었습니다. 그 즈음 나는 나의 물리학자 친구인 샘 코우노수Sam Kounosu로부터 데이비드 봄의 『전체와 접힌 질서』를 소개받았는데, 그것이 1980년대 중반쯤이었습니다.

조심스럽게 말하자면, 나는 그 책을 읽고 나서 저자의 창의적인 생각과 우리 블랙풋[1)]의 사고방식이 유사하다는 데 경이로움을 금치 못하였습니다. 봄의 사고방식과 아이디어는 내게 친밀한 공감대를 형성하였습니다. 그 즉시 나는 그의 저서를 더 읽기로 마음먹고 그와 만나기를 고대하였습니다. 1989년 그 소망이 이루어져서 데이비드 봄이 미국을 떠나 런던으로 가던 도중 기착지였던 뉴욕 북부 팜The Farm에서 그를 만날 수 있었습니다.

---

1) Blackfoot. 북아메리카 원주민의 한 종족. 이들을 아메리카 인디언이라고 하면 인도 사람을 뜻하게 된다. 서양인의 무지와 편견이 낳은 이 말은 그들이 '인디언'이 아니므로 아메리카 원주민이라고 해야 한다.

첫 만남에서 나는 그와 특정 언어가 화자로 하여금 독특한 방식의 사고로 이끌어가는가 하는 언어에 관한 깊이 있는 대화를 나눈 것을 아주 생생하게 기억하고 있습니다. 우리는 영어와 나의 모국어인 블랙풋 언어에 대하여 밤늦도록 대화를 가졌습니다. 그 첫 만남에서 우리는 서로에게 심금을 울리는 지적 자양분을 섭취하였습니다. 나의 두 번째 소망은 "사람 신체"에 관한 "과학 대화science dialogue"를 갖는 것이었습니다. 미시간의 캘러머주Kalamazoo에서 열린 "대화"는 1992년 4월 펫처연구소Fetzer Institute가 조직하고 후원한 것으로서 미국 원주민과 과학자들 상당수가 모여 우리 첫 만남에서 나눈 대화 내용을 집중적으로 탐구하는 것이었습니다. 이로써 나는 봄 박사만의 대화 방식에 이끌리게 된 것입니다. 내가 이때 다시 충격을 받은 것은 봄 박사의 "대화"라는 아이디어와 아메리카 원주민들에게 "원 화법talking circles"으로 익숙하게 널리 알려진 대화 간의 유사성입니다. 즉 불안이나 의제를 다 내려놓은 상태에서 아이디어, 개념, 논점, 관심사 등에 대한 "이야기talk"에 참여할 수 있도록 하는 개인적, 사회적 차원의 암묵적 기반이 사람들에게 제공되어야 한다는 봄 박사의 대화는 원주민들의 원 화법과 유사한 것이지요. 양자 사이에 똑같은 원리가 적용되는 것입니다. 봄 박사와의 대화 이후로, 우리 그룹은 그를 기억하면서 대화를 이어갔지요.

현재 리 니콜Lee Nichol이 봄의 미출간 글을 묶어서 편집한 『봄의 창의성』의 서문을 쓰고 있다니 이러한 축복이 어디 있겠습니까. 과학을 예술의 창의성에 결합시켜 논하는 사람은 많지 않습니다. 『전체와 접힌 질서』를 처음 읽은 이후 줄곧 나는 "새로움", "차이", 그리고 "가능성"에 대한 데이비드 봄의 열린 태도를 높이 평가하지 않을 수 없었습니다. 그의 열린 자세란 과학을 예술의 아름다움에 연관시

킴은 말할 것도 없고 서로 다른 학문, 문화, 앎의 방식의 차이를 넘나들 수 있는 것이기 때문입니다. 이 점에 착안하여 나는 “창의성”에 관한 그의 사고와 아이디어가 어떻게 그리고 어떤 이유로 블랙풋의 앎의 방식과 많은 점에서 상통하는지를 설명하고자 합니다.

블랙풋 철학은 끊임없는 운동 또는 끊임없는 흐름이라는 생각을 담고 있습니다. 거기에는 모든 것은 에너지 파동으로 구성되고 영혼으로 가득 채워져서 생기를 불어넣어주며, 서로 관련되어 공간상 실체로 인식되는 실재라는 것은 늘 갱신되면서 창조된다는 생각이 담겨 있습니다.[1] 블랙풋과 나바호Navajo와 같은 다른 아메리카 원주민들 사이의 유사성도 있습니다. 예술과 언어 전공생인 나바호 출신 개리 위더스푼Gary Witherspoon은 이러한 유사성 하나를 잘 표현한 바 있습니다.

> … 세상 모든 존재와 실존에는 생명의 이중적 측면이 있다는 가정을 깔고 있다. 세계는 운동 중이며, 사물은 끊임없이 형성, 쇠퇴, 복원 등의 끊임없는 과정을 거치며, 따라서 생명과 존재의 본질은 운동이라는 가정을 깔고 있다.[2]

여기서 나는 아메리카 원주민 과학에 관한 저서에 썼던 다른 내용 하나를 다시 소개하려고 합니다. 여기에 포함된 아이디어는 목하 논제에 부합합니다. “끊임없는 흐름이라는 개념은 관계를 ‘거미 망spider web’ 네트워크로 나타낸다. 다른 말로 하면, 모든 것은 상호 관련되어 있다. 모든 것이 상호 관련되어 있다면, 창조되는 모든 것도 상호 관련되어 있다. 만약 인간이 생명과 영혼을 지닌다면, ‘나와 관련된 모든 것all my relations’도 역시 생명과 영혼을 지니고 있음에 틀림없다.

블랙풋이 '영혼'이라고 하는 것과 에너지 파동은 동일한 것이다. 창조되는 모든 것은 영혼이다. 창조되는 모든 개체는 에너지 파동의 결합으로 구성되어 있을 뿐이다. 다른 말로 하면, 공간상의 물체로 보이는 것은 에너지 파동의 결합에 의하여 드러난 것일 뿐이다. 바꿔 말하면, 모든 에너지 파동 조합은 구체적인 물체로서 파악할 수 없다는 것이다."[3]

"갱신은 아메리카 원주민의 패러다임의 중요한 측면이다. 끊임없는 흐름을 통하여 아메리카 원주민들은 일정한 패턴, 이를테면 계절감각, 동물의 이동 또는 우주의 움직임을 파악할 수 있다. 여기서부터 모든 창조물은 지속적인 움직임의 과정이지만 유지되고 변화하는 우리 주변의 모든 사물들이 어떤 일정한 패턴을 지니고 있는 근거를 갖게 해 준다. 만약 이러한 패턴의 근간이 지속되면서 갱신되지 않는다면, 우리는 현재 공룡과 같은 모습을 하고 있을 것이다. 우리는 끊임없는 흐름 속에서 사멸하게 될 것이다. 그래서 아메리카 원주민에게는 갱신에 맞추어 여러 가지 의식을 거행한다."[4] 블랙풋의 정신세계로 보면, 우리가 일상적으로 안다는 의미는 단지 흐름이 일시적으로 드러난 표시에 불과한 것이며, 이는 특정 지시물로 파악됩니다. 누군가는 이러한 일상적인 지시물이 우리의 실체를 구성하는 본질이라고 할 수도 있습니다. 만약 그러한 실재가 다시 갱신되어 만들어지지 않는다면, 또 다른 실재가 생겨날 것입니다. 그러면 이 새로운 실재는 우리가 현재 파악한 실재를 포함해서는 안 됩니다. 그러므로 우리가 파악한 것은 갱신되어야만 합니다.

블랙풋의 세계가 새로운 창조의 보고repositiry인 첫째 이유는 끊임없는 흐름 때문입니다. 우주적 차원에서건 우리의 정신적 차원에서건 누군가가 이러한 흐름이 에너지 파동으로 구성되어 있다는 점을 상상해 본다면, 그는 자기 자신이 파도 타는 사람처럼 이 에너지 흐름을 타는 사람이라는 점을 상상할 수 있을 것입니다. 파동을 타는 동안, 파동의 흐름에 편승하게 되고 나중에는 파동과 하나가 됩니다. 그렇게 되면 사람은 당면한 여건에 제한을 받지 않게 되면서 자기 주변의 환경으로부터 먼 지평의 끝에 이르기까지 모든 것을 취할 수 있습니다. 파동 흐름을 타는 과정에서 사람은 에너지 파동의 다양한 조합으로 인한 모든 것을 받아들이고 경험하게 됩니다. 그래서 예술 작품의 추상성과 꼭 집어서 다르다고 할 수는 없지만, 그와는 다른 운동과 흐름으로 가득 찬 추상의 세계를 볼 수 있게 됩니다. 시각적으로는 에너지 파동의 율동은 마치 북극의 오로라의 율동처럼 우아하고 아름답습니다.

끊임없는 흐름은 끊임없는 변화와 끊임없는 변형의 형태로 나타납니다. 에너지 파동의 결합이 의인화되어 나타나는 것은 블랙풋의 정신으로 보면 중요하지 않습니다. 그러나 영혼은 공통분모이기 때문에 중요합니다. 그러므로 인간, 동물, 식물, 무기물체가 의인화되어 나타나는 것은 흐름의 일시적 단면을 드러내는 것이라고 믿는 것이 중요합니다. 이들은 모두 영속하지 않습니다. 모두 변합니다. 아무것도 확실한 것은 없습니다. 오로지 확실한 것이 있다면 그것은 변한다는 사실입니다.

블랙풋의 세계가 새로운 창조의 보고인 둘째 이유는 창의성이 카오스에서 비롯되는 질서로 파악되는 실재와 관련된다는 점입니다. 카오스에서 비롯되는 질서는 우주가 너무 광대하여 인간의 능력으로 그것을 수용할 수 없다는 것을 뜻합니다. 인간의 제한되고 한정된 관점에서 보면, 우주의 큰 그림은 무질서하게 보입니다. 그 안에 내재된 질서가 있을지도 모르지만, 그것조차 어마어마해서 우리가 볼 수 없습니다. 그 결과 우리가 인간의 틀을 통하여 규정지을 수 있고 질서를 부여할 수 있는 것은 오로지 우리가 지금 당면하고 있는 환경일 뿐입니다. 카오스로서 우주를 보는 관점은 블랙풋의 신화에 나오는 트릭스터trickster[2]의 개념으로 표출됩니다. 호두 껍질처럼 갇힌 세계에서 트릭스터는 무질서일 뿐입니다. 서양의 관점에서 보면, 트릭스터 이야기는 기이하고 자연스럽지 못한 익살로 보일 것입니다. 블랙풋의 관점에서 보면, 트릭스터는 흐름이 드러난 양상입니다. 퍼스트 라이더는 다음과 같이 서술합니다.

> 원주민의 관점에서 보면 트릭스터가 어떻게 나타날 수 있으며 그 능력의 본질과 한계가 어떠한가는 관심이 없다. 트릭스터는 그냥 존재할 뿐이다. 그러나 그것을 끊임없는 흐름이나 움직임으로 본다면, 원주민들의 관점을 이해할 수 있을 것이다. 모든 창조는 영구히 움직이고 변한다. 영원히 남는 것은 아무것도 없다. 궁극적인 것도 없다. 한 인간은 오늘 이 순간 하나의 인간이거나 인간으로 보일 뿐이지만, 내일이면 인간이 아닌 다른 존재일 것이다. 바윗덩어리가 짐승으로 변할 수 있으며, 짐승이 나무로 변할 수도 있다. 다른 말로 하면, 원주민의 사고방식은 모든 것에는 잠재적으로 영혼이 담겨 있다는 것이다. 그러나 끊임없는 흐름의 관점에서 보면 이러한 잠재력

---

2) 원시 민족의 민화, 신화 등에 등장하는 인물, 동물들로서 장난이나 사술을 부리는 존재를 말한다. 특히 북아메리카 원주민의 설화에 등장한다. 마구 심술부리는 우리의 도깨비와 비슷한 존재라고 할 수 있다. 또한 우리의 신화에도 나오는 존재이기도 하다. 여기서는 트릭스터가 불가사의한 일들을 벌이는 경우에 빗대어 우주의 실상을 소개한다. 양자물리학자인 봄이 우주의 불가사의함을 주장할 수 있는 것은 양자의 비국소성이나 양자 얽힘 등을 토대로 한 것으로 보인다. 우리가 일상적으로 납득하기 어려운 양자 얽힘이나 비국소성 문제는 마치 원시 신화에 나오는 도깨비장난이나 트릭스터의 사술처럼 설명할 수밖에 없을 것이다. 즉 고전물리학과 서양 근대성의 틀로서 설명하지 못하는 우주 질서를 설명하기 위하여 트릭스터에 대한 관심과 연구가 고조되고 있다.

도 언제든 바뀔 수 있어서 또 다른 무엇이 되어 버린다. 변하지 않는 것은 변한다는 사실뿐이다. 어느 것이든 그리고 모든 것이 변할 가능성이 있다. 바로 이것이 트릭스터이다. 트릭스터는 민족 영웅으로 등장할 수도 있고, 천한 존재이기도 하고, 어리석은 인물이기도 하고, 변화의 화신이기도 하며, 선물을 안겨주는 존재이기도 하며, 변방의 적이기도 하다. 그는 창조자이며, 스승이다. 그는 끊임없는 흐름이다.[5]

블랙풋의 세계가 새로운 창조의 보고인 셋째 이유는 어떤 경계도 없으며, 설사 경계가 있다고 해도 창의성은 경계를 초월해 버린다는 점입니다. 블랙풋 사람들은 잠잘 때 꿈꾸는 상태와 깨어 있는 상태조차 엄격하게 구분하지 않습니다. 꿈에서 일어났던 일도 그 사람이 겪은 전체 경험의 일부이며, 따라서 그 사람의 실재를 이루는 일부입니다. 몬태나주 블랙풋 구역출신이자 블랙풋 사람인 돈 페피온Don Pepion은 "꿈의 중요성은 버질 벌슈Virgil Bullshoe가 '꿈은 당신에게 뭔가를 말해 주고 있어요'라고 하며 강조한 바 있다"[6]고 하였지요. 페피온은 꿈을 통해서 제례악을 배울 수 있음을 벌슈의 말을 다음과 같이 인용하여 강조한 바 있습니다.

흥미로운 점은 할아버지들이 나의 내면에 노래를 들려주었을 때 발견된다. 할아버지들이 잠결의 내 노래를 듣고 있기 때문에 그 전달 과정에서 내면의 노래들은 잠의 일부로서 자연스럽게 배울 수 있다. 내가 잠 들어 있을 때, 나는 온갖 노래를 부르지만, 나는 그것을 알지 못한다. 삼촌은 나보다 먼저 폴리스 파이프를 소유하고 있었다. 그는 노래를 전혀 몰랐지만, 꿈속에서 갈라진 막대가 삼촌에게 모든 노래를 가르쳐주어 알게 되었다. 왜냐하면 아무도 꿈속에서 노래를 부른 적이 없기 때문이다. 그 다음 날 꿈속에서 노래가 어떻게 가르쳐진 것인지 신기한 일이었다. 그러나 새벽에 보니 어떻게 노래를 부르게 되었는지 궁금하게 되었다. 그러나 분명한 점은 밤에 삼촌의 꿈속에서 노래가 삼촌을 가르친 것이다. 그래서 그 다음 날 삼촌은 그 문제를 생각하지 않았고, 그저 노래를 부르기 시작했을 뿐이다. 이것이 노래가 말하고자 하는 바이고, 당신 대신에 계획했던 바였다. 필요하면 다가오게 되어 있다. 내가 노래를 배우게 되었을 때 나는 무엇인가를 이용한 것 같다. 그러나 내가 어떻게 배웠는가를 생각하면 그것을 기억해 낼 수 없었지만, 노래를 부르기 시작하면 나는 그저 노래를 부를 수 있었을 뿐이었다. 이것이 할아버지들이 내가 잘못 나가지 않도록 나를 도와준 부분이다. 내가 노래를 부를 때 뭔가 문제가 생기면 그것은 내가 만든 것이기 때문이다. 그러므로 나는 그저 노래를 부르기 시작하면, 노래가 내게 다가오게 되고, 나는 노래를 부를 수 있게 된다.[7]

꿈은 학습 과정의 부분입니다. 지식이 인간, 동물, 식물, 돌덩어리 같은 무기물질에서 비롯되었건 간에 지식은 꿈에서 생성된 것입니다. 다른 말로 하면, 꿈은 흐름으로부터 지식을 획득하게 해 줍니다.

마지막으로, 블랙풋의 세계가 새로운 창조의 보고인 넷째 이유는 블랙풋의 언어가 대화를 통한 창조에 동원된다는 점입니다. 다른 북아메리카 원주민들의 언어와 마찬가지로 블랙풋 언어는 유럽의 언어적 구조와 맞지 않습니다. 유럽어들은 문장 내의 단어들의 배열을 정하는 구문을 강조합니다. 블랙풋 언어는 개별 어휘가 구축되는 형태학$_{\text{morphology}}$을 강조합니다. 전형적으로 유럽어 문장은 주어와 술어로 구성되어 있습니다. 그래서 둘 중 하나 없이는 문장을 구축할 수 없으며, 생각을 지어낼 수도 없습니다. 영어 사용자에게 블랙풋 언어가 끊임없는 흐름을 반영해 주는 과정과 행동에 집중된다는 점은 이해하기 어려울 것입니다. 영어와 같은 유럽어는 사용자로 하여금 선과 악, 성과 속, 낮과 밤, 흑백 등과 같은 이분법적 사고를 유도합니다. 언어학자인 내 친구 매튜 브론슨Mathew Bronson은 이를 '이분법적 분열증dichotomosis'이라고 지칭하였습니다. 블랙풋 언어는 사용자로 하여금 범주를 딱 자르는 사고를 유도하지 않습니다. 물론 경계가 있을 수 있습니다만, 영어와는 다른 범주의 경계이며, 그 경계를 초월하기 쉽게 되어 있습니다. 또 다른 차이는 영어 사용자가 다양한 경험을 일정한 구획에 맞추어 어휘를 사용할 경우 "영어 잘하는 사람good English speaker"이라고 합니다. 그러나 블랙풋 언어 사용자들은 단어의 의미를 실어 나르지 않습니다. 그들이 실어 나르는 것은 소리입니다. 화학의 원소주기율표를 빗대어 설명하고자 한다면, 우리는 단어를 구성하는 소리의 주기율표를 상상할 수 있습니다. 비유적으로 말하자면, 체험한다는 것은 우연히 일어난 일을 따라 같이 뛰어가면서 그것을 기술하는 것입니다. 다른 말로 하면, 블랙풋 언어를 잘하는 사람은 "소리주기율표sound periodic table"에 따라 여러 가지 조합을 능숙하게 잘 만들어내는 사람입니다. 위더스푼은 나바호 언어에 '가다'라는 동사를 결합하는 356,200가지의 방식을 가려낸 바 있습니다. 무한 가능성을 가지고 말하십시오! 창의력을 가지고 말하십시오![8]

끊임없는 흐름의 개념, 카오스로부터 비롯된 질서, 경계를 초월함, 과정과 행위의 유동성을 통해 실재를 기술한다는 사실은 봄의 창의성에 관한 개념과 아이디어와 정확하게 부합합니다. 누군가 블랙풋의 관점으로 실재를 파악하고자 한다면, 그 우아함과 아름다움을 겪지 않을 수 없을 것이며, 조물주의 창조가 바로 예술 그 자체로구나 하는 생각을 하지 않을 수 없을 것입니다. 끊임없는 움직임과 흐름에 대한 경이로움을 표현하지 않을 수 없을 것입니다. 모든 것이 창조될 유동적 가능성을 지니고 있다는 결론에 도달하지 않을 수 없을 것입니다. 데이비드 봄이 블랙풋의 아이디어와 심오하게 상통한다니 참으로 이만한 경이로움이 있을까요? 본서 『봄의 창의성』은 내가 알고 있는 바 블랙풋 세계의 본질과 핵심에 가장 접근해 있는 영어 문서입니다. 『봄의 창의성』은 창조적 정신의 가능성을 소상하게 알려주는 책입니다.

2004년 리로이 리틀 베어Leroy Little Bear

[저자의 미주]

[1] 아메리카 원주민들의 철학을 담은 글은 내 아내의 다음 미술학 석사 논문에서 확인할 수 있다. *Sweet Grass Visions: The Combination of Trickster and Theatre for the Transmission of Culture* by Amethyst First Rider, University of Calgary, 1994, p. 14.

[2] Witherspoon, Gary, Language and Art in the Navajo Universe (Ann Arbor: University of Michigan Press, 1977), p. 48.

[3] Little Bear, Leroy, Foreword in Gregory Cajete's *Native Science: Natural Laws of Interdependence* (Santa Fe, New Mexico: Clear Light Publishers, 2000), pp. x－xi.

[4] Ibid. p. xi.

[5] 주1의 책 30쪽을 보라.

[6] Pepion, Donald Duane, *Blackfoot Ceremony: A Qualitative Study of Learning* (A thesis submitted in partial fulfillment of the requirements for the degree of Doctor of Education, Montana State University, Bozeman, Montana, 1999), p. 75.

[7] Ibid.

[8] 주2의 책 21쪽을 보라.

리 니콜 서문

『봄의 창의성』은 기계론적 사고로부터 창의적 사고 과정을 부각시킨 20년간의 봄의 주장을 담고 있습니다. 이 책의 상당 부분이 인간의 창의성을 탐구하고자 한 것이지만, 그의 일관된 생각은 인간의 창의성이 자연의 창조 질서를 기계론적으로 답습하여 구현되는 것이 아니라 우주 전반에 내재한 창의적인 힘을 똑같이 지니고 있다는 점에 있습니다.

인간은 자신을 둘러싼 세계의 움직임과 그 역동성을 지각하는 위치에 머물러 있을 뿐만 아니라 동시에 이러한 지각이 일어나는 마음의 기제가 그 관찰대상인 세계에 즉시 개입함으로써 창의성을 발휘하는 존재입니다. 세계를 지각하는 우리가 "실재"에 영향을 주는 정도에 따라 그리고 이를 입증할 증거가 상당하다면, 우리의 사고가 이해하고 해석하는 세계 질서와 우리의 사고 상호 간에 정합적 관계가 있으며 이를 파악하려는 시도는 합당한 것이라고 해도 좋습니다.

봄은 45년간의 이론물리학의 전문성을 비롯해서 미술에 대한 친숙함 그리고 예술가들과의 교류 등 자신의 관점을 형성하게 해 준 여러 가지 경륜을 가지고 있습니다. 그래서 그는 예술, 과학, 종교적 영감이 내재적으로 관련되어 있다는 확신을 갖게 되었고, 그 결과 일관되게 심리철학을 창의성과 관련하여 논의하였고 그것은 우리 일상생활 맥락에서도 구체적으로 확인할 수 있습니다.

창의성의 본질을 탐구함에 있어서, 봄은 그것을 진·선·미의 문제로부터 과감하게 끌어들이도록 하였습니다. 이 연장에서 그는 추상과 구체, 지성과 직관, 안과 밖, 절대와 상대 등과 같은 서양 문화에 박힌 이분법에 "꿰맞추려는" 시도를 "면도날과 같은 면밀함으로" 파헤치는 데 심혈을 기울였습니다. 그렇게 함으로써 이분법의 결과로 얻어지는 경직된 사고를 지양하고, 단정적으로 말할 수 없는 창의적인 지각작용에 몸담도록 하였습니다.

본서 제1장인 "창의성에 관하여"(1968)에서 봄은 왜 과학자들이 과학 탐구에 헌신하는가, 그리고 무엇이 과학자를 일깨우며 동기화시키는지를 묻고 있습니다. 봄이 보기에, 그 일의 본질에 있어서 과학자들은 근본적으로 새로운 무엇인가를 알아내고, 자신이 지각한 세계에 담겨 있는 새로운 질서의 법칙성을 찾아내려는 데 관심을 가지고 있습니다. 이 법칙성은 이론적 형식을 갖추기 위한 것도 아니고, 그것을 응용하려는 실용적 목적에 있는 것도 아닙니다. 그보다는 과학자들은 "하나인 전체성a certain oneness and totality 또는 아름답다고 할 만한 조화로움을 구성하는 전체성"을 파악하고자 헌신하는 것입니다.

과학 탐구의 깊숙한 핵심에는 심미적인 풍성함이 담겨 있다는 이 같은 생각은 『봄의 창의성』의 전반에 걸쳐서 여러 차례 확인할 수 있습니다. 그래서인지 '알아내고자' 하는 충동은 곧 심미적인 만족을 위한 충동이라는 것이 제1장의 주제입니다. 봄이 단언하고자 하는 학문은 기존의 주어진 사실을 바탕으로 한 반복학습이 아니라, 참으로 새로운 것을 찾아내려는 탐구입니다. 여기서 "새로움newness"이란 이를테면 사람이 이전에 학습하지 못하였던 문화에 관한 정보를 얻어내어 이를 축적해 가는 것이 아닙니다. 그가 보는 학문은 세계를 관련짓는 새로운 질서를 지각하는 것이며, '차이'와 '유사성'을 민감하게 파악하는 것을 요체로 합니다.

차이와 유사성에 대한 민감함은 학문이 기계론적인가 아니면 창의적인가의 엄격한 차이를 보여줍니다. 만약 동전이 매우 조밀한 무늬의 카펫에 떨어질 경우, 그것이 지각되려면 동전과 카펫 무늬는 구분되어야 합니다. 그러나 이러한 지각은 카펫에 동전이 없는 상태에서 무늬에 대한 회상을 하든지 (즉 '차이') 아니면 어떤 금속체가 놓인 상태에 대한 회상을 하는 (즉 '유사한 차이') 기계론적 과정을 요구합니다.

'순수한 창의적 지각의 독창적이며 혁신적인 특성'을 다른 연장선에서 보여주기 위하여 봄은 헬렌 켈러와 그녀의 선생님인 앤 설리번의 관계를 예로 듭니다. 태어나면서부터 농아이면서 맹아인 켈러는 언어장애도 가지고 있어서 가장 저급한 물리적 동작 이외의 어떤 것도 학습할 수 없는 사람으로 여겨졌습니다. 그러나 설리번 선생님이 물이 손에 닿을 때마다 켈러의 손바닥에다가 'W-A-T-E-R'라고 쓰면서 이전에 연결되지 않았던 경험을 연결시킴으로써 켈러의 의식 안에 커다란 변혁이 일어났습니다.

결과적으로, 켈러는 섬광처럼 스치는 통찰을 경험했습니다. 첫째, 그녀는 물을 대했던 이전의 경험을 연결시킴으로써 어떤 유사성을 파악하여 물을 일관되게 경험할 수 있었던 것입니다. 그러나 획기적으로 중요한 사실은 이를 통하여 그녀가 '개념'의 의미와 위력을 지각하게 되었다는 점이지요. 그녀는 "물"이라는 상징이 모든 유사한 경험을 총체적으로 재현시켰다는 점만이 아니라 '모든 경험'이 유사성과 차이라는 측면에서 무한히 펼쳐지는 개념을 사용함으로써 구조화된다는 점을 지각하게 된 것입니다. 따라서 그녀는 자신의 통찰력을 통하지 않고는 얻을 수 없는 의미와 관련된 개념적 이해력을 재빨리 획득할 수 있었던 것입니다.

봄에 따르면, 유사성과 차이에 대한 민감성은 사람에게 자연의 "객관적" 세계와 자신의 마음속에서 새로운 구조화를 가능하게 해 줍니다. "자연법칙에 관한 질서 정연하게 구조화되는 우리의 지식은 자연의 본성과 구조가 지니는 특성에 유사하도록 항상 진화하고 있습니다." 그는 뉴턴과 아인슈타인이 헬렌 켈러와 유사한 통찰력을 지니고 있다고 하면서, 통찰력은 켈러가 겪었던 분야와는 전혀 다른 사고와 경험에서 새로운 개념구조를 형성하게 한다고 하였습니다. 하지만 통찰이 근본적으로도 새로운 구조를 지각하게 해 준다는 점에서 유사하다고 하였습니다.

그 결과 봄은 새롭게 자리 잡은 질서의 위계를 다음과 같이 설정합니다.[1] (1) 유사성과 차이가 기본적인 질서를 한정한다. 예를 들어서 담장을 쌓을 벽돌의 배치와 같다. (2) 이러한 질서들의 관계는 새로운 구조(즉 담장이라는 구조)를 낳는다. (3) 새로운 구조의 관계는 복합적인 새로운 전체(이를테면 담을 쌓아서 집을 짓는 것처럼)를 낳는다. 봄의 관점에서 보면, 우리가 위대한 회화작품, 빼어난 이론, 밤하늘의 별들, 우리 마음 자체에서 전체성과 아름다움을 느낄 수 있다는 사실은 우리의 마음과 자연세계가 지니는 질서가 동일하다는 것을 입증해 줍니다.

---

1) 봄이 제시하는 이러한 질서의 위계는 폴라니가 지적하는 '한계통제원리(principles of marginal control)'에 상응한다. 폴라니 (1966) 『암묵적 영역』. 김정래 역 (2015) 서울: 박영사. 72–75쪽 참조.

아름다움은 방관자의 눈에 의존하는 개인적 취향의 의견이 아닙니다. 아름다움은 질서, 구조, 조화로운 우주의 총체를 구성하는 역동적인 진화의 과정입니다. 그 결과, 봄은 이러한 과정을 결코 주관적일 수 없는 전체 질서로 보고, 이를 심미적으로 지각할 수 있는 객관적 언어에 의하여 파악하기 위하여 새로운 언어의 필요성을 제기하였습니다. 이러한 생각에 입각해서 봄은 과학자, 사상가, 문학가 등의 전유물이라고 여겨진 창의성이 실제로는 소수의 사람들에게만 국한된 것이 아니라고 하였습니다. 그는 각 개인에게 잠재된 창의성이 문화적으로 고착된 "블록"이 아니라면 모든 사람들의 일반적 상식 수준을 뛰어넘어 표현될 수 있다고 하였습니다.

이러한 잠재적 창의성에 일차적으로 장애가 되는 블록은 다름 아닌 봄이 마음속에 "단순한" 혼란과는 대비되는 "마음이 스스로 만들어낸" 혼란이라고 일컬은 것입니다. 단순한 혼란이란 이를테면 우리가 퍼즐의 답을 찾지 못하거나 주어진 문제의 뜻을 모르는 상태에서 겪는 경험을 말하는 것입니다. 이와는 달리, 마음이 만들어낸 혼란이란 "마음이 해당 혼란의 원인을 명료하게 찾아내기보다는 '마음속 깊은 데서 그 사실조차 받아들이지 않으려는 의도'가 생길 때 야기됩니다." 봄은 이러한 자기충족적인 과정이 한편으로는 인간의 자연적인 민감함을 마비시켜 버리는 우둔한 결과를 가져오고, 다른 한편으로는 무의미한 기계론적 환상에 빠지게 한다고 지적합니다. 불행하게도 이것을 마음의 정상적인 작동 상태로 간주하는 문화적 풍토병에 걸려 있다고 봄은 주장합니다.

결과적으로, 우리는 창의성을 증진하려는 시도보다는 혼란스러운 행위에 꾸준히 관심을 기울이는 것이 필요해 보입니다. 봄에게는 혼란이 일어나기 앞서 "순수하고 신속한 과정"에 주의를 집중하는 것 자체가 가장 일차적인 창의적 행위입니다. 이러한 집중을 통해서 "독창성과 창의성이 나타나기 시작하는 것은 공식화되고 기획된 정해진 목표를 성취하고자 하는 노력의 결실이 아니라, 마음이 보다 평상적으로 작동하는 데 따른 부산물입니다."

제2장 "과학과 예술의 상호 동질성"(1968)에서는 제1장에서 제기된 문제를 다음과 같이 보다 소상하게 다루고 있습니다. 구조란 본질상 새로운 형식을 지각하는 것으로서 형식적으로 아름다움의 속성을 지니게 되며, 이어서 새로운 속성 형식을 드러나게 해 줍니다. 과학, 예술 그리고 일상에서 "진리"의 의미를 밝히고 있습니다. 과학과 현대예술의 실재에 대한 "대응설"의 관점이 성립하지 않는다는 점입니다. 그리고 패러다임 변혁에 관한 교차 학문적인 의미를 밝히고 있습니다.

봄은 이에 관하여 인간 의식이 급격하게 성장하게 된 시기인 인류 초창기에 맞추어 탐구의 틀을 짜고 있습니다. 이 시기에 인류는 광대하고 경이로운 우주에 대하여 자신이 경험하고자 하는 강한 욕구를 지니고 있었습니다. 여기서 인류가 시도한 것은 우주에 대응하려는 것이라기보다는 우주와 자신을 관련시켜 이해하려는 것입니다. 이러한 상황 속에서 우리가 현재 과학, 예술, 종교 등으로 분리시켜 추구하는 근본 욕구를 자신을 둘러싼 세계에 대하여 하나의 전일체로 지각하고 반응하여 충족시키려 하였습니다. 모든 것이 상호 관련되어 있다는 생각이 깔려 있으며, 이에 따라 봄은 분할된 사고를 하는 현대인은 바로 여기에 초점을 맞추어야 한다고 주장합니다.

이러한 상호 관련성은 '참true'이라는 말의 광범위한 의미에서 찾을 수 있습니다. 한편으로 진리는 사실과 일치하는 것을 의미합니다. 그래서 사람들은 "지난주 내내 태양이 매일 떠오른 것은 참이다"라고 말할 수 있습니다. 보다 광의적으로, "진짜 선true line", "진짜 사람true man"처럼 그 안에 분할되지 않고 통합되어 내재되어 있다는 뜻에서 진리는 "그 자체로 참"임을 의미합니다. 봄은 이와 같은 상통하는 전체성coherent wholeness[2)]의 요구가 과학이론을 형성하는 핵심임을 지적합니다. 이 점에서 사실과 대응함correspondence은 필요조건이지만 충분조건이 되지 못합니다. 과학이론의 형성에는 간결성simplicity, 우아함elegance, 대칭성symmetry 등이 대응설보다 큰 역할을 합니다. 이러한 방식으로 과학의 심미적인 고려가 이루어져서 예술가들이 하는 일과 근접하게 됩니다. 비록 예술가들은 주로 감각적인 매체를 사용하여 작품을 다루고, 과학자들은 실험도구와 이론적 추론을 통하여 작업을 하지만, 그들 각각의 내심 의도와 동기는 모든 것을 상통하는 "진리"의 특성을 명백하게 알아보려는 데 있습니다.

하지만 과학과 예술은 진리를 매개로 연결되는 것보다 양자가 상호 경험을 구축한다는 점에서 더 깊은 관련을 맺고 있습니다. 이러한 심층적 관련을 설명하기 위하여 봄은 가장 먼저 과학이론이 객관적으로 확증된 세계를 궁극적으로 반영하는 것이 아님을 지적하고 있습니다. 그보다는 "각각의 과학이론과 실험도구들은 양적인 면에서나 질적인 면에서나 무한한 세계의 총체성 중에서 어느 한 측면을 선별함"을 알 수 있다고 합니다. 이에 더하여 원자 또는 그 이하 미립자의 수준에서 양자이론은 "관찰도구와 관찰대상을 떼어낼 수 없

---

2) coherence. 상통함. 물리학에서는 간섭성의 뜻으로 사용되는데, 봄은 여기서 이 말을 레이저 광선이 그러한 것처럼 모든 사물을 관통하는 특성이라는 의미로 사용한다. 철학에서 번역하는 일관성 또는 정합성이 이 의미와는 무관하지 않지만, 이것이 모든 것을 관통한다는 뜻을 지니지는 않는다. 하지만 바로 다음 문장에서는 이를 대응설과 대비시켜 설명하고 있다. 바로 이 점이 봄이 강조하는 '상통성', '관통성'의 의미를 전달해 준다. 용어해설 참조.

음"을 밝혀냈습니다. 즉 관찰과정은 관찰대상에 영향을 준다는 사실이 모든 것이 "실재"와 대응하여 기술할 수 있다는 가정을 폐기하도록 하는 수수께끼를 남겨놓았습니다. 이제까지 얻어낸 과학의 연구결과로 보면 과학이 세계를 있는 그대로를 담아내는 이론을 제공할 수 없다는 점을 인식하는 것이 중요하다고 봄은 주장합니다.

과학이 제공하는 것은 "단순한 전형적인 사례"라고 할 수 있는 '패러다임'뿐입니다. 패러다임은 관찰자가 세계 중에서 "관찰과 실험을 하는 본질적인 관계"에 통찰력을 가져다주는 합당한 측면을 추상화하여 얻어낸 전형적인 사례일 뿐입니다. 과학자들 사이에 편재해 작동하는 이러한 패러다임은 과학자들이 얻어낸 자료를 조직하고 해석하여 이론을 형성하는 데 있어서 하나의 모형이 됩니다.

여기서 봄은 "패러다임"이라는 용어를 쿤이 자신의 『과학혁명의 구조』[3)]에서 주창한 것과 일관된 맥락에서 사용하고 있지만, 개인적 차원과 집단적 차원에서 모두 패러다임의 형성 과정을 강조함으로써 쿤보다 더 급진적으로 사용하고 있습니다. 봄에게 있어서 패러다임 구조가 생기는 것은 의식적 경험이 드러나기 앞서 일어나는 역동적인 내적 활동인 현상학적 과정과 같습니다. 그의 이러한 주장은 지나치리만큼 세심하게 수집된 자료와 일치된 해석에 따른 결과입니다. 이와 같은 방식으로 패러다임은 개인에게 순간순간 구성되는 것이므로, '기존의 정설을 반드시 따를 필요가 없습니다.' 따라서 패러다임 변혁을 한다는 것은 인식론적, 역사적 의미만을 지닌 것이 아니라 감각적인 것이면서 즉시성이 있습니다. 이와 같이 패러다임을 폭넓게 해석함으로써 봄은 20세기 물리학의 비표상적 측면과 비표상적 예술의 관점을 대비시켰습니다.

---

3) Kuhn, T. (1962) *The Structure of Scientific Revolution.*

19세기 말의 프랑스 화가 모네를 기점으로 하여, 오늘날 "현대미술" 또는 보다 정확하게 "추상파"라는 말을 가져올 정도로 고전 회화의 주제가 큰 변혁을 겪고 있었습니다. 이 과정이 길고 복잡한 진전의 형태를 지니고 있지만, 핵심 논점은 화가들이 감각과 직관을 사용하는 작업 과정이 "객관적" 실재와 상응하도록 캔버스에 옮겨놓아야 한다는 관점을 내치는 것이며, 이는 오늘날까지 이어져 옵니다.

봄은 어느 회화작품이라도 모두 추상화라는 점, 이를테면 렘브란트의 초상화도 어떤 다른 측면을 경시하고 한 측면을 강조한 점에서 추상화라는 점을 강조하면서, 이는 물리학자와 수학자들의 20세기 연구에서도 찾아볼 수 있는 추상성과 상통하다고 주장합니다. 추상화가 진화한 결정적인 결과로 볼 수 있는 입체파cubism는 이미 알려진 세계를 급격하게 추상화시키고 있지만, 기존에 파악하던 방식으로 세계를 묘사한 작품과 관련되는 요소를 담고 있습니다. 그러나 피에트 몬드리안,[4] 카지미르 말레비치,[5] 그리고 바실리 칸딘스키[6]의 작품 속에서 우리에게 익숙한 세계, 즉 몸, 나무, 건물 등이 사라지고, 순수 추상 또는 "구조화된" 이미지로 대체되었습니다. 이러한 이미지들은 화가들에게 '즉각적으로 제시된' 것에 의존하므로 거기서 그 의

4) Piet Mondrian(1872~1944). 신조형주의(Neo-Plasticism)라는 양식을 통해 자연의 재현적 요소를 제거하고 보편적 리얼리티를 구현하고자 한 네덜란드 출신의 화가. 칸딘스키와 더불어 추상회화의 선구자로 불리며, 그의 기하학적인 추상은 20세기 미술과 건축, 패션 등 예술계 전반에 새로운 시야를 열어주었다. 즉 봄은 그의 회화에서 일상적인 재현이 없어짐을 지적한다.

5) Kasimir Malevich(1878~1935). 러시아 출신의 기하학적 추상미술의 선구자. 그는 구상 미술을 벗어나 최초의 순수한 기하추상회화 운동으로 미니멀리즘의 비조로 평가된다.

6) Vasily Kandinsky(1866~1944). 순수한 색과 추상적인 형상들로 이루어진 작품을 창조하는 데 초점을 맞추어 추상의 탄생이라는 미술사의 혁명을 이루어낸 러시아 출신의 화가.

미를 찾을 수 있을 것입니다. 즉 그 이미지들은 외적인 어떤 형태의 것에도 의존하지 않는, 그 자체의 내재적 구조에 따라 이루어진 완전한 창작입니다.

개인적 경험에서 비롯된 봄의 관점은 추상적인 구조화 작업을 함으로써 인간의 마음은 다음과 같은 새로운 지각을 경험하게 된다는 데 있습니다. 즉 이러한 작업을 창출해 내거나 새로운 관점을 지니게 된다는 것은 본질에 있어서 지각과 경험을 순수하게 걸러내주며, 지각을 통한 경험이 무엇인지를 밑바닥에서부터 끝까지 철저하게 생각하게 해 준다는 점입니다. 새로운 구조를 만들어가면서 이렇게 실험을 하는 것은 사실상 창작예술 행위와 똑같습니다. 왜냐하면 새로운 구조를 가지고 실험하는 일은 개인적으로나 역사적으로 누적되어 온 여러 조건들을 유보시켜서 새로운 관점을 획득하도록 해 주기 때문입니다.

봄은 이와 유사한 창의적인 과정이 과학이론의 형성에도 적용된다고 주장합니다. 같은 주제를 놓고 예술적 변형을 끊임없이 시도하는 것이 충분하지 못한 것과 같이, 동일한 근본적인 개념구조를 반복하는 것은 충분하지 않습니다. 근본적으로 새로운 지각을 통한 이론의 형성에 정작 필요한 것은 기존의 패러다임을 바꿀 수 있다는 점입니다. 어떤 의미에서 보면 과학이 작동하는 것은 이 때문입니다.

동시에 이론 형성은 새로운 관점의 개발에 저해되는 극단적인 보수적 입장에 빠지기 쉽습니다. 과학은 모름지기 추상예술의 지각 방식을 배워야 한다고 봄은 주장합니다. 추상화는 그 내용에 있어서 재현작용을 부정하지만, 공간, 빛, 색깔, 형태 등을 지각하는 데 있어서 중요한 매개작용을 합니다. 실제로 예술작업의 이러한 주된 기능은 지각의 민감성을 북돋아줍니다. 봄은 이와 같은 새로운 민감성을 통하여 과학자는 자신이 심혈을 기울이는 과업, 즉 현상세계를 엄밀하게 관찰하려는 일에 몰두할 수 있다고 주장합니다.

그렇지만 이러한 교차 학문적 탐구는 과학자들에게만 해당하는 것은 아닙니다. 봄은 과학자들의 작업 고유의 전체성을 결정짓는 완고한 과학적 방법을 고집하지 않는다면, 예술가들도 영혼을 사용하여 "구조에 대한 편파적이지 않은 객관적인 접근"을 통해 탐구할 수 있다고 생각합니다. 그는 특정한 예술 작업구성은 결코 연산작용에 의존하거나 무작위 또는 우연적일 수 없는 다양한 내재적 전체성을 소유한다고 주장합니다. 그 결과 예술가들도 자신의 작업을 일관성, 조화, 아름다움에 비추어 평가할 수 있다면 모종의 객관성을 견지할 수 있습니다.

상상력, 합리성, 지력의 관계를 총괄하는 내용은 제3장 "상상력의 실상"(1976)에서 다루어집니다. 여기서 봄은 실재의 새로운 질서의 직관적 파악이 이성과 논리의 명료함과 정확성에 따라 증진되도록 하는 지각의 네 가지 측면을 개괄합니다. 여기에다 그는 "지력"의 본질을 탐구하여 그것을 여러 가지 지각의 질성을 만드는 기초로 보았습니다.

봄은 상호 침투하는 마음의 두 가지 활동, 즉 '상상적, 합리적 통찰력'과 '상상적, 합리적 환상'을 통하여 틀을 짜고 있습니다. 사람은 말 그대로 '상상적 통찰'을 통하여 새롭고 창의적인 특성의 이미지를 파악할 수도 있습니다. 뉴턴이 지상과 천체를 구분한 중세의 모순된 관점을 해결한 것이 하나의 사례가 될 것입니다. 중세에는 별, 행성, 그리고 여타의 천체가 중력의 지배를 받는 지상의 물체와는 다른 법칙의 지배를 받는다고 여겼습니다. 주전원epicycle이론이 천체 운동의 논리를 받쳐주었습니다만, 상황을 오히려 더 형편없이 복잡하게 만들어서 뉴턴으로서는 이에 만족할 수 없었습니다. 그 결과 "왜 천체는 떨어지지 않는 것일까?" 하는 질문을 던짐으로써 새로운 관련성을 찾고자 하였습니다.

이 문제에 골몰하게 천착함으로써, 뉴턴은 섬광과 같은 것을 얻어냈는데, 이를 봄은 그가 "새로운 '종류'의 이미지"를 파악한 것이라고 하였습니다. 구체적으로 달도 떨어지고 '있다'는 이미지를 갖게 된 것입니다. 이러한 새로운 이미지는 완전하고, 철저하고, 총괄적인 것이어서, 그 본질에 있어서 귀납에 의하여 형성되거나 연역될 수 없는 상상적 통찰력인 것입니다.

봄에 따르면, 이러한 초기 이미지로부터 인간의 마음은 통찰에 담겨진 원래 실상을 "펼쳐내어서" 그 본질적 관계와 의미 또는 '비율ratios'을 인식하게 된다는 것입니다. 뉴턴의 경우, "떨어지는 사과의 낙하 운동과 마찬가지로 달의 낙하 운동이나 그 밖의 어떠한 떨어지는 물체의 낙하 운동도 같다"는 진술이 이러한 비율의 언어적 표현입니다. 모든 사물의 관계를 총괄하는 능력은 애초 이러한 통찰력이 가져다준 것이지만, 그 비율이 모든 것을 상통한다고 객관적으로 설명해 주는 능력은 '합리적 통찰력'입니다. 여기서 통찰력의 내재적 의미는 마치 타인과 일시적으로 의사소통이 되듯이 내적인 작용에 의하여 시범적으로 형성됩니다.

하지만 이러한 통찰력이 검증의 단계로 넘어가면, 뉴턴이 원래 통찰력과 이에 따라 표명한 내용을 가지고 다른 사고 과정에 돌입하게 되었다는 것이 봄의 설명입니다. 봄의 주장에 따르면, 사과가 지면에 떨어지는 것과 달리 달이 "떨어지는" 이상한 방식을 객관적으로 설명하려고 뉴턴은 이를 기존 과학의 지식에 연결시키려는 시도를 하게 됩니다. 구체적으로 뉴턴은 거리 문제를 고려할 필요가 없는 발광

에너지와 유사한 방식으로 중력 에너지가 작용한다고 생각했을 것입니다. 이러한 연결을 통하여 부분적으로는 원래 통찰한 내용을 검증해 줄 수 있는 가설을 떠올렸을 것이라는 것이 봄의 주장입니다. 이러한 연결 과정과 여기서 비롯된 가설이 바로 봄이 설정한 '상상적 환상'입니다.

원래 통찰한 내용이 가설로 설정됨에 따라, 기존 이론에 근거하여 추측, 추리, 논리 등이 새로운 형태로 자연스럽게 부각됩니다. 이러한 추론이 이어져나가는 것을 봄은 '합리적 환상'이라고 명명합니다. 합리적 환상의 극단적인 경우는 이론의 공리화입니다. 수학적 차원이나 언어적 차원에서 공리가 개발되면, 그 엄격한 형식성과 압축성은 이론의 숨겨진 모순점과 제한점을 드러내주게 되어, 이론을 근본부터 다시 성찰하게 하는 새로운 통찰력을 요구하게 됩니다. 따라서 통찰과 환상이 상호 발흥하면서 상보성의 순환이 이루어집니다. 하지만 반대로 공리의 형식성은 공리가 필연적으로 실재를 제한시켜서 공리 자체를 불변의 최종 진리로 여기게 하는 사고의 경직성을 낳기도 합니다. 이러한 형해화가 일어나면, 진정한 탐구를 할 수 없게 되고, 더 이상 새로운 통찰력이 나타나지 않게 된다고 봄은 주장합니다.

이제까지 통찰의 과정이 이루어지는 과정을 네 가지 독특한 측면, 즉 상상적 통찰력, 합리적 통찰력, 상상적 환상, 그리고 합리적 환상에 비추어 조망해 보았습니다. 그러나 봄이 보기에 이 네 가지는 궁극적으로 하나로 통합된 것입니다. 다른 각도에서 보자면, 그 특성상 위계를 지니는 것처럼 보이지만, 또 다른 각도에서 보면 이들은 상호 통합되어 있습니다. 더욱이 이러한 과정은 개인적 차원의 현상으로 펼쳐지기도 하지만, 동시에 사회적, 역사적 현상으로 펼쳐지기도 합니다. 개인의 통찰력은 시간을 따라 "반향하면서" 사회 전체에 상당한 영향을 주는 이론을 형성하게 됩니다.

개인이나 사회적으로 마음의 네 가지 역동적 작용이 보다 식상한 방식으로 널리 퍼지도록 집단적 순화에 의하여 제지당하게 된다는 점을 봄은 '반사적 사고reactive thought'와 '반성적 사고reflective thought'를 통하여 설명합니다. 반사적 사고는 경험 속에 타성이나 반복성을 심어주는 사고 패턴입니다. 반사적 사고는 원초적인 뿌리가 깊어서 인간이 태초부터 익숙해진 낮과 밤, 계절의 순환에 의존하여 안정감을 찾는 데서 비롯됩니다. 피아노 선율이나, 즉각적인 수학적 계산이나, 아침에 옷을 입는 것처럼 의식적으로 주의를 기울일 필요가 없어서 이러한 행동에는 반사적 사고의 반복만이 있을 뿐입니다.

반사적 사고가 작동하는 환경은 정체되어 있어서, 이 사고는 그 자체로 자기충족적입니다. 그러나 변종이 나타나는 상황이 되면, 이를테면 불을 좋아하던 아이가 불에 데는 상황이 되면, 반성적 사고가 작동하게 됩니다. 신경계를 통틀어서 '이미지' 작업을 하는 반성적 사고는 변종에 대한 조치를 취하게 되어서 이전의 반사적 사고 패턴을 재정비하여 또 다른 평형 상태를 유지하고자 합니다. 이 점에서 반성적 사고는 반사적 사고보다 상위의 사고이며 비교적 수준 높은 학습에 간여하게 됩니다.

반사적 사고는 반성적 사고가 반복적이며 실용적인 요구에 부응할 수 있도록 자신의 완고한 힘을 냉혹하게 작동합니다. 이러한 연유로, 현실적으로는 마치 마차가 말을 끌고 가는 것처럼 정작 고차원적인 학습을 수행하는 반성적 사고가 기계적인 것으로 종결됩니다. 결과적으로 반사적 사고와 반성적 사고는 무한한 내용을 폐쇄적 체제에 가두어버린다고 봄은 주장합니다. 오직 상위의 사고 과정만이 심층적인 차원에서 이러한 사고 체제를 개방적으로 유지하게 합니다. 이러한 상위의 사고 과정을 봄은 '지력intelligence'이라고 하였습니다.

이러한 지력의 두드러진 장점 중 하나는 우리의 지각이 반사적, 반성적 사고의 고정된 패턴의 조건에서 벗어나게 한다는 것입니다. 마음의 이러한 특성은 마음 전체가 타당한 범주 속에서 작동하는지 여부를 가늠해 주어서, 해당 순간에 '범주의 타당성' 여부를 결정해 줍니다. 지력이 이러한 방식으로 작동하기 때문에 우리의 마음은 지각과 경험이 기계론적 반복에 빠지게 하는 "양분either/or 논리"의 지배에서 벗어나게 합니다.

제4장 "흐르는 우주 질서라는 예술"(1971)은 봄이 주장하는 분절화된 사고의 본질과 우리의 사고가 자연적 과정에 투사되는 과정을 조망해 주는 내용을 담고 있습니다. 자연세계의 운동에 관심을 가지면서 동시에 사고의 움직임과 구성에 관심을 가지고 작성된 이 글은 "새로운 세계관"을 시범적으로 제시하고 있습니다. 봄에 따르면, 이 세계관은 인간의 경험세계의 근간을 설명해 줄 뿐만 아니라 20세기 물리학의 연구결과와 상응합니다. 그는 이 세계관을 삼라만상의 모든 측면에 "어울리다fitting"는 의미에서 '자재 운동'[7]이라고 명명합니다.

봄은 사고의 분절화의 핵심은 사고의 '내용'과 '기능'을 무의식적으로 따로 떼어내는 데 있다고 주장합니다. 이러한 분리는 우리로 하여금 사고를 그 자신의 실체 없는 신기루처럼 덧없는 것이라고 믿게 하는 깊은 뿌리라고 합니다. 하지만 실제로 우리의 사고는 마음과 몸 그리고 사회에 깊은 영향을 주는 심리적, 정서적, 생리적 반응들이 상호 연결되어 형성된 것입니다. 예를 들어서, "나는 대단한 사람이야"라는 생각은 다양한 동기, 에너지 패턴, 사고 패턴을 작동하여 문

---

7) fitting. 맞음, 어울림, 들어맞음 / artamovement. 자재 운동. 용어해설 참조.

화 전반에 걸쳐 호응하거나 갈등하게 합니다. 이것이 사고 내용이 건설적이건 파괴적이건 관계없이 작동하는 사고의 '기능'입니다.

사고의 실체를 전반적으로 꼼꼼하게 들여다보면 사고가 지어내는 것은 가공물이나 공산품만이 아니라 우리의 행동 전반에 걸쳐 있습니다. 종합적으로 보면 사고는 사회적, 역사적 수준에서 자체 복제를 하면서 유용한 실천적 지식을 전수하기도 하지만, 그 자신의 개념과 의미를 포함하여 매우 심각한 결점을 지닌 개념과 의미를 내놓기도 합니다.

사고의 복제 기능이 낳는 문제는 우리가 "세계관"을 형성하고 견지하는 방식에서 찾아볼 수 있습니다. 봄에 따르면, 우리는 세밀하게 그 결점을 살펴보지도 않은 채 암암리에 우리의 세계관이 포괄적이며 진리라고 생각합니다. 이러한 생각은 과학자들의 세계에 국한되지 않고 사회 전반에 퍼져 있습니다. 특히 과학자들의 세계는 "절대진리"를 발견하고자 하는 충동에 사로잡혀 있다고 합니다. 그러나 이러한 충동은 특정한 관점의 '내용'에 사로잡혀 있다는 것을 반증하는 것이며, 사고의 '기능'에는 아예 주의조차 기울이지 않는 것입니다. 봄에 따르면, 사고의 온당한 기능은 일련의 특정 지식을 확정하고 고착화시키는 것이 아니라 "인간으로 하여금 항상 변하는 지식과 경험을 일관된 방식으로 조직하도록 도와주는 것"입니다.

이러한 방식으로 확정적 신념을 드러내는 하나의 예는 물리학에서 우주는 궁극적으로 입자로 구성되어 있다는 가정입니다. 봄이 보기에 이러한 관점은 실제적 유용성을 반복적으로 드러내주기는 하지만, 어디까지나 한정된 영역 안에서만 "참"이라고 할 수 있습니다. 그러나 상대성이론과 양자이론은 모두 "무입자" 세계관을 필연적으로 주장하지만, 입자에 대한 집착은 여전히 남아 있습니다. 사고의 '기능'

을 제대로 이해한다고 하면, 입자관에 집착하는 것조차도 하등 문제가 될 필요가 없다고 봄은 주장합니다. 이런 맥락에서 입자관은 한정된 영역에서 잘 들어맞으며 유용하게 사용될 수는 있지만, 상황에 따라서 늘 새로운 관점을 받아들일 자세를 지니도록 해야 합니다. 그러나 세계관의 내용과 기능의 관계가 결정적으로 중요하다는 데에는 정작 관심조차 기울이지 않고, "특정 관점 X"의 내용을 절대진리라고 천착하는 성향을 드러내기만 합니다.

사고의 기능이 어떻게 내용을 이끌어가는지 예증하기 위하여 봄은 새로운 세계관을 제안합니다. 상대성이론에서 온 이 세계관의 한 측면은 우리가 세계를 보는 방식에 있어서 "쪼깨지지 않고 분할되지 않는 운동을 제일의 개념으로 본다"는 것입니다. 여기서 모든 "사물"들은 제한된 의미에서 추상체입니다. "원자, 전자, 양성자, 테이블, 의자, 인간, 행성, 은하계 등 모든 것은 전체 운동으로부터 추상되어 온 것이며, 이 운동을 통해서만 그들의 질서, 형식, 구조, 형식 등을 기술할 수 있다는 것입니다." 양자이론에서 온 또 다른 측면은 "심층을 보면, '관찰하는 우리는 우리가 관찰하는 대상과 같다'는 것이며, 상대적으로 항존하는 패턴은 우주의 장 운동에서 추상된 것이어서, 여기서부터 나온 또 다른 패턴으로 궁극적으로 합쳐질 수 있다는 점입니다."

이렇게 형성되는 관점에 비추어, 봄은 예술, 수학, 과학이 근본적으로 관련을 맺고 있다는 새로운 관점을 제시합니다. 여러 용어들의 어원이 공통적이라는 점을 지적합니다. "예술art"이 애초에 "어울리다fit"를, "과학science"은 애초에 "알다"를, "수학mathematics"은 애초에 "알다" 또는 "배우다"를 뜻하였습니다. 봄의 분석으로 보면, 이 모든 의미가 '좋다good'의 원래 의미에 결부됩니다. 즉 "모으다gather", "함께

together", "결합하다to join"와 결부되며, 이는 다시 "모든 것에 어울린다 fitting together"라는 뜻을 형성합니다.[8] 이러한 방식으로 봄은 "좋음the good"의 의미를 도덕적인 것에 얽매이지 않고 살아 있는 의미를 밝혀내어, 현대물리학의 간섭성에 부합하는 뜻으로서 인간이 모든 일을 상통할 수 있는 기능이라고 파악합니다.[9]

그 결과로, 세 가지 상호 관련된 요소가 봄이 '자재 운동'이라고 명명한 세계관을 구성하는 요소입니다. 하나는 부서지지 않고 나누어지지 않는 자연 운동이며, 다른 하나는 이 운동으로부터 나오는 인간의 경험은 따로 떼어낼 수 없으며, 또 다른 하나는 이 운동 속에 내재된 "좋음"과 "맞음"의 유동적인 의미에 민감하게 반응할 수 있는 예술적, 과학적 감수성입니다. 그러나 모든 사물의 존재에 관한 논의를 메타활동이라고 하듯이, '자재 운동'은 형이상학적 견지에서 이해됩니다. 따라서 누군가 이러한 관점을 가지고 탐구하고자 한다면, 가장 먼저 "형이상학적metaphysical"이라는 말[10]의 의미를 명료화할 필요

---

8) 영어 'art'는 본래 공작을 뜻한다는 점에서 우리말의 '짓다'에 상통한다. 옷을 짓거나 밥을 짓거나 집을 짓거나 시를 짓거나 모든 일은 그에 합당하게 맞아야 한다. 옷은 몸에 맞아야 하고, 밥은 입맛에 맞아야 하고, 집은 기거하기에 맞아야 하고, 시는 정서에 맞아야 한다. 여기에 '좋다는 것'은 이러한 측면에 부합하는 것, '맞아야 한다'는 뜻이다. 다른 말로 하면, 어울린다는 뜻이다. 서양 언어와 우리말이 상통하는 측면이다.

9) 영어 'coherence'는 물리학에서 '간섭성'이라고 번역한다. 앞의 각주 4)에서 지적한 바와 같이, 우리의 일상 의미로 보면 관통한다. 나아가서 서로가 상통한다는 뜻이 된다. 봄은 예술, 과학, 수학이 분절된 것이 아니라 하나의 전체성을 지니는 것은 바로 이 특성 때문이라고 본다. 앞의 각주에서 지적한 바와 같이, '짓다'는 '맞다'와 상통하고, 그것은 인간 활동의 영역을 넘어서도 가능하다. 의식주의 '짓다'가 '맞다'에 상통하는 것처럼, 수학, 과학, 예술의 활동이 상통한다.

10) 주지하는 바와 같이, '형이상학'이라고 번역하는 'metaphysics'는 'meta+physics'로서 '물리' 또는 '자연' 이후라는 뜻이다. 그러나 이 말은 물리 또는 자연세계를 한 단계 뛰어넘어서 메타적으로 이해한다는 뜻을 갖는다. 봄은 이러한 취지를 말하는 것이다.

가 있습니다.

형이상학적 사고의 본질은 "만물은 X이다"라는 명제를 암묵적으로 형성한다고 봄은 언급합니다. 이 명제가 단순해 보이기도 하지만, 모든 문화는 이 명제를 통하여 실재를 추출하여 정의하고자 하였습니다. '만물은 불이다', '만물은 유동적이다', '만물은 원자이다'라는 명제에서 고대 희랍의 사고방식은 희랍문화에 내재된 내용을 드러낸 것으로 볼 수 있습니다. 마찬가지로 오늘날 모든 이들에게 무의식적으로 통용되는 세계관을 표현한다면, '만물은 부분들이다', '만물은 분절된 조각들이다'[11]가 됩니다.

더욱이 "나는 대단한 사람임에 틀림없다"는 생각이 그 개인에게 상당히 구체적인 행동 동기를 부여해 주듯이, 위의 형이상학적 명제는 우리가 분절화를 공통적으로 지각하는지를 보여주며, 그러한 지각에 따르는 에너지와 행동 패턴을 알 수 있습니다. 이 명제에서 '모든all'이라는 말에 초점을 맞추게 되면, 이것이 문제가 되어서 상통함을 지극히 어렵게 하는 타성에 가까운 집단적 사고를 잉태하는 동기 에너지가 증폭됩니다. 사실 두 가지 동기 에너지가 섞여 있습니다. "자아"라는 개인의 정체성은 분절된 기존 형이상학적 가정에 의하여 강화되고, "자아"와 "타인"이라는 구체적인 경험을 통해서 검증된 형이상학이 다시 성립합니다.

가장 핵심 질문이 일어납니다. 그러면 우리가 지닌 형이상학이 참인지 아닌지를 어떻게 알 수 있는가? 어떤 세계관이든 '자재 운동'을 포함하여 모든 세계관이 "진리"라고 가정하는 것이 어리석은 일임을 수긍한다면, 봄은 "내용상 진리"와 "기능상 진리"를 구분해야 한다고

11) All is parts. All is fragmentation. 실증주의의 요소환원주의가 낳은 폐해를 뜻한다. 아울러 앞서 언급한 대응설을 부정한다.

제안합니다.

앞서 언급한 바 있듯이, "지난 일주일 동안 매일 아침 해가 솟았다는 것은 참이다"와 같이 내용상 진리는 관찰된 내용과 일치 여부에 달려 있습니다. 그러나 우리가 "만물은 무엇이다"에 관심을 갖는다면, 실증적 관찰내용의 일치 여부를 가지고 진위를 가리는 것은 불가능합니다. 그 결과로 봄은 "참"이라는 또 다른 의미를 "정직함honesty" 또는 "진실성faithfulness"에서 찾고 있습니다. 여기서 봄은 우리가 진리의 기능상 의미를 하나하나 찾아낼 수 있다고 말합니다. 이를테면, 정확함, 의미, 내용상 전제 등을 다루는 데 있어서 얼마나 철저하게 정직한가를 따지는 것입니다. 설사 그러한 작업이 심리적 안정감을 저해한다고 할지라도 정직함을 엄격하게 준수하는 것입니다. 그러므로 누군가, 모름지기 정치가가 상대적으로 참인 주장을 펴는데, 실상은 진실하지 못한 관점이 담겨 있다면, 그는 "기능상 진리"에 모순되는 주장을 하는 것입니다. 이러한 일들이 정치 분야에서 명백하게 많이 목격되어 일반적으로 조롱거리가 되지만, 이는 우리가 일상적으로 받아들여서 삶 전반에 팽배한 형이상학과 본질에 있어서 다를 바가 없습니다.

하지만 우리가 어떤 관점의 내용을 수용하든지 그것을 취하는 입장에 의문을 품고 접근한다면, 형이상학적 명제에 담긴 '기능'을 통해서 사고하기 시작한다는 점을 봄은 지적하고 있습니다. 그것은 "전체로서 실재에 대한 진리를 주장하기에 앞서서 그것이 시를 모방하는 예술의 형태이든, 아니면 수학의 형태이든" 기능적 측면에서 진리를 다룰 수 있어야 한다는 것입니다.

덴마크 예술가 루우린 비저Louwrien Wijers와 봄의 대화를 담은 "예술, 대화, 그리고 암재 질서"(1989)는 창의성의 본질에 관한 그의 말년의 생각을 축약하고 있습니다. 특히 암재 질서에 관한 그의 생각이 엄격한 의미에서나 느슨한 의미에서나 모두 예술과 관련이 있을 뿐만 아니라 세계 경제, 그리고 자신의 대화에 관한 아이디어와 방법상 관련이 깊다는 점을 강조하고 있습니다.

봄은 양자역학에서 코펜하겐 해석의 추상적이고 통계적인 측면에 만족할 수 없어서 이에 대한 일상 경험의 세계와 관련지어도 유지될 수 있는 대안을 탐색한 점을 소개합니다. 이것이 그로 하여금 양자이론이 가정하는 수학은 "우주의 모든 것들은 전체가 펼쳐진 장을 지니고 있으며, 그 전체는 그 안에 장을 접어두는 운동"을 가정한다는 생각에 이르게 하였습니다. 봄이 말하기를, 이러한 과정의 가장 훌륭한 유추가 홀로그램입니다. 일상적인 사진에서는 사진 속 이미지와 사물은 점 대 점으로 일치합니다. 그러나 전체 사물의 각 부분에 포함되어 있는 홀로그램에서는 파동 패턴에 의하여 접혀졌다가 그것을 통과하는 빛을 통해서 다시 펼쳐집니다.

이와 같은 펼쳐진 또는 '명재적explicate' 질서에서는 각기 독자적으로 떨어져 있는 것처럼 보이다가 접힌 또는 '암재적implicate' 수준에서는 펼친 모든 사물이 깨지지 않은 상태로 내적으로 상호 관련되어 있습니다. 이러한 관련을 봄은 '상호 침투mutual participation'라고 명명하고, 존재하는 어떤 것도 여기서 벗어날 수 없다고 하였습니다. 우리의 일상 의식세계는 암재 질서가 즉시적으로 드러난 것입니다. 그래서 생각이나 지각이 생겨나는 것이며 행동이 창출되며, 그것들이 세계에 흔적을 남기다가 개인적이건 집단적이건 또 다른 형태로 드러나서 다시 의식 속으로 접혀 들어갑니다.

인류의 집단의식이 보여주는 것처럼, 이러한 상호 침투는 봄의 '대화'를 이해하는 시각을 제공해 줍니다. 대화의 의도는 우리의 사고 과정이 어떻게 관련되어 있는가와 함께 사고 과정을 통하여 조각난 실체들을 집합적으로 어떻게 생산해 내는지를 보여줍니다. 봄은 사고가 실재를 구성하는 과정에 침투한다고 보았지만, 동시에 사고가 교활하게도 그렇지 않은 것처럼 술책을 부린다고 하였습니다. 그 결과 사고는 오묘한 진리가 깊이 박혀 있다고 지각하게 합니다. 그러나 이렇게 왜곡 형성된 진리는 대화의 과정에서 요구되는 주의력으로 해소됩니다.

상호 침투의 탐구논리는 경제학을 포함한 모든 인간 활동에 확대 적용될 수 있으며, 여기서 "우리의 존재는 지구에서 비롯되어 그곳으로 돌아간다"는 점과 지구는 경제학적으로 따로 떼어놓고 고려할 존재가 아니라 우리와 한 가족이라는 점을 반드시 이해해야 한다고 봄은 주장한 바 있습니다. 이와 더불어 인상주의나 추상파 화가들이 보여준 "감각을 통하여 새로운 지각의 양태와 새로운 상상력의 형태"를 창출할 가능성은 바로 봄이 보기에 암재 질서와 관련된다는 점입니다.

예술과 창의성은 어느 특정 분야에 국한되어서는 안 됩니다. 실제로 봄은 역사를 통해 볼 때 창의성이 인생 전반에 걸쳐 가장 핵심이라는 점을 이해하지 못한 것은 바로 사회에 널리 퍼진 "기계론적 반복 질서" 때문이라고 하였습니다. 그 결과로, 우리 문화를 포함하여 모든 문화는 외적 힘이나 압력만이 아니라 창의적 욕구를 망가뜨리는 "내적 부패"에 의하여 붕괴될 수 있는 것입니다.

본서 전반에 걸쳐 봄이 제기한 사안들은 추상적인 문제이지만, 그의 의도는 비저와의 대화에서 단언한 바와 같이 문화의 재창출이라는 실천에 맞추어져 있습니다. 봄이 구상했던 바와 같이, 이러한 재창출을 위한 기반을 놓는 일은 매우 세심한 균형감을 요구합니다. 어느 주어진 시점에서 우리는 우리가 손에 잡을 수 있는 경험과 정보에 근거한 '어떤' 관점에 비추어 우리 자신을 봅니다. 만약 이렇게 하지 않는다면 그것은 분별력, 민감성, 상식조차도 포기해야 하는 것입니다. 그러나 이렇게 하는 것이 우리 내면과 주변에서 떠도는 실체를 창의적으로 인식하는 것을 방해해서는 안 됩니다. 그리고 개인적 차원이건 사회적 차원이건 절대적인 관점을 형성해서도 안 됩니다. 왜냐하면 그것은 나름대로 관점을 가져다주지만 '새로운' 것을 찾아내려는 시도를 좌절시키기 때문입니다.

하나의 관점을 지니면서 동시에 생생하고 일시적인 질성을 파악한다는 것은 쉬운 일이 아닙니다. 우리는 이러한 일을 어떻게 할 수 있는지를 정작 모르고 있습니다. 핵심적 질문은 어떤 방식으로든 이 가능성이 우리의 심금을 울릴 만큼 가능한가에 있습니다. 그것이 가능하다면, 우리는 절대적이지도 않고 상대적이지도 않은 기이한 미지의 영역을 탐구해 낼 수 있습니다. 이 탐구 과정에서 우리는 '자재운동'이나 대화의 관점을 가지고 실험을 할 수 있을지도 모릅니다. 아니면 아마도 우리는 우리의 지각과 이해 방식에 박힌 창의적이면서도 계속 진행 중인 또 다른 색다른 관점을 채택해야 할지도 모릅니다.

1997년 3월, 뉴멕시코주 앨버커키Albuquerque에서

리 니콜Lee Nichol

감사의 말

다음 분들에게 감사의 말을 전한다. 라우틀리지Routledge 출판사 철학 분야 편집자인 아드리안 드리스콜Adrian Driscoll에게 봄의 작품을 출간하는 데 있어서 조언을 해 준 데 대하여 ; 팀 포크Tim Falk에게 엔서 홀리데이Ensor Holiday의 원작을 선형 드로잉으로 출간하게 해 준 데 대하여 ; 아레타 그리퍼Arleta Griggor에게 원자료 조사를 해 준 데 대하여 ; 카롤 헤지더스Carol Hegedus와 펫처 연구소Fetzer Institute에게 봄의 업적을 기리는 포럼을 지원해 준 데 대하여 ; 배실 힐리Basil Hiley에게 여러 가지 자문에 응해 준 데 대하여 ; 빌 니콜Bill Nichol에게 여러 가지로 도와준 데 대하여 ; 대학 마이크로 필름사의 노마 스미스Norma Smith에게 각종 자료의 복사, 저장, 배포 업무에 대하여.

특히 여기에 포함된 작품을 비롯한 데이비드 봄의 전체 저작을 열람하게 해 준 사라 봄Sarah Bohm과 함께, 수년 동안 이 책에 실린 원고를 수집하여 이와 같은 책의 형태로 출간되는 데 있어서 온갖 수고를 아끼지 않은 프릿츠 빌헬름Fritz Wilhelm에게 감사의 뜻을 전한다.

아울러 이 책에 실린 글의 재출간을 허락해 준 다음 기관에 감사의 뜻을 전한다.

• Faber & Faber. "On the Relationship of Science and Art" ; 원출간 *DATA – Directions in Art, Theory, and Aesthestics* (1968).

• MIT Press. "On Creativity" ; 원출간 *Leonardo* magagine, vol. 1 (1968).

• University Press of New England. "The Range of Imagination" ; 원출간 *Evolution of Consciousness* (Wesleyan University Press, 1976) ; 원출간 당시 원제 "Imagination, Fancy, Insight, and Reason in the Process of Thought."

• 봄과 인터뷰 내용을 허락한 루우린 비저Louwrien Wijers. 원출간 *Art Meets Science and Spirituality in a Changing Economy.* 이 인터뷰의 전문은 비디오(ISBN 1–57180–261)와 서적(ISBN 90–12–06619–0)으로도 볼 수 있다.

제1장

창의성에 관하여

제1장

창의성에 관하여

창의성은, 내가 보기에, 언어로 정의하기에 불가능한 무엇입니다. 그렇다면 어떻게 창의성에 관하여 논의할 수 있겠습니까? 언어는 글쓴이가 마음속에 의도한 것이 읽는 이의 마음속에 유사하게 전달되도록 하는 어떤 것을 지시하거나 지적해 줍니다. 따라서 나는 나에게 창의성이 의미하는 바를 독자들에게 지적해 주도록 하겠습니다. 만약 여러분이 이런 점을 감안해서 읽어준다면 내가 의미하는 창의성이 무엇인지를 어느 정도 파악할 수 있지 않을까 생각합니다.

나는 과학자입니다. 그러므로 과학을 먼저 언급하면서 다른 분야로 옮겨가도록 하겠습니다. 내가 생각하는 가장 근본적인 질문은 다음과 같습니다. 왜 과학자들은 자신의 일에 그토록 심취하게 될까요? 자신의 일이 현실적으로 유용해서 그럴까요? 이렇게 말한다면 현실적인 유용성은 자신들이 하는 일에 부차적인 것에 불과하다고 과학자들은 대답할 것입니다. 보다 근원적이고 일차적인 것이 있다는 말입니다. 그러면 그것은 무엇일까요?

이에 대한 한 가지 답은 어떤 과학자가 과학의 법칙을 발견하고자 한 끝에 자연현상을 예측할 수 있게 되어서, 그것이 인간으로 하여금 원하는 방향에서 어떤 결과를 얻게 하는 데 참여를 하게 되었다는 데서 찾을 수 있습니다. 물론 이러한 예측과 지적 참여가 종종 과학자에게는 매우 흥미로운 일이기도 합니다. 그러나 이는 과학자들의 활동이 중요한 공공 목적에 기여한 경우에 한하여 의미를 지닙니다. 하지만 일반적으로 말하자면, 이는 과학자들이 공히 추구하는 목적이 아닙니다. 실제로 많은 경우에 과학자들이 일구어낸 연구업적의 내용을 보면 '그 자체로' 실용적이기보다는 사소한 것, 이를테면 입자의 정확한 경로, 측정도구가 특정 현상을 규명해 줄 수치에 관한 것 등입니다. 만약 이 연구결과 자체를 중요시하지 않고 이를 넘어서는 무엇을 찾을 수 없다고 하면, 과학자들의 연구는 그야말로 하찮은 것이며, 심지어 유치한 것일지도 모릅니다.

그렇다면 과학자들이 심심풀이로 퍼즐 풀기를 좋아한다는 말입니까? 과학자들이 자연현상을 설명하는 자리에서 자신이 수행한 업적을 과시하면서 "한 건kick" 하기를 원하는 것일까요? 물론 과학자들은 자신의 업적을 공개하는 것을 즐기기도 합니다. 그럼에도 불구하고 과학자들에게 이러한 즐거움은 이보다 더 심오함을 안겨주는 데서 비롯된 모종의 '부산물'에 불과합니다. 실제로 과학자들의 '주된' 활동목적이 이러한 즐거움을 얻는 데 있고 이를 이어가기만 한다면, 과학자들의 활동은 의미 없는 사소한 일일 뿐만 아니라 과학연구를 효과적으로 수행할 필요성에도 배치됩니다. 어떤 아이디어가 그릇되거나 잘못 설정되었다면, 그것 자체가 종종 연구의 진전에 불가피하게 일어나는 경우도 있지만, 그것은 곧 실망과 좌절감이라는 매우 불쾌한 감정을 가져다줍니다. 만약 자신의 연구목적을 즐거움 획득에 둔 과학자는 그릇 설정된 자신의 아이디어를 은폐하려고 자신의 연구의 취약한 논점을 간과하려고 할 것입니다. 그리고 불행하게도 실제 현실에서 이런 일이 종종 일어나고 있습니다.

과학자가 왜 자신의 일에 혼신의 관심을 가지고 몰두하는가에 대한 답은 피상적 수준에서 찾기 어려울 듯합니다. 과학자는 자신이 얻는 즐거움보다는 의미심장한 무엇인가를 추구하고 있습니다. 의미심장한 그 무엇의 한 가지 단면은 자신의 연구가 이제까지 '알려지지 않았던 새로운' 무엇인가를 발견하는 데 목적이 있다는 점에서 찾을 수 있습니다. 하지만 그것은 과학자가 원하는 바가 일상을 벗어난 전혀 생소한 경험을 하는 데 있는 것만이 아닙니다. 이는 '한 건' 하는 것 이상 별반 의미가 없습니다. 오히려 과학자가 추구하는 것은 근본적 차원에서 새로운 의미를 찾아내고자 하는 데 있습니다. 즉 '다양한' 현상에 담긴 '단일성'을 보여주는 자연 질서 속의 알려지지 않은 법칙을 알아내고자 하는 데 있습니다. 그러므로 과학자는 자연의 '조화'가 이루어내는 아름다움을 인식할 수 있는 일원상과 총체상 또는 전체상을 발견하고자 합니다. 이 점에서 과학자는 자신의 작품 속에서 아름다움을 '창조'하고자 하는 예술가, 건축가, 작곡가와는 근본적으로 다릅니다.

과학자가 자연의 일원상과 총체상을 '발견'하는 데 초점을 맞추고 있음은 틀림없는 일입니다. 바로 이러한 이유로 해서 과학자의 업적이 창의적이라는 사실이 간혹 묵과되기도 합니다. 그러나 이와 같은 일원상과 총체상을 발견하고자 과학자는 자연 속에 담긴 조화와 아름다움을 표현해 주는 아이디어의 구조를 전반적으로 새롭게 만들어야 합니다. 이와 함께 과학자는 우리의 지각작용에 도움을 줄 첨예한 도구를 만들어내야 하고, 그것으로 새로운 아이디어의 진위 검증을 하고 또한 예기치 않은 새로운 사실을 세상에 공표할 수 있습니다.

이제까지 예술가, 작곡가, 건축가와 과학자가 모두 전체적, 총체적 관점에서 조화롭고 아름다운 무엇인가를 새롭게 발견하고 만들어낸다는 점을 확인하였습니다. 이러한 작업을 수행할 기회는 매우 드물며, 이것을 제대로 정리해서 공표하는 일은 더욱 드뭅니다. 하지만 조금만 파 들어가 보면, 이러한 일은 자신의 삶 속에서 매일 반복되는 일상생활의 지루함을 피하려고 재미있는 유흥, 오락거리를 찾거나 직업을 전환하려는 대다수 보통사람들에게서도 확인할 수 있습니다. 실제로 편협하고 기계적인 반복이 불만스러운 일상에 대하여 보상할 무엇을 찾고자 하는 이들의 다소 무모한 시도와 유사합니다.

그렇다면 창의성은 "천재"라고 불릴 만한 뛰어난 재능을 지닌 특정 인물에게 한정된 것일까요? 창의성은 결코 뛰어난 재능의 문제가 아님은 분명합니다. 범속한 사람들 중에도 매우 뛰어난 재능을 가진 사람이 엄청 많습니다. 그러므로 아인슈타인보다 뛰어난 재능을 가진 물리학자와 수학자들로 구성된 일련의 과학자들이 과거에도 분명 존재했었음에 틀림없습니다. 하지만 차이는 아인슈타인은 이들보다 '독창성'이 뛰어났다는 데 있습니다.

여기서 말하는 독창성은 무엇일까요? 그것을 정의하거나 한정지어 설명하기는 매우 어렵습니다. 실지로 독창성을 정의하는 일 자체가 모순입니다. 왜냐하면 어떤 행위이건 간에 그것이 특정하게 정의되면 그것은 더 이상 독창적이지 않기 때문입니다. 그래서 독창성이 무엇이라고 확정적으로 규정하고 주장하기보다는 에둘러서 표현하거나 간접적으로 규정하는 것이 나을 듯합니다.

독창성의 한 가지 분명한 전제는 어떤 사람이 자신이 파악한 바에 근거해서 선입견을 갖지 말아야 한다는 것입니다. 그보다는 자신이 이제까지 소중하게 여기거나 만족스럽게 생각해 온 아이디어를 뒤집을지라도 늘 새로운 무엇인가를 파악하려는 자세가 요구됩니다.

이러한 방식으로 접근하는 능력은 모든 인간에게 공통적으로 요구되는 원리입니다. 어린아이가 '뭔가 해 보려고 하고 어떤 일이 일어났는가 알아내려 함'으로써 걷고, 말하고 또 세상을 자기 방식대로 파악하게 된다는 점은 잘 알려져 있습니다. 그 결과 아이는 이전에 일어난 일에 비추어 자신이 생각하고 행한 바를 고쳐나가게 됩니다. 이러한 방식으로 아이는 자신만의 멋진 창의적 방식에 따라 생애 첫 몇 해를 보내고 나서 세상의 모든 일이 자신에게 새롭다는 것을 발견하게 됩니다. 이 사실은 사람들로 하여금 일종의 실락원인 아동기를 회상하게 해 줍니다. 그러나 아이가 성장함에 따라 학습은 아주 편협해집니다. 학교에서 아이는 선생님 눈높이에 맞추어 시험을 보아야 하기 때문에 반복적 학습에 따라 지식을 쌓아갑니다. 일상에서도 이와 유사하게 생계유지를 위하여 또는 효용만을 위하여 학습합니다. 결코 학습하는 것 자체를 좋아해서가 아닙니다. 그 결과 세상을 새롭고 독창적으로 보는 능력은 사라져버립니다.

일상적 삶의 국면에서 학습의 독창성만을 떼어놓고 강조하거나 학습해야 할 내용을 파악하기 전에 학습행위 자체를 강조하는 것은 불가능합니다. 왜냐하면 학습행위는 실제 지각을 통하여 이루어지기 때문입니다. 만약 지각작용이 없다면, 사람들은 새롭게 주어지는 상황에서 그것의 진위 여부를 가려낼 수 없습니다.

물론 우리가 친숙하게 사물을 대하는 것처럼 습관적으로 수행하는 일상적이고 기계적인 지각작용이 있는 것이 사실입니다. 이것은 우리가 지닌 일반적 경향성입니다. 예를 들어 자신이 살았던 장소와 아는 사람의 몇 가지 두드러진 특징 이외에 세세한 것들을 일일이 기억하는 사람은 없을 것입니다. 그러나 사물을 새롭고 색다르게 파악하려는 지각작용은 주의력, 경계심, 세심함, 민감함 등을 요구합니다. 마음이 이렇게 작용하는 틀에서, 무엇인가를 '한다'는 것은 몸을 움직이고 사물을 다루는 일을 가리킵니다. 그 결과 실제로 일어난 일을 과거의 선입견에 비추어 파악한 것에 견주어 차이를 파악할 수 있습니다. 이 차이로부터 사람은 새로운 지각이나 차이를 파악하게 하는 아이디어를 갖게 됩니다. 그리고 이 과정은 어느 분야에서나 시작도 끝도 없이 무한정 계속 진행됩니다.

뭔가 새롭고 이색적인 것을 지각하는 일을 막는 요인은 바로 '실수'에 대한 두려움을 갖기 때문입니다. 사람은 누구나 아주 어린 시절부터 "자기" 또는 "나"에 대한 완벽한 이미지를 갖도록 배워왔습니다. 그래서 실수를 겪을 때마다 자신을 열등한 존재로 부각시키게 됩니다. 그 열등감은 타인에게 실수한 자신을 결코 용납할 수 없는 존재로 부각시킴을 뜻합니다. 앞서 살펴본 바와 같이 모든 학습은 무슨 일이 일어났는지 보려 하고 이를 위하여 무엇인가를 시도하는 일을 포함하기 때문에 이러한 열등감을 갖는 것은 매우 유감스러운 일입니다. 만약 자신이 하는 일에서 전혀 실수하지 않는다는 확신이 설 때까지 아무런 노력도 하지 않는다면, 그 사람은 새로운 것을 전혀 배울 수가 없을 것입니다. 이는 모든 사람들에게 해당된다고 봅니다. 실수에 대한 두려움은 효용성만 따지는 학습관과 선입견에 의하여 이루어지는 기계적인 지각 습관에 연결되어 고착화됩니다. 이 모든 것들이 사람들로 하여금 새로운 것을 지각하지 못하게 하여 독창적이지 못하고 범속하게 만들어버립니다.

무엇이든 새로운 것을 학습하는 능력은 인간 누구나 지닌 마음의 상태에 존재하는 것은 분명합니다. 결코 특정한 재능에 의존하지 않으며, 과학, 미술, 음악 또는 건축과 같은 특정 분야에만 작용하지 않습니다. 그러나 창의력이 작용할 때 자신이 하고 있는 일에 대하여 흩어지지 않는 총체적인 흥미가 존재합니다. 어린아이가 걷는 것을 학습할 때 갖게 되는 흥미를 다시 살펴봅시다. 걸음을 배우는 아이를 관찰하면 이 아이가 걷는 일에 자신의 모든 것을 쏟아붓고 있음을 보게 됩니다. 이와 같은 전체적인 관심과 흥미가 새롭고 이색적인 것을 보는 데 요구되는 에너지를 마음에 공급해 줍니다. 특히 새롭고 이색적인 것으로 인하여 그간 익숙하고 피상적이고 타성적으로 소중하게 여겼던 것을 위협한다면, 그 에너지는 더욱 큽니다.

위대한 과학자와 예술가는 모두 자신이 하는 일에 이러한 감성을 지녔던 사람들입니다. 그들이 어떤 것에 관심을 가졌든지 간에, 그들은 이러한 방식으로 살아온 사람들임에 틀림없습니다. 여기서 나는 헬렌 켈러Helen Keller의 스승인 앤 설리번Anne Sullivan을 언급하고자 합니다. 보지도 듣지도 못하고 말도 제대로 못하는 헬렌을 정작 접했을 때, 그녀는 이 아이를 총체적인 사랑을 가지고 대해야 함을 알았습니다. 그러나 이 “학생”을 처음 본 순간 그녀가 겪은 것은 어떤 방식으로도 접근할 수조차도 없는 “야생동물”이었습니다. 만약 그녀가 자신의 선입견을 가지고 접근했다고 한다면, 즉시 이 아이를 포기하고 말았을 것입니다. 그러나 그녀는 자신이 할 수 있는 모든 에너지를 이 아이에게 쏟아붓기로 하고, 매우 예리하게 주시하면서, 아이의 잠재된 마음을 “넌지시 캐보고feeling out”, 결국에는 이 아이와 의사소통할 방법을 “알아내고야” 말았습니다.

여기서 비결은 이 아이가 오관 중 어떤 방식으로도 다른 사람과 의사소통할 수 없는 상태였기 때문에, 아이가 전혀 학습해 본 적이 없는 ‘개념’을 형성시켜 주는 데 있었습니다. 그래서 아이의 손바닥에

"water"라고 써주면서 이제까지 시도하지 않았던 전혀 새로운 형태의 방법을 사용하여 물을 접촉시켜 준 것입니다. 상당 기간 동안 아이는 무슨 일인지 파악조차 할 수 없었습니다. 그러나 어느 순간 아이는 자신의 손바닥에 쓰인 "water"라는 말이 표상하는 한 실체가 여러 측면에서 다양한 경험을 낳는다는 것을 갑자기 깨닫게 됩니다. 이것은 이 아이의 마음속에 환상적인 혁명을 불어넣어준 것입니다. 그것은 추상화된 개념 없이도 직접 경험에 의해서만 공감할 수 있는 심층적 마음의 변화입니다. 그 결과 사고는커녕 의사소통조차 할 수 없는 아이에게도 정상적인 인간의 능력이 있음이 밝혀진 것입니다. 앤 설리번의 발견이 매우 보기 드문 창의적인 사례인 것은 헬렌 켈러의 삶만이 아니라 유사한 상황에서 많은 사람들의 삶을 바꿔놓은 데 있습니다.

이 사례는 우리들처럼 부모와 교사가 얼마나 비지각적이고 비창의적인지를 반증해 주기 때문에, 더욱 심각하게 고려해 볼 가치가 있습니다. 실제로 아이가 당초 자신들의 기대와 판이한 '차이'를 지닌 존재로 구성된 '현실'을 예리하게 수용하는 애정을 가진 어른들은 거의 없습니다. 헬렌 켈러에게 앤 설리번이 시도한 것과 같은 획기적인 변화는 이러한 차이를 받아들일 때 가능하다는 것을 아는 이도 거의 없습니다.

이러한 기회가 잠재적으로 창의성을 지니고 있다는 점을 '인정'해 주지 않기 때문에, 많은 분야에서 애초부터 가망 없는 것으로 여겨지기 쉽습니다. 실제로 진정한 독창성과 창의성은 사람들이 기존에 인증한 분야에 집중하는 데서 찾아지는 것은 아닙니다. 실제 사실과 자신이 이미 가지고 있는 선입견 사이에 중요한 차이가 있는가 여부를 매 경우마다 스스로 찾아내는 것이 독창적이고 창의적일 가능성을 열어줍니다.

창의성이란 어느 분야에서 어떤 형태로든 가능하며 기존의 지식에 근거한 바와 판이하게 새로운 것을 민감하게 지각하는 데 있음을 인정한다면, 이제 창의성이 실제로 어떠한가를 보다 자세하게 살펴볼 필요가 있습니다. 바꿔 말하자면, 범속한 사람과 달리 독창적이라고 여겨지는 사람이 하는 일은 무엇인가 하는 점입니다.

이제 "과학이론, 예술작품, 건축물 그리고 온전하게 교육받아 성장하는 아이들이 드러내는 창의적인 행동 특성이 무엇인가?" 하는 질문으로부터 풀어볼까 합니다. 우선 예리한 통찰력이 이따금씩 나오는 행위와 진정 창의적인 새로운 것을 찾아내는 것을 구분해야만 합니다. 후자의 경우에는 여러 분야에서 폭넓게 잠재적으로 작용하도록 하는 '새로운 기본 질서' 지각능력이 존재합니다. 이 새로운 질서가 결국에는 조화롭고 총체적인 질성을 새롭게 구성하는 창의능력으로 이어집니다. 이 조화롭고 총체적인 질성은 심미적인 감성도 가져다 줍니다.

이것이 무슨 말인가를 이해하려면, 우리는 "질서", "구조", "조화", 그리고 "총체성"이라는 말이 의미하는 바를 파고 들어가야 합니다. 질서라는 말부터 볼까요. 사람들은 전반적으로 "질서"와 "무질서" 같은 말이 사람들 사이에 존재하는 취향이나 편견 등의 사적 견해에 근거한 주관적 판단에 의하여 결정된다고 믿는 듯합니다. 내가 말하고자 하는 바는 결코 질서는 주관적인 특성이 아니며, 오히려 반대로 거리, 시간, 질량과 같은 자연적 속성을 토대로 한 객관적 근거에 비추어 내려지는 판단이라는 점입니다. 내가 좀 더 자세히 설명하겠지만, 질서에 관한 판단은 '유사한 차이similar differences'와 '상이한 유사성different similarities'을 어떻게 지각적으로 분별하는가에 달려 있습니다.[1)]

이 두 가지는 객관적 서술능력으로 인정받는 여타의 질적 능력과 더불어 그 뜻이 파악되고 소통될 수 있습니다.

점들의 '질서 지어진' 결합이 분명한 기하학적 곡선을 예로 들어보겠습니다. 점들의 질서를 정확하게 소통할 수 있고 지각적으로 검증 가능한 방식으로 표현하기 위하여 우리는 이 곡선을 동일한 길이를 가진 선분의 집합으로 보아야 합니다. 선분은 길이에 있어서 '유사하지만', 그 방향에서는 일반적으로 '다르다'는 점입니다. 임의적인 점들의 배열이 아니라 정규 곡선의 존재는 '차이들의 유사성similarity of the differences'에 의존합니다. 물론 눈이 작용하는 한계를 우리가 사용하는 언어를 통하여 엄격하게 제한한다고 해도, 이것은 육안으로 즉각 파악됩니다.

사람들이 이러한 질서의 질성적 특성을 지각함에도 불구하고 그것을 서로 의사소통하지 못하는 것은 자신의 지각작용이 전적으로 사적이고 주관적이라고 자의적으로 생각을 하고 있기 때문입니다. 이러한 혼란에 빠지는 것을 피하기 위하여 질서의 특성을 정확하게 이해할 수 있는 언어를 개발하는 것이 필요합니다. 그 첫 단계가 질서와 곡선의 경우를 예시로 삼아보는 것입니다.

가장 단순한 곡선은 직선입니다. 이 경우 이어지는 조각들이 다른 위치에 있을 뿐이며, 그 방향은 같습니다. 이어지는 조각들이 방향을 계속 달리하게 되면 결국 원이 됩니다. 그러나 그들 사이에 각도가 같기 때문에 그 차이가 유사한 것입니다. 그러나 원을 정의하는 '유사성'은 직선을 정의하는 유사성과는 '다릅니다.' 이것이 두 곡선 간

1) '유사한 차이'와 '상이한 유사성'에 관한 이하의 예시는 Bohm and Peat (1987) *Science, Order and Creativity*. London: Routledge, pp. 110–113 참조. 또한 본서 용어해설 참조.

의 본질적인 '차이'입니다. 다음 곡선은 나선형입니다. 이 도형은 조각들의 쌍이 서로 다른 수평을 이루면서 다르게 이어지기 때문에 얻어집니다. 그래서 곡선이 삼차원적으로 이루어집니다. 이와 같은 차이의 유사함이 나선형을 형성해 갑니다.

이와 같은 방식으로 보다 복잡하게 '질서를 부여한' 곡선이 유사함을 낳고, 우리는 거기서 다시 고차원적인 차이를 확인할 수 있습니다. 여기서 곡선의 "복잡성"은 사실 객관적으로 파악할 수 있는 질서의 속성입니다. 그러므로 직선은 첫 단계에서 결정되며, 그것은 일차원적 곡선이라고 할 수 있습니다. 원은 첫 세 단계를 거친 이차원적 곡선입니다. 이렇게 우리는 점차적으로 고차원적인 곡선을 상상할 수 있게 됩니다. 결과적으로 무한의 단계를 요구하는 곡선을 얻을 수 있으며, 이를 "무한 질서 곡선curves of infinite order"이라고 부를 수 있겠습니다. 가스 속의 "카오스적chaotic" 운동이나 브라운 운동[2]의 극소 미립자의 매우 복잡한 추적 경로는 무한 질서 곡선의 예가 될 수 있습니다.

이제까지는 이러한 미립자들의 운동을 "무질서disorder"라고 불러온 것이 상례였습니다. 하지만 내가 보기에 무질서라는 말이 '총체적으로 어떤 질서도 갖지 않음'[3]을 뜻한다고 해도 이것은 결코 무질서가 아닙니다. 어떤 것이든 발생하기만 하면, 거기에는 분명 모종의 질서

2) Brownian motion. 1827년 스코틀랜드 식물학자 브라운(Robert Brown)이 물속에 떠 있는 꽃가루 입자를 현미경으로 관찰함으로써 발견한 운동. 정지된 상태의 액체나 기체라 하더라도 그 안에서 미세한 입자가 불규칙하게 운동한다는 것이다. 여기서는 불규칙하게 운동하는 브라운 운동도 무질서하게 보이기는 해도 질서 정연한 현상으로 설명된다는 것을 뜻한다. 즉 브라운 운동을 창의성이 새로운 기본 질서를 찾아내는 데 있다는 예로 제시한 것이다. 용어해설 참조.

3) total absence of order of any kind whatsoever. 이하에서 알 수 있듯이, 이 말은 무질서가 애초 존재하지 않음을 시사한다.

가 있고, 그것은 원리상 적절한 용어로 기술될 수 있습니다. 행성 운동의 질서는 행성 운동에 미치는 힘으로 보면 첫 번째 단계에서 결정된 단순한 질서의 예입니다. 반면에, 브라운 운동의 질서는 유사한 차이가 무한 반복되는 무한 단계의 질서입니다. 그러나 이 운동도 통계적 법칙이나 대칭성을 지닙니다만, 그것이 궤도상 곡선을 정확하게 설명해 주지는 못합니다. 예를 들어서, 긴 안목으로 그리고 평균적으로 보면, 소립자는 측정 가능한 우주 단위 용량으로 보면 거의 동일한 시간을 보냅니다. 이러한 소립자들이 많다고 가정한다면, 특정 순간에 소립자들은 용기 안에서 거의 일사불란하게 분포될 것입니다. 이 점에서 브라운 운동의 무한 질서는 물체의 낙하 또는 행성의 운동처럼 확인 가능한 사실이며, 의사소통과 검증이 가능합니다. 이 중에서 어느 것도 "질서"니 "무질서"니 하면서 주관적으로 단정할 수 없습니다.

이제까지 보아왔듯이, 일반적으로 "무질서"라고 불리는 것은 세밀하게 기술하기 어려운 매우 복잡한 질서를 총체적으로 정확하게 설명하지 못하기 때문에 적절하지 못한 이름입니다. 그러므로 '모든 것everything'은 질서 지어져 있으며 우리가 파악할 수 있는 질서가 없다는 이유로 어떤 것도 질서니 무질서니 하면서 판단해서는 안 됩니다. 그보다 우리가 해야 할 일은 '개별 사물이 실제로 지니고 있는 질서가 어떤 성격을 지니는지 관찰하고 기술하는 것'입니다. "무질서"라는 말은 하등 쓸모없는 말이며 모든 혼란의 근원이 됩니다. 이러한 혼란을 제거하는 데 필요한 것은 무질서라는 말 대신에 유사한 차이, 상이한 유사성과 같은 용어를 사용하는 것입니다. 이러한 용어를 사용하게 되면, 이를테면 길이의 단위로 표현된 언어가 사물 간의 실제 거리를 가리키게 되는 경우처럼, 우리는 개별 사물의 질서를 원칙적으로 기술할 수 있습니다.

이제 "구조"라는 용어에 관하여 살펴보도록 할까요. 나는 구조가 근본적으로 여러 수준에서 드러나는 질서의 위계를 나타내준다고 봅니다. 예를 들어서 집의 경우를 생각해 봅시다. 기본적으로 동일한 요소는 벽돌입니다. 그러나 그 놓이는 위치와 방향에 따라 벽돌은 '상이'합니다. 유사한 차이로 배열할 경우, 벽돌의 '질서 지움'은 벽을 만들어냅니다. 그러나 벽은 '상위 질서'의 요인이 됩니다. 장소와 방향에서 유사하더라도 벽은 질서 지어지고, 집이 들어서면 거리를 만들어내고, 그 거리들은 도시를 만들어냅니다.[4)]

질서 위계라는 구조적 원리는 명백하게 보편성을 지닙니다. 전자와 미립자가 질서 지어가면서 원자가 됩니다. 원자는 여러 가지 방식으로 질서 지어가면서 극미한 수준에서 액체건, 고체건, 기체건 아니면 결정체를 갖건 아니건 물질을 만들어냅니다. 이러한 원리는 행성, 항성, 은하계, 은하계의 은하계로 이루어진 무리들에게도 적용되며, 이는 인간의 과학적 도구를 통하여 정확하게 탐사할 수 있을 만큼 타당합니다. 이와 같은 방식으로 단백질 분자도 특정 방식에 따라 질서 지어가면서 생체 세포가 됩니다. 세포는 다시 특정 방식에 따라 질서 지어가면서 생체 기관이 됩니다. 이러한 질서의 구조화가 유기체를 만들어냅니다. 이 유기체는 다시 우리가 지구에서 관찰할 수 있는 유기적 사회를 만들어내고, 아마도 이 원리는 궁극적으로 다른 행성에도 적용될 수 있을 것입니다.[5)]

---

4) 여기서 봄이 주장하는 질서의 구조는 폴라니가 든 흙－벽돌－건축－도시공학의 한계통제원리의 예와 유사하다. 폴라니 (1966)『암묵적 영역』. 김정래 역 (2015), 박영사. 72－75쪽 참조.

5) 여기서 언급되는 질서 위계 문제는 봄의 초양자장이론을 이해하는 토대이다. 이를 불교의 연기작용으로 설명하기도 한다.

이러한 사실에 비추어볼 때, 인간과 인간의 지적 능력을 포함한 자연의 진화 과정에는 무한 질서가 잠재되어 있어서, 부분 질서로 충분히 설명될 수 없습니다. 이 점에서 진화의 과정은 브라운 운동의 마구잡이 휨random curve과 유사합니다. 그러나 진화의 과정은 통계적 규칙성이나 대칭성을 철저하게 찾아보기 어렵기 때문에 브라운 운동과 다릅니다. 그보다는, 앞서 살펴보았듯이, 각 단계의 질서는 새로운 상위 질서의 기반이 되어 끊임없는 진화의 위계를 만들어갑니다. 그리고 새로운 상위 질서는, 이를테면 신경계가 근육세포의 기계적 운동에 명령을 내리는 것처럼, 보다 단순한 속성을 지닌 사물들을 질서 지어주는 새로운 구조를 만들어냅니다. 그러므로 자연은 새로운 구조만이 아니라 새로운 '구조적 질서'를 항상 '창출해 내는 과정'이라고 볼 수 있습니다. 물론 우리의 기준으로 이를 파악하려면 오랜 시간과 노고가 요구되지만 말입니다.

자연이건 인공이건 모든 구조가 드러나는 기본원리는 명백하게 각각의 질서가 '개략적이고 제한된approximate and limited' 대칭구조를 가진다는 점입니다. 그래서 각각의 질서가 깨지거나 변화하는 배열양상이 또 다른 질서 형성의 기반이 되어 결국 상위 수준의 질서로 이행됩니다. 이 원리의 보편적 타당성은 포괄적이고 단일한 총체성으로 진화하게 하는 조화로운 질서와 위계가 끊임없이 이어진다는 가능성의 설명에만 국한되지 않습니다. 포괄적이고 단일한 총체성이 아니라 부분적으로 파괴되고 쇠퇴하는 과정을 이끌어내는 상이한 질서들의 '갈등conflict'과 '충돌clash'의 가능성을 설명하는 데서도 찾을 수 있습니다.

질서 자체 개념만으로 보면, 조화와 갈등의 구분은 순전히 사적이고 주관적인 판단에 근거한다는 믿음이 타당해 보입니다. 하지만 각 부분들의 질서가 각 부분이 존속하는 데 필수적으로 요구되는 상호 간 조화를 이루면서 정연하게 작용하지 않는다는 점을 보면 질서가 '전적으로' 주관적이지 않음을 알 수 있습니다.

갈등과 충돌의 가장 간단한 사례는 교차로에서 찾아볼 수 있습니다. 교통신호의 정상적인 기능은 서로 다른 방향에서 오는 차량의 질서를 원활하게 유지하는 데 있습니다. 교통신호가 제때 작동하지 않으면, 질서는 간데없고 차량들이 교차로에서 충돌하여 탑승자와 차량을 파괴시켜 버릴 것입니다. 좀 더 구체적으로 소화기관의 예를 들어보겠습니다. 사람이 아프면 소화기관은 유기체 전체의 건강에 요구되는 정상적이고 적절한 작용을 수행하지 못합니다. 또한 신체작용의 전 과정에 치명적으로 손상을 주는 암세포의 끝없는 성장을 생각해 보십시오. 모든 경우에 있어서, 우리가 관심을 가져야 할 것은 무질서나 질서의 부재가 아니라, 질서를 총체적 조화로 이끌지 않으면서 각 부분들이 갈등하고 충돌하게 하는 '그릇된 기능을 하는 정연한 질서'[6]입니다.

앞서 살펴본 것처럼 조화와 총체성의 지각은 전적으로 사적 판단에 의존하지 않으므로 우리는 위대한 과학자들이 형용할 수 없이 아름다운 자연의 거대 질서의 구조적 과정을 예외 없이 보아왔다는 사실에 입각하여 새로운 시각을 가져야 합니다. 이러한 시각은 물질의 세세한 특성에 대한 정확한 계산을 가능하게 하는 잘 개발된 이론과 공식을 이끌어낸 것처럼 타당해 보입니다. 실제로 과학이론이 위대하다고 하는 것은 자연 질서의 조화가 지니는 일반적 특성을 빠짐없이 잘 지각하는 데 있습니다. 이러한 지각을 체계적이고 정통하게 표

6) well-defined order that is functioning wrong. 앞서 무질서가 아예 존재하지 않음을 들고, 여기서는 반대로 질서의 특징을 단적으로 표현하고 있다.

현하면, 그것은 "자연법칙law of nature"이 됩니다.

하지만 자연 질서의 전 과정을 단단하게 보편법칙으로 잘 표현한다는 것은, 이 전체 과정을 설명하는 데 적합한 근본적인 '차이'가 무엇인지, 그리고 그 차이에 담겨진 상응하는 유사성이 무엇인지를 알아보는 것입니다. 뉴턴은 연속되는 시간에 놓인 물체의 위치와 속도에서 그 타당한 차이를 주장한 것으로 알려져 있습니다. 동일한 시간 간격에서 텅 빈 공간 속의 물체가 점유하는 거리는 크기와 방향이 일정하기 때문에 일정한 속력의 직선 운동을 한다고 하였습니다. 이것이 잘 아시는 바와 같이 관성의 법칙입니다. 물체가 나타날 때 이러한 연속되는 거리와 방향이 다르다는 가정을 합니다. 그러나 가속도라고 명명한 '차이'는 보편적으로 유사하다고 가정합니다. 동일한 힘이 항상 그리고 어디서나 동일한 가속도를 내기 때문입니다. 수학적 용어로 정확하게 표현하면, 이 가정은 뉴턴의 운동법칙이 됩니다.

뉴턴이 제시한 아이디어의 일부분은 위치상 근본적인 차이가 절대공간과 절대시간에서 일어난다는 것입니다. 말하자면, 뉴턴은 공간과 시간의 차이가 보편적으로 동일하게 때문에 다른 위치의 관찰자들이 관찰한 시간 간격과 공간상 거리가 동일하다고 생각하였습니다. 아인슈타인의 창의적 통찰력은 물리학이론을 상당한 혼란 상태에 빠트릴 만한 사실을 수집하여 주장한 데 있습니다. 즉 서로 다른 속력으로 움직이는 관찰자들은 동시성과 동일거리의 속성을 '전혀 다른' 별개의 사건으로 간주한다는 점입니다. 하지만 아인슈타인은 속도의 유사한 차이를 인식하는 관찰자는 일련의 사건에서 동시성과 동일거리의 속성을 파악하는 데서도 유사한 차이를 수용한다고 보았습니다. 이 사실을 정확한 수식으로 표현하면 그것은 잘 알려진 로렌츠 변환 공식[7]입니다. 이 공식은 상대성원리를 수학적으로 설명해 주는 토대입니다.

아인슈타인의 기본 입장은 근본적인 차이의 새로운 면을 지각하는 것입니다. 즉 시간과 공간의 유사한 측면과 전혀 다른 새로운 질서의 측면이 있다는 것입니다. 시간과 공간은 우리의 지각에 의존하는 문제이기 때문에, 이 창의적 질서는 심오하고 광범위한 의미를 새롭게 보여줍니다. 새로운 질서라는 측면에서 자연 현상을 탐구하는 데 새로운 관점의 질문이 나오는 것은 당연하며, 과학자들은 물질의 일반적 속성에 대하여 새로운 시각을 갖게 되었습니다. 즉 질량과 에너지가 등가라는 혁명적 사실을 알게 된 것입니다.

하지만 이 상황을 생각해 본다면, 뉴턴도 역시 새로운 근본적 차이를 인식하고 물리학의 새로운 질서를 창의적으로 도입했다는 사실을 확인할 수 있습니다. 이 사실은 고대 희랍인들이 제시한 질서관에 비추어 보면 명백합니다. 희랍인들은 지상의 물질이 불완전하고 범속하며 천상의 물질은 완전하고 순수하다는 점을 근본적이고 핵심적인 차이라고 인식하였습니다. 그리고 그 연장에서 도덕적 관념의 완전함과 불완전함을 설정하고 이를 통하여 실체를 전체적으로 파악하는 근본으로 삼았습니다. 지상 물체의 복잡한 운동은 그 불완전한 본질을 드러내는 것이며, 반면에 천상 물체는 원운동과 같은 기하학적 특징으로 설명되는 완전함의 본질을 드러내는 것으로 보았습니다.

관찰에 의하여 천상의 물체가 완전한 원을 그리면서 운동함이 밝혀지면, 이는 천상의 완전함과 지상의 불완전함의 차이가 우주의 핵

---

7) Lorentz-transformation laws. 속도는 관찰자의 입장에서 상대적으로(다르게) 측정된다. 뉴턴의 고전물리학에서 이는 갈릴레오 변환 방식으로 설명된다. 그러나 빛이 관찰자의 입장과 관계없이 상수로 측정된다는 아인슈타인의 특수상대성이론에서는 이 변환 방식을 사용할 수 없다. 로렌츠(Hendrik Antoon Lorentz)가 좌표 변환 공식을 통하여 이를 해소하였다. 이것이 로렌츠 변환 공식이다. 용어해설 참조.

심적 본성이라고 확정하게 해 주는 매우 고무적인 발견으로 여겨졌을 것입니다. 하지만 이러한 사실이 완전한 원의 운동으로 관찰되지 못하게 되자, 천문학자들은 주전원[8]을 통해 설명함으로써 이론과 실제의 차이를 조정하고자 하였습니다. 몇몇 주전원만으로 충분했다면, 이러한 시도는 매우 중대한 발견이 되었을 것입니다. 그러나 동원된 주전원의 수가 증가하면서 자신들이 설정했던 천상과 지상에 근본적인 차이가 있다는 데 의심을 품기 시작하였습니다. 그럼에도 종교적, 정치적 이유나 심리적 안정을 도모하고자 이러한 의심은 오랫동안 심각한 고려의 대상으로 주목받지 못하였습니다. 그 대신 점성술이나 항해술 등에 이용함으로써 주전원이론을 활용하고자 하였습니다.

이와 같은 실용적 목적에 활용하려는 당시의 시도가 가치 없다고 하는 것은 잘못이겠지만, 분명한 점은 고대 희랍인들이 제기한 근본적이고 심오한 가정들은 이후 계속 발견된 상대적으로 사소하고 매우 지엽적인 예외적 사실들에 의하여 공격받았다는 것입니다. 그 결과 과학자들은 상당 기간 동안 당초 기획한 창의적인 열정을 상실하게 되었지만, 그 대신에 기존에 확고하게 설정된 개념 틀 속에서 유용한 지식을 가능하면 많이 축적하려는 태도를 지니게 되었습니다.

하지만 사실을 잘 살펴보면, 이렇게 축적된 지식이 당초 실용적 목적에 기여한다고 생각하기 이전부터, 천상과 지상의 물질이 근본적인 차이가 있다는 가정을 의문시하는 데서 새로운 정신이 나오게 된 것은 어쩌면 필연적인 사건입니다. 앞서 지적한 바 있듯이, 갈릴레오와 뉴턴의 연구에서는 이미 물체의 입자가 끊임없이 운동한다는

8) epicycle. 주전원(周轉圓)은 AD 2세기 프톨레마이오스의 천동설을 설명하기 위하여 고안해 낸 행성들의 궤도 운동이다. 이후 천동설의 결함이 나타남에 따라 주전원의 수도 증가하고 복잡해지는 현상이 16세기 코페르니쿠스의 지동설이 나올 때까지 나타났다.

점을 타당하게 설명하는 한계가 인식되었습니다. 그리고 시간은 동시적이고 공간은 동거리로 보아야 한다는 데 대하여 아인슈타인의 이론은 보다 더 심오한 차이를 지적해 주었습니다. 이에 보태어 양자 이론은 우리가 더 이상 감당하기 어려울 만큼 또 다른 근원적인 차이를 드러나게 하였습니다.

과학의 창의적인 발전은 기존 사고의 틀이 근본적으로 지니고 있는 유사성과 차이점들의 부적합성을 찾아내는 데서 비롯된다는 점이 분명해 보입니다. 심리적 측면에서 보면, 매우 수긍하기 어려운 단계입니다. 그러나 이러한 사태가 일어나는 순간마다 인간의 마음은 경각심을 가지고 민감하게 사태를 집중적으로 파악하게 되어 그 결과 새로운 질서를 찾아내고 이를 토대로 새로운 사고와 개념구조를 창출하게 됩니다.

이전 과학자들이 내놓은 창의적 연구결과에 대하여 오늘날 과학자들이 다시 창의적인 관심을 갖게 된다는 점이 매우 중요한 핵심입니다. 현재 과학자들은 과거 아인슈타인이 새롭게 제기한 문제를 자기 나름대로 변형시키면서 확대 적용해 본다는 점에서 아인슈타인과 동일할 수가 없습니다. 그 결과 이미 소개된 다른 이론과 결합해 봄으로써 또 다른 새로운 창의적 성과를 거두게 됩니다. 그렇다고 해서 이 과학자들이 아인슈타인의 연구를 폐기하거나 묵살함으로써 창의적 연구를 한다는 뜻이 아닙니다. 오히려 이들에게 요구되는 것은 아인슈타인의 창의적 연구성과를 제대로 '배우는 것'이며, 이를 바탕으로 아인슈타인이 지닌 통찰력과 자신들이 지닌 통찰력의 차이를 인식하는 것입니다. 그 결과 자신의 지식이 이제까지 상세하게 어려웠거나 설명하기 불가능했던 여러 근거를 제시할 수 있어야 실증적으로나 이론적으로 아인슈타인의 연구와는 다른 새로운 창의적인 것으로 인정받게 됩니다. 이러한 과정을 통하여 자신만의 이론이 과연 새로운 유사성을 지니고 있는가를 살펴봄으로써 창의적인가를 가름하게 됩니다. 이러한 새로운 유사성이 결국 새로운 자연법칙 체계를 창출해 냅니다. 하지만 그 체계는 아인슈타인의 법칙이 어떤 점에서 한계를 지니며 어떤 점에서 타당한지를 설명함으로써 그의 법칙이 여전히 유효하다는 사실을 확인시켜 줍니다.

이러한 창의적 인식은 사실상 기존 과학법칙을 답습하지 않으면서 또한 그 타당성을 폐기하지도 않음으로써 자연법칙을 인식하는 새로운 위계를 형성시켜 줍니다. 실제로 이는 과거의 자연법칙을 더욱더 합당하게 알게 해 주기도 하면서, 동시에 새로운 방식에 의하여 창의적 지식을 선도하게 합니다. 하지만 대체적으로 말하자면, 자연법칙의 체계가 왜 그렇게 작동하는지 그 이유를 집어내기는 어렵습니다. 그보다는 어떤 법칙이 특정 영역을 설명할 수 없는 경우에 그것은 그 영역에서 기존 법칙이 지닌 유사성이 효력을 더 이상 발휘하지 못하여 또 다른 근본적인 차이를 찾아내야 한다는 명분이 되는 점은 확실합니다. 실제로 현재 시점에서 '창의적인 것은 기존의 것과 차이를 드러내는 것'[9]입니다. 이것이 또다시 새로운 유사성이 되고, 새로운 질서를 인식시켜서 새로운 구조를 창출해 냅니다. 그래서 자연 질서와 구조를 닮은 유사성을 찾아냄으로써 우리가 파악하는 자연 질서와 구조는 항상 진화하게 됩니다. 또한 자연 질서의 유사한 차이가 상이한 유사성을 드러냄으로써 자연법칙이 마치 살아 있는 생명체처럼 계속 진화하게 됩니다.

---

9) The difference will now be different. 창의성을 유사성과 상이함을 가지고 설명하려는 봄의 주장을 핵심적으로 드러낸 표현이다. 기존 이론이 지닌 유사성이 더 이상 효력을 발휘하지 못하면 새로운 차이를 찾아냄으로써 이를 해소한다는 뜻이며, 이것이 봄이 주장하는 창의성의 뜻이다. 용어해설 참조.

타당한 차이를 찾아내는 일이 기본적 작업이 된다는 사실은 단지 과학에 국한되지 않습니다. 실제로 인간의 모든 인식은 이러한 차이를 지각하는 데서 시작합니다. 이것은 신경이 새로운 반응 체계를 찾기 전까지 과거에 유사했던 신호에만 적응하기 때문입니다. 차이가 갑자기 돌출하는 것은 이러한 신경 인식체계에 격렬하게 반응할 순간입니다.

카펫 위에 동전이 떨어지는 경우를 예로 들어봅시다. 떨어지는 동전을 그 자체로 지각할 수는 없습니다. 동전이 떨어지면서 반짝일 때만 동전이 돌출되어 지각할 수 있습니다. 우리가 실제로 지각하는 것은 동전이 떨어지기 이전의 카펫과 카펫 위에 떨어진 동전의 반짝임 사이의 '차이'입니다. 이는 금속체가 비금속체가 놓인 상황에서 빛을 발한다는 우리 과거 경험에서 얻은 '유사한 차이'를 떠올리기 때문입니다. 즉 우리가 동전을 쉽사리 볼 수 있는 것은 동전과 카펫이 자아내는 전체적 패턴의 차이가 기존에 지각된 유사한 차이의 패턴에 들어맞기 때문입니다.

과거 경험과 생각의 흔적으로부터 지각되는 내용이 정형화된 상태와 구조를 갖게 된다는 점에서 우리 지각의 대부분은 상대적으로 기계적이라고 할 이러한 특성이 필연적으로 반영됩니다. 과거의 경험과 생각의 흔적은 현재 지각되는 사실을 수용하기 좋도록 상황에 맞게 변형되고 선별됩니다.

독특하리만치 차이 나는 일련의 관찰결과가 과거 습득된 지각의 상태와 구조에 잘 적응하지 않을 경우 우리는 보다 높은 수준의 지각을 하게 됩니다. 예를 들어서 관찰된 특정 현상에서 확인된 차이가 기존의 것과 확연하게 다르게 인식되면, 현상이 처음에는 아무 관련 없는 것으로 인식하게 됩니다. 그래서 이 차이를 새로운 맥락에 적용하여 생각의 가닥을 잡으려고 합니다. 이러한 경우를 대표하는 가장 유명한 예는 아르키메데스에서 찾을 수 있습니다. 그는 문득 서로 다른 물체의 용적은 그것이 밀어낸 물의 양과 비슷하다는 것을 깨달았습니다. 말하자면, 물체의 용적은 그 물체가 밀어낸 물의 용적 사이에 유사한 질서가 있다는 점을 알아낸 것입니다. 그 결과로, 물체가 밀어낸 물의 양을 측정함으로써, 그 물체가 당시 기하학적 서술 방식을 통하여 측정하기 쉽지 않을 만큼 복잡한 형태를 가졌다 해도 그 질량을 측정해 낼 수 있었던 것입니다.

이와 같은 상이한 유사성을 보는 날카로운 통찰력이 중요한 발견을 할 수 있게 하고, 상당히 현실적으로 쓸모 있는 새로운 발명을 낳기도 합니다. 그러나 이것은 창의력이 아닙니다. 왜냐하면 창의력이라고 할 경우 새로운 질서를 구축해 줄 유사한 차이를 인식해야 합니다. 창의력은 기존에 알려진 몇 가지 질서를 단순하게 관련시키는 일이 아닙니다. 새롭게 찾아낸 창의적인 질서는 정연한 방식으로 전혀 새로운 종류의 폭넓은 인식구조를 가져다줍니다. 보다 일반적으로 말하자면, 서로 다른 분야에서 찾아낸 상이한 요소를 상호 연결시키는 것은 결코 창의적인 작업이라고 할 수 없습니다.

전적으로 창의적인 지각의 혁신적인 특징은 개념적 추상의 이치를 단박에 깨친 헬렌 켈러 여사의 경험을 떠올리면 쉽게 이해할 수 있을 것입니다. 당초 그녀는 일련의 차이를 인식할 수 있을 뿐이었죠. 그 차이란 그녀의 당시 심리 상태와 우리는 이미 알고 있지만 그녀는 전혀 모르는 여러 가지 물의 속성 간의 좁혀지지 않는 간극입니다. 그녀의 손에 매 순간 상이하게 작용한 감각 내용이 동일한 구조 속에 있다는 결정적인 단서는, 어느 순간에 이르자, 모든 차이가 근본적으로 동일한 구조 속에서 파악된다는 점을 이해하는 데 있습니다. 그녀가 이렇게 이해한 것은 이전에 자신이 이미 알고 있던 내용의 결과도 아니며, 기존에 알고 있던 상이한 요소를 결합시킨 데 있는 것도 아닙니다. 이는 마음속에 생겨나는 전적으로 새로운 질서를 새롭게 지각하는 것입니다. 즉 새로운 개념 질서를 파악한 것입니다. 새롭게 질서 지어진 이러한 개념이 마음의 전체 구조를 새롭게 형성하여 다른 사람과 대화를 가능하게 하였고, 무엇보다도 그녀 스스로가 생각할 줄 알게 되었다는 점입니다. 결과적으로 그녀의 스승이 창의적인 점도 있기는 하지만, 학생이 새로운 창의적 사고를 할 수 있는 고차적인 사고를 스스로 끌어들여 변화시킨 것입니다.

자, 이제 정리를 해 보면, 창의적 지각행위가 가능하려면 먼저 합당한 일련의 차이를 인식하는 것입니다. 이는 언어적으로 일어나지 않습니다. 차이 인식이 일어나면, 그것이 이전 지식과 같은 영역의 것이건 아니건 간에, 새로운 일련의 유사성을 확인하게 됩니다. 이것이 일련의 위계를 지니면서 창의적인 구조를 갖게 할 새로운 질서를 갖게 해 줍니다. 이러한 전체 과정은 조화롭고 단일한 총체성을 띠게 되어 아름답게 느껴질 뿐만 아니라 심오한 사고 체계를 뒤흔들 정도로 흥분시켜 줍니다.

물론 이러한 종류의 창의성은 흔치 않은 일입니다. 인류 역사를 통해서 아주 소수의 사람들만이 이를 성취한 바 있습니다. 이 밖의 대부분의 사람들은 비교적 범속한mediocre 삶을 살아왔습니다. 하지만 소수의 창의적 사고가 다수의 단조롭고 따분한 일상에 영향을 미쳐서 그들의 삶의 수준을 격상시키는 데 일조하여 왔습니다. 무엇보다도 소수의 창의적 작업이 인간으로 하여금 창의적 상태에 있도록 한다는 데 그 의의가 큽니다. 보다 일반적으로 말하자면, 우리가 아이 때부터 부모, 교사, 친구, 사회로부터 배운 것은 순응하고, 모방적이고 기계적인 상태의 마음을 지니게 하여, '기존 질서를 훼손시킬' 다소 불손한 마음을 갖지 않게 하는 것이었습니다. 이러한 순응 교육 방식에 만족하지 않는 사람들은 상반된 자신의 일련의 생각을 가지고 기존의 사고와 질서에 들어맞는 모든 것을 '일격에 뒤집고자 하는' 함정에 빠지게 됩니다. 그러나 이러한 방식을 따르는 것도 결코 창의적이라고 할 수 없습니다. 그래서 이유를 명백히 꼬집을 수는 없지만 소수의 사람들만이 기계론적 사고가 작용하는 두 가지 조건화 상태에서 벗어나려고 합니다. 그리고 이들 중 일부만이 우리 인류의 안전과 행복 그리고 삶의 기반이 되는 기존 질서가 전복될지 모른다는 안팎의 두려움에서 야기되는 거대한 갈등에서 벗어나도록 할 수 있는 것입니다.

그러면 극소수 사람들만이 지닌 능력이라고 하는 창의적 마음의 상태란 도대체 무엇일까요? 창의적인 마음이란 앞서 언급한 바 있듯이 미분화된 어린아이들의 마음처럼, 전체를 조망하여 유사한 차이를 볼 줄 아는 마음입니다. 즉 밝혀진 내용에 부합하는 주어진 인식의 틀에 친숙해지려는 자세가 아니라, 새로운 것을 배우려 하고 새로운 차이와 새로운 유사성을 지각하려는 정신을 말합니다.

만약 개인의 신분 안정, 야망, 세속적 영달이나 아니면 '한 건 심리kicks' 또는 외적 보상 충족에서 비롯된 편협하고 옹색한 목적을 갖고 있다면 이상에서 언급한 창의적 마음 상태는 결코 현실에서 찾아볼 수 없습니다. 이와 같은 동기가 순간적으로 반짝거리는 통찰력을 부여해 줄 수 있을지 몰라도, 그것은 결과적으로 기존의 낡고 흔해빠진 사고와 지각에다 자신의 마음을 속박시켜 버리는 것에 불과합니다. 실제로 미지의 것에 대한 탐구가 편협하고 제한된 목적 아래 설정된 성취에 대한 도전으로 이어지게 되어 있습니다. 심지어 새로운 시도였으나 입증되지 않은 성과는 그 사람의 사후에조차 인정받지 못하고 한참 지나서야 성공한 사례로 입증되는 경우도 있습니다.

또한 세속적 의도를 지닌 창의성은 창의성의 징표인 조화, 아름다움, 총체성에도 부합하지 않습니다. 건축가들은 외적 압력에 의한 도시계획에 따라 축조된 건축물들이 결과적으로 인간이 살아가기 어려운 도시를 만들었다는 것을 잘 알고 있습니다. 왜냐하면 그러한 의도와 계획은 심각한 교통체증과 빈민가 등 불결한 도시환경을 만들어내어 결과적으로 도시 전체가 좋은 표현으로 하면 범속한 도시라 하겠지만, 제대로 표현하자면 흉물스러운 도시로 전락하게 됩니다. 이와 유사한 결과는 과학, 예술, 교육 등 인간 활동 전반에서 발견할 수 있습니다.

이것은 불가피한 결과일 수도 있습니다. 왜냐하면 인간은 각자가 속한 입장에서 독자적으로 행동하게 마련입니다. 하지만 충돌과 갈등이 야기되는 사태를 어떻게 해결해야 할까요? 신호등 없는 교차로에서 교통사고나, 암세포가 유기체 전체 질서를 무시하고 기하급수적으로 성장하여 조직이 파괴된 유기체의 경우를 생각해 봅시다. 이와 같은 무질서적 충돌과 갈등은 우리의 모든 것을 전멸시킬 만큼 개인적 일상사와 사회 조직만이 아니라 국제관계에서도 도전적 기세로 우리에게 다가오고 있습니다.

분명하게 말할 수 있는 점은, 인간 활동의 특징을 기계적이고 비창의적인 것으로 파악하게 되면 모르기는 해도 "총체적 혼란general mess"이라 할 상태로 빠지게 된다는 것입니다. 아마도 많은 사람들이 과거 사례에서 기계적인 질서 속에 겪은 무수한 갈등이 결과적으로 조화와 행복을 안겨다준 전반적인 진보에 기여했다고 낙관적인 주장을 할지 모릅니다. 그러나 최근에 일어나는 일련의 사례를 두고 볼 때 사회의 발전이라는 것이 물질적으로나 정신적으로 궁극적인 파괴가 끊임없이 이어지는 것 이외에 아무것도 없다는 점을 부정하기 어렵습니다.

중요한 것은 "총체적 혼란"이 결코 갑자기 새롭게 나타난 현상이 아니라는 점입니다. 오랜 기간 동안 사람들은 사회 질서가 근원적으로 건전하지 못하였다는 점을 인식해 왔습니다. 실제로 역사를 통해 볼 때 다양한 부류의 몇 개인들은 새로운 사회 질서를 창조할 수 있다는 나름대로의 편협한 고집을 남들에게 강압적으로 부여함으로써 보다 진보된 사회를 만들려고 한 바 있습니다. 그러나 결과는 자신들이 예견한 것과는 반대로 나타났습니다. 그 이유는 사회 질서를 창조하고자 하는 편견이 그 실상을 보면 기계론적이며 자의적이어서, 그들이 없애고자 했던 갈등과 무질서를 오히려 그들 자신이 조장해 왔다는 데 있습니다. 이것은 기계론적 질서가 논리적으로, 필연적으로 낳는 여러 가지 폭력의 형태에서 확인할 수 있습니다. 폭력의 형태는 항상 갈등과 충돌을 대체한다는 명분에서 동원되지만, 당초 맞닥뜨린 위험과 파괴보다 더 심각한 위험과 파괴를 항상 가져옵니다. 따라서 자신의 생각에 따라 사회를 이끌어가고자 폭력을 행사할 권력을 갖겠다는 야망은 하등 의미 없는 착각에 불과합니다.[10)]

진정으로 새로운 질서를 창조하는 데 요구되는 것은, 조각난 질서들이 일으킨 갈등을 기계적으로 한데 묶으려는 것은 결코 아니며, 일

10) 창의적인 새로운 근본 질서 추구가 강압에 의하여 분절적 사고와 기계론적 사고가 전체주의적 사고를 초래하고, 이에 따라 또 다른 거대 폭력을 야기한다는 뜻. 즉 전체적 흐름(flux)을 조망하는 창의적인 사고가 아니면 전체주의적 폭력으로부터 벗어날 수 없다는 뜻. 본서에서 몇 차례 예시가 나오지만, 사회주의와 공산주의처럼 새로운 기본 질서의 강압은 하이에크가 지적한 '거대한 사회공학적 기획'을 도모하게 되고 그 결과로 불행과 파멸을 초래한다는 것이다.

이 진행되는 사태가 과연 중도인가를 연속적이고 중단 없이 관찰하고자 하는 자세입니다. 그렇지 않다면, 그 어떤 노력도 숙명적으로 실패할 것입니다. 왜냐하면 사람이 일을 진행하는 순서는 사물의 자연 상태에 부합하지 않기 때문입니다. 그리고 이 사실이 필연적으로 '모종의' 갈등 상태를 야기합니다. 실제로 사회적 차원이건 자연적 차원이건 인간이 자의적으로 의도하여 창의적인 형태의 변화를 가져올 수 있는 것은 오로지 관찰된 사실과 자신이 지닌 진선미에 대한 선입견 간의 차이를 민감하게 인식하려고 하는 인간이 창의적인 마음 자세를 지니고 있을 경우에 한합니다.

우리는 인간이 나름대로 결의한 자의적이고 편파적인 기계론적 질서로 인하여 사회가 혼란에 빠진 경우를 잘 알고 있습니다.[11] 이러한 "혼란"을 제압하고자 또 다른 질서를 강압적으로 부여하고자 하는 시도는 어떤 경우이건 사태를 악화시킬 뿐입니다. 왜 그렇게 될까요? 먼저 말씀드리고 싶은 것은 새로운 질서를 부여하는 것은 사회 문제를 해결하는 그릇된 방법이라는 점입니다. 이보다 해결책은 개인의 마음가짐에 달려 있습니다. 왜냐하면 개인은 자신이 보고 겪은 것을 통해서 배우고자 하지 않는다면, 그리고 그 배우고자 하는 바가 자신이 지닌 기존의 선입견을 넘어서지 않는다면, 그의 어떤 행위도 결과적으로 세계가 있는 그대로 펼쳐진 현실에 부합되지 않는 편견에 이끌리게 될 것입니다. 이러한 행위는 그 효용성을 떠나 그릇된 것이며, 개인과 사회의 제 문제를 온전하게 해결시켜 줄 기미가 없습니다.

11) 기계론적 질서를 토대로 구성한 인위적 질서는 이상주의적 논리로 변하여 결과적으로 사회적 혼란을 빠뜨린다는 뜻. 이를테면 동일한 분배와 결과를 가져다준다는 인위적 질서의 거대 사회공학적 기획은 당초의 '단순한 혼란'보다 더 나쁜 총체적 혼란, 즉 절대 빈곤, 창의성 말살 등으로 나타난다.

말하자면, 그릇된 행위와 관련하여 우리가 당면한 난관은 창의성이 요구되는 장면에서 기계론적 방식으로 대응하는 데 있습니다. 물론 인간행동을 기계론적으로 설명해야 합당한 경우도 있습니다. 도로를 주행할 때 한쪽 차선을 사용해야 하는 것처럼 본질적으로 기계론적 설명이 요구되는 경우가 있는 것입니다. 더욱이 기계론적 장치들은 잘 짜인 질서에 따라 정확한 기능을 수행합니다. 만약 그렇지 않으면 고장 난 기계일 뿐입니다. 그러나 이러한 기계론적 체계를 마음이 전체적으로 작동하는 경우에 적용한다면 그것은 기계론적 질서를 별 근거 없이 확대 적용하는 것입니다. 예컨대, 부모가 특정 사태에서 벌어진 일에 대하여 합리적인 근거를 가지고 구체적으로 어떻게 행동하라고 하지 않고, 이와 관계없이 무조건 어떤 훌륭한 인간상을 일률적으로 제시하는 것, 이를테면 "착한 아이가 되어야지!Be a good boy!"라고 한다면, 이는 인간의 마음이 작동하는 질서에 기계론적 유형을 부과해 버리는 꼴이 됩니다. 아이에게 권위에 입각하여 '옳고 합당한right and proper' 유형을 택하도록 따라야 할 준칙을 제공하거나, 부모에 대한 사랑과 적에 대한 증오심과 같은 특정 유형의 감정을 부여하는 것도 이와 유사한 경우입니다. 인간의 마음은 기계적인 실체가 아니어서 이러한 방식으로 결코 작동할 수 없습니다. 따라서 기계적 복종을 배운 아이는 사랑을 해야 할 상대에 대하여 공격성을 품지 않을 수 없으며, 기계적으로 공격적이고 지배적인 습성을 배운 아이는 지배하려던 상대가 그 아이를 외면하게 될 때 외로움과 움츠림을 겪게 됩니다.

앞서 소개한 질서의 개념을 상기해 볼 때 마음은 자연과 유사하게 새로운 질서를 향하여 무한히 진화하려는 성향을 띠면서 작용합니다. 그 결과 마음은 새로운 틀을 마련하려는 일련의 위계질서를 구축하려고 합니다. 반면에 모든 기계적 질서는 새롭고 창의적인 것에 결코 부합할 수 없는 사고방식을 제한시킵니다. 그래서 기계적 질서를 마음에 부과하려는 어떤 시도도 좋은 결과를 산출해 내지 못하며, 오히려 원래 부과하려고 의도했던 질서와 갈등을 일으키는 예기치 못한 부작용을 가져옵니다. 그러므로 기계론적 사고는 기계론적으로 작용한다고 추정되는 영역에 한정하여 조심스럽게 적용되어야 합니다. 그러나 인간의 마음을 다루건 자연세계를 다루건 간에 우리는 매 순간마다 새로운 미지의 것을 배울 수 있다는 자세를 견지할 필요가 있습니다. 우리의 마음이 냉혹하고 기계적인 것이 아니라 개성 있고 창의적으로 작동할 때만이 우리는 미지의 것을 새롭게 배울 수 있습니다.

조금이라도 민감하고 영특한 사람이라면, 인간의 유형이나 인간이 준수해야 할 감정과 사고가 무엇인가 하는 내용을 기계론적 패턴을 가지고 생각할 때 인간의 마음이 오작동한다는 것을 생생하게 지각할 수 있습니다. 분명히 인간의 마음은 다른 각도에서 생각하기 때문에 그렇게 해서는 안 된다는 모순된 상황에 처하게 됩니다. 일이 벌어지는 양상을 기계론적이고 분절된 상태로 파악하게 되면 분절된 상태들은 결코 동시에 수용될 수 없기 때문에 반드시 상호 갈등을 일으키게 됩니다.[12] 결국 이 둘을 한데 봉합하고자 하는 강한 욕망과 충동에 이끌려서 이러한 갈등사태를 고통스럽게 겪어야 하는 결과를 초래합니다.

우리는 이러한 갈등 속에서 살아가면서 느끼고 생각하는 데 기계

---

12) 어떤 실상을 기계론적으로 분절된 상태로 규정하게 되면, 그에 반대되는 생각이 야기되어, 이 두 가지 모순과 갈등을 일으킨다는 뜻. 이는 이분법적 사고와 분별심을 야기한다는 뜻과 상통한다.

론적 패턴이 인간의 마음에 부합하지 않음을 알게 됩니다. 기계론적 패턴을 부과하거나 추종하게 되면 필연적으로 부조화를 불러오고 그 결과 창의적인 마음의 양태는 매 순간마다 소멸됩니다. 창의적 마음은 분절된 요소들이 갈등하는 구조가 아니라 내면에서 질서 정연한 전체의 조화를 통해서 생겨납니다. 그러나 갈등은 고통을 야기하기 때문에 인간의 마음은 갈등을 피하려고 그 이전에 반응할 기회를 포착하려고 합니다. 이것이 인간의 마음이 '당황'하게 되는 혼란 상태입니다.

물론 주로 새로운 사실을 지각하면서 복잡한 국면에 접할 때 겪는 '단순한 혼란simple confusion' 상태가 있습니다. 정상적으로 이 혼란 상태가 '정돈되는 데sorted out'에는 다소 시간이 걸립니다. 이 시간 동안에 뒤범벅된 혼란스러웠던 이전의 사실들을 선명하게 지각하는 데에는 성심을 가지고 대하는 태도가 요구됩니다. 그러나 마음이 혼란 상태에서 벗어나고자 하는데 일어나는 일을 일목요연하게 정돈하지 못하여 있는 그대로 지각하지 못하는 또 다른 자급적 혼란[13]을 겪게 됩니다.

이러한 사태가 벌어질 때마다 우리는 마음이 '무질서disorder' 상태에 빠졌다고 말하곤 합니다. 그러나 그것은 제대로 기능하지 못하는 마음 상태를 두고 세련된 질서를 따른다고 여기는 것과 같습니다. 예를 들어서 소화기관이 음식물을 발효시켜서 소화시키는 이치를 정작 음식물이 특정한 경로로 혈관 속으로 흡수된다는 이치로 여기는 것과 같습니다. 이렇게 질서를 그릇되게 전도시키는 근본적인 이유는 마

13) self-sustaining confusion. 세계의 총체적 실상을 파악하지 못하는 데서 오는 혼란을 스스로가 감당하지 못하여 야기되는 혼란. 앞서 언급한 것 이외에 원인 파악의 실패, 인과의 뒤바뀜 등 단순한 혼란이 중첩되면서 생기는 혼란. 불교에서 말하는 전도몽상(顚倒夢想)에 가까운 심리적 혼란 상태. 이하 본문 참조.

음이 모순된 상황에 봉착할 때마다 실상 이외의 다른 것으로 "이월시키려는jump" 데 있기 때문입니다. 이것은 이론적으로 짚고 넘어갈 문제에 그치지 않습니다. 실제로 이 현상은 이리저리 옮겨가며 나타나기도 하며, 본질을 벗어난 사소한 문제에 탐착하여 쓸데없는 흥분을 자아내기도 하며, 감각적으로 둔하게 마비되기도 하며, 모든 모순을 뒤집을 수 있다는 환상에 사로잡히기도 하며, 갈등으로 야기된 마음의 고통의 본질을 벗어난 별개의 문제로 인식하게 합니다. 이와 같은 자급적 혼란의 양상은 삶의 다른 영역으로 번져나가면서 인간의 삶을 전반적으로 황폐화시켜 버립니다.

마음이 그릇되게 작용하여 삶이 황폐화되는 과정이 어느 시점에 이르면, 갈등을 겪는 개인은 신경증에 걸린다고 합니다. 마음이 이와 같은 상태에 있다는 것은 누가 보아도 그릇된 것입니다. 그러나 조금만 자세히 살펴보면 자급적 혼란이 야기한 마음의 갈등 상태는 지극히 '정상적인normal' 마음 상태라고 여겨집니다. 하지만 개인과 사회가 처할 혼란한 상황을 야기하는 것은 바로 우리 각자 마음의 내면에 갈등이 쌓여 혼란스럽기 때문입니다. 바꿔 말하면, '사회적 혼란mess without'은 곧 심리적 '내면의 혼란mess within'의 결과입니다. 물론 사회적 갈등이 인간 내면의 갈등을 불러일으키는 부차적 반작용도 있습니다.[14)]

마음이 내면의 갈등으로 인하여 혼돈의 상태에 빠져 있음을 아는 사람이 개인적 삶에 있어서나 사회적 차원에서 조화롭게 살아가기를 기대하는 것은 헛된 일입니다. 마음이 근본적으로 자연이 주는 고통

---

14) 외부의 사회적 혼란은 심리적 혼란에서 야기된다는 뜻. 그것은 심리적 혼란이 중첩됨으로써 증폭된 결과이기도 하다. 모든 혼란도 마음이 야기하는 문제, 즉 일체유심조(一切唯心造)를 뜻하기도 하지만 여기서는 창의성의 핵심인 새로운 기본 질서의 총체적 파악이 실패함으로써 야기되는 제반 혼란상을 지적한 것이다.

과 갈등을 적극적으로 헤쳐 나갈 수 있게끔 분절되지 않은 전체에 머물러 있지 않는다면, 기계적 작용으로 인하여 빠지게 되는 혼란한 상황에서 개인적, 사회적으로 헤쳐 나가야 하는 문제는 결코 해결될 수 없을 것입니다. 독창적이고 창의적인 방식을 통하여 당면한 문제가 지닌 지속적 변화의 특징을 총체적으로 파악하지 않는다면, 종국에 가서 그것이 사소한 문제이건 심각한 문제이건 간에 어떤 문제도 실제로 풀리지 않을 것입니다.

이제 우리는 인간의 창의적 특성과 기계론적 특성의 차이를 확실하게 파악하는 것이 예술, 과학과 같은 분절된 분과 학문을 넘어서야 파악할 수 있다는 문제임을 알 수 있습니다. 오히려 창의적 문제의 핵심은 인류를 총괄적 관점에서 조망하는 일입니다. 따라서 우리에게 필요한 것은 인간 활동 전 영역에 걸쳐서 창의적인 삶의 질을 확보하는 것입니다. 그러면 어떻게 해야만 할까요? 범속함[15]과 기계론에 정착하도록 조건화된 상황에서 우리가 조건화된 상황을 어떻게 헤쳐 나가야 할까요?

어떻게 보면 각 개인이 독창적이고 창의적인 것이 무엇인지 그 실체를 '발견해야만' 하는 것으로 보입니다. 무엇보다도 아이들이 갖고 있는 신선하고 순수한 관심은 우리 안에 사장되어 있지 않고, 작은 형태로나마 분출되고 있습니다. 그것을 살리게 되면 이전에 습득하였던 구태의연한 흥미, 두려움, 욕망, 목적, 안정감, 고락으로 야기된 혼란은 소멸될 것입니다. 이렇게 마음속에 싹틀 창의적인 새싹이 기계론적 방식에 매이게 되면 독창성과 창의성은 사장되고 '영구히 매

15) mediocrity. 봄은 창의성의 반대개념이 기계론과 함께 범속함에 있다고 여러 차례 주장한다. 그 이유는 창의성이 개인의 심리적 혼란과 사회적 혼란을 막는 관건이기 때문이다.

장'[16]될 것입니다. 그 결과 독창성과 창의성이 싹트는 역량은 감퇴되고, 종국에 가서는 미약하게 되어 사장될 것입니다.

이와 관련하여 오래전에 내가 처음 말을 타기 시작할 때가 생각납니다. 말을 빌려준 사람이 내게 "당신은 말보다 빠르다고 생각해야 해요. 그렇지 않으면 말이 가고자 하는 대로 당신이 끌려가게 됩니다"라고 말한 적이 있습니다. 이 말은 내게 참으로 인상적이었습니다. 왜냐하면 이 말은 중요한 진리를 담고 있기 때문입니다. 모든 일은 보다 신속하고 예리하고 섬세한 사고에 의한 일련의 과정에 따라 진행됩니다. 따라서 말고삐를 꽉 붙들어 맨 승마자만이 말의 동작을 전체적으로 변화시킬 수 있습니다. 하지만 인간의 독창적이고 창의적인 마음은 이렇게도 하지만 경우에 따라 기계론적 작동을 유도해 내기도 합니다. 기계론적 작동이 창의적 방향으로 움직이기 이전까지 기계론은 유효한 것입니다.

한편으로 여기서 말을 기계론적으로 달리게 한다는 것이 승마자로 하여금 졸게 만드는 경우를 생각해 볼 수 있습니다. 간혹 승마자가 깨어나서 말이 제멋대로 자신을 끌고 다니는 것을 보고 소스라칠 것입니다. 그래서 승마자는 말의 고삐를 잡고 방향을 틀지만, 말을 달리게 하는 동작이 그로 하여금 다시 졸게 할 것입니다. 그 결과 모르기는 해도 말은 자기가 마구간으로 돌아갈 수 있을까를 고민하게 될 것입니다. 그래서 말은 승마자를 깨워야겠다는 생각을 하게 됩니다. 그러나 애초에 말은 승마자가 먹이가 있는 안락한 공간인 마구간으로 자신을 안전하게 데려가줄 것을 기대하게 됩니다. 하지만 말의 기

16) go to sleep. 이후에 계속 나오는 표현으로서, 안일함을 추구하면서 타성에 빠지게 된다는 뜻. 여기서 타성은 전술한 바와 같이 기계론적 사고 습관과 범속함으로 생겨난다.

대는 승마자의 생각과 다르기 때문에 말은 자신을 예상치 못한 엉뚱한 곳으로 데려갈지도 모를 승마자를 깨우게 됩니다.[17)]

이와 유사하게 마음의 기계론적 반사작용은 종국에 가서 "나는 이 혼란을 벗어날 수 있는 창의적 반응이 필요하구나"라고 생각하기에 이릅니다. 그러나 기계론적 사고는 "내가 독창적인 사고를 하게 되면, 나는 오류에 빠질지도 몰라. 사람들이 나를 힐난할지도 몰라. 그렇게 되면 내가 안일하고 안전하게 해 온 일이 수포로 돌아갈 거야"라는 생각에 이르게 됩니다. 그래서 종국에 가서 기계론적 반사작용은 마음이 창의적인 작용을 하도록 마음을 깨우는 일에 기꺼이 나서지 못하게 합니다.

마음이 창의적으로 작용하도록 일깨우는 것은 가능할까요? 내 견해로는, 마음이 타성에서 빠져나오려고 스스로를 일깨울 경우 창의적인 반응을 함으로써 가능하다고 봅니다. 이는 마치 승마자가 안락한 최면 상태에서 확연히 깨어 벗어나려고 할 때만 기계론적 반사작용이 결국 자신을 졸게 한다는 사실을 깨닫게 되는 것과 같습니다. 모르기는 해도 이러한 방식으로 잠에서 깨어날 수 있겠지요. 이와 마찬가지로 독창적이고 창의적인 것에 심각하게 관심을 갖는다면, 그것이 곧 승마자가 범속하고 기계론적인 상태에 머무는 데 대하여 최초로 독창적이고 창의적인 반응을 하는 징표입니다. 따라서 창의적인 마음의 작용은 늘 깨어 있을 수 있으며, 그것은 곧 마음이 더 이상 기계론적으로 작동하지 못하게 하는 새로운 질서에 들어가는 것을 뜻합니다.

---

17) 이 예화에서 말은 안일함을 추구하는 타성, 즉 기계론적 사고에 빠지는 성향을, 승마자는 창의력을 추구하는 성향을 비유한다. 그러나 승마자는 자신이 달리는 순간에 졸기 때문에 스스로 안일함에 빠지는 자급적 혼란 상황에 봉착하게 된다.

인간의 마음이 지닌 창의적 잠재력의 구현을 위하여 요구되는 것을 설명하자면, 나는 그것이 자의적 취향대로 한다거나 아니면 개인적, 사회적 차원에서 유용한 것을 추구하는 데서 찾아진다고 말씀드리고 싶지 않습니다. 그보다는 건강한 몸이 정상적인 호흡을 요구하듯이, 우리가 원하든 원하지 않든 간에 건강한 마음은 창의적인 것을 요구한다는 점을 말씀드리고 싶습니다. 즉 마음은 기계적으로 작동하는 어떤 실체가 아닙니다. 이 점은 기계론적 사고로 마음을 제대로 설명할 수 없음을 보여줍니다. 기계론적 사고는 마음이 서로 양립할 수 없는 요인 속에서 끊임없이 상충하며 스스로 혼란에 가려서 항상 고통스럽고 분해한 갈등과 불만족 상태를 낳습니다. 이러한 상태는 결코 창의적이지 않을 뿐만 아니라, 잘 작동하는 기계가 그나마 제한되게 제공하는 장점도 살리지 못하게 합니다.

물론 마음이 창의적 상태로 가도록 일깨우는 것은 결코 쉬운 일이 아닙니다. 정반대로 우리가 시도할 만한 일 중에서 가장 어려운 일 중 하나입니다. 그럼에도 불구하고 내가 제시한 논거에 비추어볼 때 창의성은 각 개인이나 사회 전반에 걸쳐 인간이 생존함에 있어서 찾아내야 할 가장 중요한 것입니다. 내가 누누이 지적한 바와 같이, 핵심은 안일한 타성에 젖지 않게 하는 기계론적 반응에 대한 자각을 하고 이에 대한 경각심을 갖는 것입니다.

그러면 기계론적 반응이란 어떤 것일까요? 이 질문은 너무 복잡한 문제여서 여기서 상세하게 다 설명하기 어렵습니다. 하지만 개략적으로 설명하자면 문제의 발단은 정작 창의적인 본성과 과거부터 지속되어 온 기계론적 타성을 혼동하는 데 있습니다. 예를 들어서 모든 사람들은 명시적이건 암묵적이건 간에 안락함, 쾌락, 흥분과 도취 상태를 야기하는 '단초tingling', 정형화된 삶, 사회적으로 승인된 인간상에 부합하는 행동, 그리고 최상의 의미를 상정한 심리 상태를 유지하는 여타의 반응에 대하여 큰 의미와 가치를 부여합니다. 실제로 이러한 여러 반응 양상은 자신이 더 이상 혼란스럽지 않도록 해야 한다는 생각에서 마음속 깊이 자리 잡고 있습니다. 심지어는 이러한 반응들이 '진정한 자아'와 뗄 수 없는 본질적 부분으로 보이기도 해서 마치 신체활동이 음식의 적당한 공급에 기계적으로 의존하는 것처럼 창의적 역량이 이 안일함을 추구하는 반응들이 작동하는 가운데서도 찾아진다고 여겨집니다. 그러나 조금만 자세히 살펴보면, 안일함을 추구하는 일련의 반응들은 창의적인 행복한 삶과 전혀 관련이 없으며 오로지 과거로부터 누적된 기계론적 타성에 불과할 뿐이어서 오히려 행복과 창의성에 근원적인 장애요인이라는 것을 알 수 있습니다.

자기 자신이나 타인을 세심히 관찰해 보면 발견할 수 있듯이, 인간의 마음은 창의적인 것 또는 창의적인 데에 필요한 것처럼 '보이는' 것에 최고의 가치를 부여합니다. 따라서 창의적인 것과 기계론적인 것의 혼동은 결과적으로 편협하고 제한된 갈등을 조장하는 매우 심각하고 중대한 오류를 낳게 합니다. 현실적으로 일어나는 사태를 보면, 창의적인 것으로 오인된 기계론적인 마음의 작용이 눈에 띄지 않게 심층적 모순을 드러내게 되면, 몸과 마음의 모든 에너지는 '위태로운 상황에 처한endangered' 소중한 사고와 감정을 '보호하고자' 발휘됩니다. 앞서 지적한 바와 같이, 모순되고 갈등하는 사고를 야기했으면서도 마음이 이를 자각하지 못하게 하는 자급적 혼란 상태에 빠지게 될 때 이런 일이 일어납니다. 이런 일이 벌어짐으로써 사소하게 보일지도 모르지만 사실은 중요한 지각작용은 일어나지 않게 됩니다. 그 결과 무엇이 창의적인 것이며, 무엇이 기계론적인 것인지를 도대체 구분할 수 없게 됩니다. 이때부터 마음은 정작 창의적인 것들이 유동적이어서 창의성이 위협받는다고 피상적으로 인식하기 때문에 독창성과 창의성을 억압하게 됩니다. 그 결과 기계론적 작용이 안정된 '참 자아'의 핵심에 있다고 착각하게 됩니다. 마치 안일하게 잠에 빠지는 일련의 과정처럼 이러한 일이 벌어집니다.

'잠에 빠지는fall asleep' 경향은 유아초기부터 명시적이 아니라 암묵적 형태로 빠지게 되는 타성적인 선입관과 편견이 지속적으로 중첩되면서 형성됩니다. 그러므로 독창성과 창의성의 실체를 제대로 파악하고자 한다면, 무엇보다도 사고, 감정, 행동이 어떻게 조건화되는가에 대하여 세심한 주의를 지속적으로 기울여야 합니다. 그리고 나면 개인적, 사회적 행동 모두가 암묵적 차원에서 기계론적 틀에 의하여 엄격하게 제약받아 왔음을 깨닫게 됩니다. 그러나 자신과 타인에게 일어나는 이러한 전 과정이 어떻게 진행되는가를 예민하게 살펴본다면, 기계론적 조건화가 결국 실상과 무관한 사소한 것임을 깨닫게 되는 자유로운 상태에 마음이 접근하고 있음을 발견하게 될 것입니다.

그러므로 독창성과 창의성은 인위적으로 기획되고 설정된 목표에 접근하는 노력의 결과가 아니라, 마음이 온전하게 작용하는 가운데 자연적으로 얻어지는 부산물과 같은 것입니다. 이것이 독창성과 창의성이 발현되는 유일한 방식입니다. 인위적으로 기획된 일련의 행동은 마음이 지향하는 본질을 부인하기 때문입니다. 이러한 이유로 마음의 초기 상태에 내재한 상태에서 독창성과 창의성이 길러집니다.

이는 모든 사람들이 애초부터 창의성을 어떻게 획득하는가를 고려하는 순간 자신 밖의 어떤 권위체에 의존하거나 인위적 논거를 마련하지 않고 자기 힘으로 독창성과 창의성을 발현시킬 수 있다는 것을 뜻합니다. 그렇지 않고 잘 짜여진 기존의 행동 유형에 안주하다 보면, 자기기만에 빠지고 자신이 기울인 노력도 낭비하는 꼴이 됩니다. 하지만 이러한 사실을 깨닫는 것은 매우 난해한 일입니다. 그럼에도 불구하고 일정한 기존의 유형을 따르고자 하는 심리적 작용은 결과적으로 범속하고 기계론적인 마음의 본질을 뜻한다는 것만은 적어도 인식하고 있어야만 합니다.

수천 년 동안 사람들은 모든 일을 수행하는 데 적합한 각각의 독특한 방법과 수법이 유일하게 존재한다는 믿음에 사로잡혀 살아왔습니다.[18] 이때 필요했던 것이 기존의 낡은 패턴에 빠져서 안일하게 살고자 하는 마음을 갖는 것이었습니다. 어떤 일들은 정해진 틀에 맞는 방법에 따라 성사될 수 있지만, 독창성과 창의성은 결코 이렇게 얻어질 수 없습니다. 언어적으로나 피상적 수준이 아니라 이러한 사실을 마음속 깊은 곳에서 인식하는 일이야말로 독창성과 창의성이 싹트게 하는 일입니다.

18) 불변하고 상존하는 실체가 별도로 존재한다는 형이상학적 가정을 가리킨다. 실체가 있다고 하는 생각은 물리학에서 보면 고대 희랍의 데모크리토스 이래 입자가 존재한다고 보는 관점이다. 현대물리학에서 빛의 입자와 파동에 대한 상반된 논쟁으로 이어지다가, 파동설이 우위를 차지하게 된다. 그러나 '파동'이라는 것으로 단정할 수도 없다. 따라서 양자물리학 이래 입자-파동 이분법은 더 이상 의미를 지니지 못한다. 상황이 이럴진대 어떤 실체가 있다는 생각이나 전제는 결국 창의성을 상실하게 하는 결정적인 요인이 된다는 것이다. 이러한 논의는 봄 자신의 양자물리학이론을 토대로 전개하고 있는 셈이다.

제2장

과학과 예술의 상호 동질성

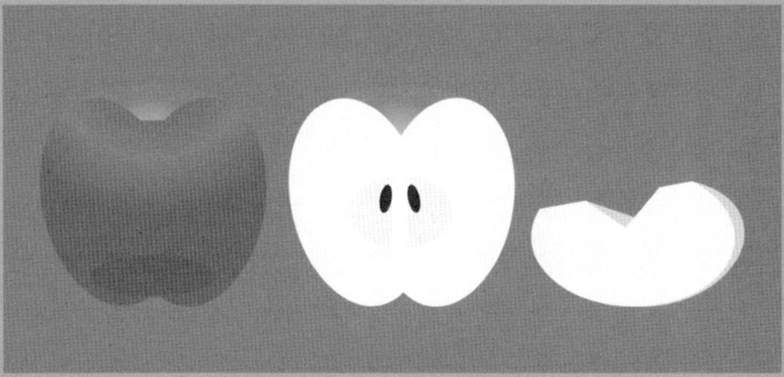

제2장

과학과 예술의 상호 동질성

과학과 예술의 관계를 제대로 이해하기 위하여, 인간 활동으로서 과학과 예술에 깔려 있는 전제와 관련된 심층적인 질문을 할 필요가 있다고 봅니다. 이 문제를 풀어가는 가장 좋은 단초는 인간이 외적 환경을 자신의 경험으로 동화하려는assimilate 근본적인 욕구, 즉 자신의 외적 환경과 내적 심리적 과정을 결합하려는 욕구를 생각해 보는 데서 찾을 수 있습니다. 이렇게 하지 않는 것은 마치 음식을 제대로 소화하지 못하는 것과 같습니다. 즉 인체 전반에 걸쳐 구조적으로 조화를 이루어내는 일에 실패하여 소화를 바이러스와 같은 외부의 단백질을 혈액으로 단순하게 받아들이는 흡수작용으로 보면 몸을 파괴하는 결과를 초래합니다. 마찬가지로 적절하게 "소화되지digested" 못한 심리적인 경험은 신체 내에서 바이러스가 한 것처럼 마음속에서 부조화와 갈등을 "눈덩어리처럼 불리는" 작용을 합니다. 즉 동화되지 못한 단백질이 몸을 파괴하는 것과 똑같은 방식으로 마음을 파괴하게 됩니다.

음식, 인간의 자연적, 사회적 환경, 아니면 생각이나 감정을 논의하건 간에 동화 문제는 항상 '구조적 관점structural relationship'에서 조화롭게 작용하는 총체성totality을 설정하였는가에 있습니다. 어떻게 보면 태초부터 인간은 이러한 총체적이고 구조적인 조화로운 수행 방식을 알았던 것 같습니다. 원시시대만 해도 과학, 예술, 종교가 모두 한데 어울려 불가분의 형태로 되어 있어서 이 세 가지는 모두 동화작용이 진행되는 데 있어서 긴요한 방편이 되었습니다.

과학은 자연을 인간의 생리적 욕구에 동화시키는 실제적인 문제에 관여되어 있었을 뿐만 아니라 우주를 '이해'하고자 하는 심리적 욕구에도 관련되어 있었습니다. 우주를 동화하면 인간 자신이 우주 안에서 심리적으로 "안정감at home"을 느낄 수 있기 때문이지요. 초기 신화는 종교적일 뿐만 아니라 과학적인 특징을 모두 지니고 있었기 때문에 이러한 기능을 수행했던 것입니다.

마찬가지로, 예술은 인간 경험을 지각적 측면에서 조화와 미를 총체적으로 구조화시키는 동화작용을 하는 활동입니다. 심리학적 관점에서 오감을 통한 지각이 인간의 삶 전반에 걸쳐 자기 자신을 알게 해 준다는 점은 명백합니다. 예술가는 이를테면 자신이 원하는 세계의 질서를 확립하자는 "과학적" 태도라고 하는 객관적 관점을 가지고 자연을 관찰하는 데 그치지 않고, 자연의 아름다움에 담긴 구조적 형태를 자신의 비범한 민감성을 가지고 다루려고 합니다. 자신의 창의적인 예술작품을 지각하는 방식을 표현함으로써 예술가는 다른 사람들이 보다 예술적 감응을 불러일으키도록 도와주기도 합니다. 그리하여 예술가의 작품은 그 표현 방식 자체에 그치는 것이 아니라 주변의 물리적 환경을 예술적 지각과 감정을 조화롭게 동화시켜서 창의적인 구축물을 만들어내기도 합니다.

우리의 목하 주된 관심사가 예술과 과학의 상호 동질성에 있기는 하지만, 종교에 주목하지 않고서 이 문제를 온전하게 파악할 수 있다고 생각하지 않습니다. 종교는 삶 전반에 걸친 경험, 인간관계들을 총체적으로 파악해야 하는 분할되지 않은 한 통으로 구성된 전체에 관심을 갖기 때문입니다. 종교의 이러한 근본적인 특성은 내가 어려서 배운 고대 유대 선지자의 기도의 잠언인 "너는 마음을 다하고 성품을 다하고, 힘을 다하여 네 하나님 여호와를 사랑하라"[1]는 말에서 잘 드러납니다. 이 구절 이외의 다른 성경 구절에서 알 수 있지만, 종교의 핵심 기능은 삶의 모든 국면이 전체적인 조화를 이루었다는 자각을 하도록 하는 것입니다. 이러한 측면에 부합하려면 총체적으로 조화로운 삶에 갈등을 일으키는 자아, 가정, 인종, 국가를 중심으로 형성된 편협한 사고로 기울어지지 않도록 하는 것입니다.

물론 이러한 조화로운 동화작용을 하려는 인간의 노력이 여러 가지 요인에 의하여 왜곡되고 갈등을 일으켜서 인류파멸의 결과를 가져오기도 합니다. 예를 들어서, 과학발전은 그 이전의 인간사에서 볼 수 없었던 전쟁, 약탈, 노략질 등의 불행을 의도적으로 불러오게 하였습니다. 종교는 자연 질서가 조화롭게 변화한다는 속성에 맞지 않게 기존 사회의 가치관을 타성적으로 수용하게 하는 수단으로 전락하였습니다. 이러한 경험은 사람들에게 안일한 삶의 토대를 제공해 준다는 환상을 심어주는 영속적인 초자연적 질서[2]를 상정하는 형이

1) 성경의 신명기 6:5 ; 마가복음 12:30 ; 마태복음 22:37에도 나온다. 톰슨 성경의 주석에 따르면, 여기서 '마음'은 사랑과 정서가 깃드는 기관을, '성품'은 영혼 또는 생명이나 인격을, '힘'은 인간이 소유한 역량을 뜻한다. 이는 각각 인간의 행복을 구성하는 열정(passion), 소신(mission), 역량(attention)에 상응하며, 이 세 가지가 총체적으로 어울려야 한다는 뜻과 상통한다. 삶의 모든 국면이 조화롭게 어울려야 한다는 것을 강조한다. 이는 과학, 예술 등의 인간 활동 분야를 쪼개지 말고 '전체 질서'를 보아야 한다는 주장이다. 이는 봄의 '전체와 접힌 질서'의 논거와 통한다.

2) 플라톤과 기독교적인 질서관. 우리의 삶의 저편에 전능한 세계에 의하여 우리의 삶이 지배되어야 한다는 형이상학적 가정. 니체가 부정하는 종교적 질서관을 상기하면

상학적 전제에 토대를 둡니다. 그러나 종교가 이러한 역할을 수행한다면 파멸의 결과를 가져옵니다. 왜냐하면 안락한 쾌락을 선사한다거나 특정 관습적 삶에 안주한다고 사람들을 설득하는 모든 생각은 빠짐없이 사람들로 하여금 자연에 담겨진 진리가 아니라 그 안락과 안주만큼의 환상을 심어줍니다. 예술은 종교의 이러한 측면과 한데 얽혀 있습니다. 왜냐하면 영원불변하는 실재와 구체적 실상이 있다는 그릇된 신념을 심어주는 종교적 환상과 마찬가지로 예술의 미와 기량도 신의 존재와 초자연적 능력을 표현하는 데 있다고 일조하는 측면이 있기 때문입니다. 이와 마찬가지로 과학적 탐구와 사고도 기존의 종교적 신념을 해치지 않도록 부당하게 왜곡되고 제한되어 왔습니다.

이러한 환상에 따른 파괴적 결과로서 과학은 '개인의 자의적 선호에 관계없이whether we like it or not' 편파적이지 않게 사실을 관찰해야 한다는 사실 말고 수행해야 할 중요한 일이 없으며, 그 이상의 일을 하는 것은 의미 없는 일이 되어 버렸습니다. 내가 여기서 밝히고 싶은 요점은 이러한 "과학정신"[3]이 단지 "실증과학연구"에서만이 아니라 예술을 포함한 삶의 모든 영역에서 요구된다는 것입니다. 이러한 정신이 없다면 인간행위는 갈등과 파멸로 이끄는 환상에 빠져서 극도의 위험한 지경에 이르게 됩니다.

현대사회에서 과학, 예술, 종교의 기능은 각기 분할되어 혼란을 야

된다. 니체는 자연 질서에 동화하지 않고 이러한 왜곡된 초자연적 질서에 복속시키는 생각을 '노예의식'으로 보았다. 이러한 초자연적 질서에 의하여 설정된 질서 체계는 주인－노예 인정투쟁만을 끊임없이 야기한다는 점에서 봄은 니체와 상통한다.

3) scientific spirit. 세계를 총체적으로 이루어진 조화의 구조로 파악한다는 뜻. 실증주의에 입각하여 객관성을 유지한다는 명분으로 이러한 창의적인 과학정신을 배제하면 안 된다는 뜻.

기합니다. 과학은 기술진보를 이끌어가는 선도적 입장이지만, 인간과 우주를 동화시키는 역할을 등한시한 결과 인간은 세상을 온전하게 이해하여 이를 인간 내면에서 총체적 방식으로 반응할 수 없게 되었습니다. 한편으로 예술가들은 '개인적 선호와 관계없다'는 객관적 관점에서 파악한 과학적 사실에 일체 관심을 갖지 않게 되었습니다. 그 결과 모두는 아닐지라도 많은 예술가들은 미술, 문학, 음악, 드라마 등의 영역에서 표현된 인간사를 과학자들이 중시하는 사실, 논리, 일관성 등과는 무관하게 쾌락, 흥분, 오락, 심리적 만족감을 얻기 위하여 고안된 것으로 여기는 경향에 빠져 버렸습니다.

종교는 그 역할에서 더욱 혼란에 빠져 버렸습니다. 과학은 종교를 신화적 영역으로 격하시켜 버렸습니다. 그 결과 종교는 신에 관한 모호한 개념이나 다루고 단편적 자각체험을 하며 도덕적 교훈을 주는 영역으로 자리매김하였습니다.

과학과 예술은 종교의 과업을 어느 정도 수행한 것이 사실이지만[4] 그보다는 종교의 정체성 혼란을 가중시켜 버렸습니다. 그 결과 심리학은 인간의 내면적 자각 대신에 사회에 "유용하고 효율적" 적응만 하도록 하는 인간상에 초점을 맞추게 되었습니다. 무엇보다 근원적으로 보면 오늘날 인간의 병리적 현상은 자신이 만든 사회로부터 소외되고 이해하지 못하게 하는 분절된 사고방식에 기인합니다. 사회의 현안 문제를 잘 "적응"시키기 위하여 몰아세운 결과, 인간은 자신의 경험을 아름답고, 조화롭고, 의미 있게 파악하는 총체성에 동화시킬 수 없게 되었습니다.

예술 역시 내면적 자각의 영역이었습니다. 많은 예술가들이 자신

4) 과학과 예술이 당초 종교가 수행하였던 일인 세상을 총체적으로 파악하는 내면적인 일에 기여했다는 뜻.

의 작품을 통하여 인간의 혼란, 불확실성, 갈등을 표현하고자 하였습니다. 그러한 부조화들이 예술적으로 잘 형상화된다면 인간이 그것들을 잘 극복한다는 희망을 가지고 말입니다. 이것이 당초 인간이 취할 수 있었던 원초적 사고가 지닌 "매력"의 부활입니다만, 오늘날에 와서는 유용성에 밀려서 평가절하된 것입니다. 그러나 실상은 오늘날 예술의 시각적, 청각적 표현을 통해서 결코 그 갈등이 해소되지 못하였습니다. 혹자는 이렇게라도 예술 활동을 하는 것이 좋다고 생각할지 모르지만, 그것은 환상에 불과하기 때문에 갈등은 이전처럼 계속 이어져갈 것입니다. 고대 종교의 가르침에서 명백히 확인할 수 있듯이, 이러한 갈등을 해결하는 적절한 방법은 인간의 사고와 행동이 지니는 의미를 심층적으로 숙고하는 것입니다.

오늘날 과학은 뇌의 구조와 기능, 심리작용에 관한 사실적 정보를 제공해 줌으로써 인간이해에 기여할 수 있습니다. 여기에 각 개인이 자기 스스로를 이해하는 자기 성찰의 기예가 담겨 있습니다. 이 기예를 통하여 인간은 갈등과 혼란을 야기하는 그릇된 방법이 어떤 것인지를 민감하게 감지할 수 있습니다. 이러한 기예는 상징을 통하여 얻어지는 것이 아니라 자신의 심층 내면을 민감하게 감지하고자 하는 '예술정신artistic spirit'을 습득하는 데서 얻어집니다. 이러한 정신은 일반적으로 진술된 과학적 지식이 '개인의 자의적 선호를 떠나' 객관적 사실을 알려줘서 갈등을 해소하는 데 그치는 것이 아니라 자신의 특정 문제에 요구되는 상황에서도 부합합니다.

하지만 예술정신이 삶을 전반적이고 총체적으로 파악하지 않는다면, 이러한 접근 방식은 불가능합니다. 이 점에서 '종교정신religious spirit'도 요구됩니다. 하지만 이러한 종교정신과 달리 오늘날 전체 문제를 제대로 파악하지 못하여 혼란만을 우리에게 가중시켜 주는 종교적 신화는 더 이상 요구되지 않습니다.

현대인들은 과거의 과학, 예술, 종교가 성취한 바를 함께 통합함으로써 삶의 총체적 방식을 도출해 낼 수 있지만 그것은 오늘날 삶의 조건에 부합하는 새로운 방식일 경우에만 가능합니다. 이러한 통합의 핵심 사안은 과학과 예술의 관계가 '오늘날 시점에서 어떠한가'를 확인하고, 이 관계를 발전시킬 방안을 모색하는 데 있습니다.

과학과 예술의 본질을 상호 관련시키지 않고 각기 분할된 것으로 보는 가장 근본적인 이유 중 하나는 현대 과학의 우주관 때문입니다. 문명 초기에 인류는 자기들이 자신의 삶에 의미를 부여해 주는 우주의 중심에 있다고 믿었습니다. 코페르니쿠스 혁명과 더불어 인류의 터전인 지구는 의미를 담지 않는 거대한 기계론적 우주의 사소한 일부분인 땅덩이로 인식되어 왔습니다. 이 관점이 인간의 심리 상태 전반을 근본적으로 바꿔버렸습니다. 그러나 이것은 곧 과학이 필연적으로 우주를 의미 없고 기계론적 성질을 지닌 것으로 파악하게 한 결정적 사건입니다.

우주를 단순한 기계론적 실체로 보지 않은 아인슈타인, 푸앵카레, 디랙 등과 같은 창의적인 현대 과학자들이 과학에 의해 밝혀진 우주의 법칙들은 그 자체로 독특하고 의미심장한 아름다움을 지니고 있다고 주장한 사실에 비추어 보면, 이 문제는 강한 의구심을 자아냅니다. 그러므로 비록 아름다움이 예술의 일차적 관심사라 할지라도 과학과 예술도 아름다움을 중심으로 연결되어 있음을 알 수 있습니다.

그런데 아름다움은 인간이 자의적인 환상에 따라 지니게 되는 쾌락과 같은 주관적인 감정일 뿐이라는 공통인식이 있습니다. 그럼에도 불구하고 아름다움은 인간의 쾌락에 따라 기계적으로 반응하는 자의적인 감정이 아니라는 증거는 충분히 있습니다. 예를 들자면, 과학자들은 자신들이 탐구해 낸 이론과 단순한 원리에서 나온 여러 요인들이 질서 정연하고 일관되게 통합하여 단일한 총체적 구조를 이루는 조화 속에서 아름다움을 감지합니다. 그러나 이론이 지니는 이러한 특질들은 이론의 아름다움만이 아니라 그 자체가 이론이 참임을 밝혀주는 필요 요건들입니다. 물론 협소한 차원에서 보자면, 사실에 상응하지[5] 않는다면 어떤 이론은 참일 수 없습니다. 그러나 이론은 보다 광범위한 차원, 즉 우주론적 시각에서 보자면 대응설은 합당하지 않습니다. 우주론의 권위자인 하르만 본디Hermann Bondi 교수가 최근 텔레비전 프로그램에서 지적한 바와 같이, 우주론에 관한 두 가지 설이 대립하고 있습니다. 하나는 아인슈타인의 이론이고, 다른 하나는 호일[6]의 이론입니다.[1] 현재 수용되는 이론적 경향을 말하자면, 가까운 시일 안에 실험을 통하여 두 이론의 진위를 가를 만한 실증적 연구가 불가능하다는 것입니다. 우리가 두 이론의 우위와 진리를 변별할 수 있는 준거는 두 가지로서, 하나는 이론이 지닌 아름다움이고, 다른 하나는 우리가 성취한 과학적 경험을 총체적으로 총괄할 수 있는지의 여부를 통한 과학의 보편성을 갖게 해 주는가에 있습니다.

이러한 과학의 새로운 접근 방식이 시사하는 바는 '참'이라는 말이

5) correspond. 여기서는 이론이 진술하는 언어가 사실과 일대일로 부합한다는 진리의 대응설을 뜻한다.

6) Fred Hoyle(1915~2001). 영국의 천문학자이며, 정상우주론의 대표적인 학자이다. 우주 생성에 관하여 정상우주론과 빅뱅이론이 두 축을 이룬다. 호일은 전자를 대표한다. 빅뱅이론의 근거는 아인슈타인의 일반상대성이론이기 때문에 여기서 아인슈타인과 호일의 이론적 대립이 소개된다. 정상우주론은 완전한 우주론적 원리라는 철학적 입장을 바탕에 깔고, 우주는 항상 현재와 같은 모양으로 존재하며, 우주가 팽창해 우주의 밀도가 작아지면 이를 보충하기 위해 우주 공간에서 새로운 물질이 생성되기 때문에 항상 일정한 밀도를 유지한다는 이론으로, 우주는 출발점도 없고 소멸도 없이, 어떤 장소와 시점에서도 똑같다는 이론이다. 그러나 1965년 우주배경복사가 밝혀지고, 이어 호킹(Stephen William Hawking)이 등장하면서 정상우주론은 쇠퇴하고, 이후 대폭발이론이 분명히 힘을 얻기 시작했다.

지니는 다양한 의미 영역을 확인하는 일입니다. 여기에는 경계해야 할 두 가지가 있습니다. 하나는 앞서 언급한 바와 같이 '참'이 사실과 상응한다는 뜻입니다. 다른 하나는 '참'이 '자신에게 참되다'[7]처럼 성실함을 뜻합니다. 이 의미는 '참된 인간' 또는 '올바른 노선' 용법에서 확인할 수 있습니다. 우주론과 관련하여 광의적으로 보면, 우주는 단일한 총체로서 조화롭게 운행해 가는 '우주 그 자체에 충실하게'를 총체적으로 이해해야 합니다. 인간이 이를 인식하게 되면, 인간은 자신이 우주에서 발견한 사실이 조화와 아름다움의 총체성에 일관되게 반응한다는 것을 감지하게 됩니다. 보다 중요한 점은 앞서 언급한 과도한 기계론적 우주관과 달리 우주는 인간과 소외된 실체로 인식되지 않는다는 점입니다.

이것이 과학과 예술이 연결되는 핵심고리입니다. 우주는 앞서 설명한 매우 정연한 총체적 질서를 가지고 있어서 예술가에게 자신의 작품이 아름다운 것처럼 과학자에게도 우주와 자신의 이론은 아름답습니다. 물론 과학자와 예술가가 하는 일은 상당히 다릅니다. 과학자는 실험도구를 사용하여 실증적으로 파악한 세계를 이론적으로 추상화시키는 작업을 수행합니다. 반면에 예술가는 실험도구를 사용하지 않고도 세계의 사물을 지각함으로써 창작행위를 수행합니다. 그러나 과학 탐구의 영역을 매우 광범위하게 설정한다면 "참"과 "아름다움"의 기준이 상호 밀접하게 관련됨을 알 수 있습니다. 따라서 과학자도

7) true to self. 사실과 언어의 대응 또는 명제로서 진위를 가릴 수 있다는 뜻이 아니라 진정성, 성실성 여부에 따라 가려질 수 있다는 뜻. 전자는 흔히 '진리'라는 용어가 어울리지만, 후자는 '참', '참되다'라는 용어가 어울린다. 이어지는 '참된 인간(true men)'이나 '올바른 노선(true line)', '그 자체에 충실하게(true to itself)'와 같은 용어에서 '참'의 두 번째 의미를 알 수 있다. 제4장에 소개하는 '내용상 진리'와 '기능상 진리' 부분과 용어해설 참조.

예술가도 개인의 자의적 환상을 좇아 만족시키는 것을 아름다움으로 간주하지 않습니다. 이보다 과학자와 예술가는 모두 '개인의 자의적 선호에 관계없이' 설정된 기반을 토대로 하여 '자신들에게 참되다'[8]라는 준거에 입각하여 이론을 구조화하고 평가해 나갑니다. 그래서 예술가들도 자신의 작품을 대하는 데 '과학정신'이 요구되며, 과학자도 자신의 이론을 대하는 데 '예술정신'이 요구됩니다.

내가 보기에 참과 아름다움의 문제를 탐구해 보면 과학과 예술이 심층적 차원에서 상호 밀접히 관련되어 있음을 누구나 발견할 수 있습니다. 이러한 점을 인식한다면 이제 과학과 예술의 관계를 보다 넓은 경지에서 탐구할 수 있게 됩니다.

문명 초창기에 과학과 예술은 이미지, 표상, 상징 등을 가지고 작업하는 공통점이 있었습니다. 그래서 과학자가 수행한 이론, 실험, 관찰도 세상을 있는 그대로 반영하는 것이라는 생각을 공유하였던 것입니다. 이후에 단순한 반영만으로는 전체적으로 조망하는 데 역부족이라는 사실이 명백해졌습니다.[9] 각 이론과 실험은 무한한 세계의 특정한 측면만을 선별하여 그 총체적 특성을 고려한 양적 방식과 질적 방식을 채택하게 되었습니다. 양자이론을 비롯한 현대물리학에 따르면, 원자의 세계와 그 이하의 미시세계를 탐구하게 되면 관찰도구는 '원리상' 관찰대상에 의존하지 않을 수 없으며, 관찰도구가 독자적으로 관찰대상을 설명하는 것이 아니라 관찰대상 자체를 '교란

8) true to themselves. 자신에게 성실함, 정직함을 뜻하며, 이로써 진지한 의미를 부여해 줄 수 있음을 뜻한다. 앞의 각주 '참'의 두 번째 뜻.

9) 언어와 사고는 세계와 우주의 총체성을 서술하고 설명하는 데 한계가 있음을 지적하는 말이다. 즉 세계의 총체성은 언어도단의 세계, 불가사의의 세계임을 말하고자 한다. 하지만 저자는 언어도단이나 불가사의라는 말이 주는 부정적인 의미가 아니라 과학적 탐구 결과로 진술된 언어와 사고의 한계를 지적하고 있다.

disturb'시켜 버립니다. 실제로 관찰하고자 하는 관찰대상은 관찰도구에 의하여 그 형태가 결정되는 지경에 이릅니다. 이러한 상황은 사람을 탐구대상으로 하는 심리학의 관찰이 관찰도구에 의하여 관찰대상이 '교란'되는 것과 비교할 수 있습니다.10) 즉, 관찰도구가 알아내고자 하는 과정에 개입하여 관찰되어야 할 현상을 "창조"하여 그 형태를 결정짓게 합니다.

물리학 분야에서 과학이론은 자연을 그대로 반영하여 기술한 것이 아니라는 인식이 팽배해지고 있습니다. 과학이론은 오히려 쿤이 최근에 주장한 바와 같이[2] "패러다임"처럼 관찰과 실험을 통하여 본질적 관계를 밝힘으로써 우리에게 자연 전체의 실상을 보여주는 단순화된 전형적 사례들에 가깝습니다. 이와 마찬가지로 물리학자들의 관찰은 '패러다임 방식'11)에 따라 설명합니다. 이를테면 원자수준에서 자연현상은 매우 단순하고 '전형적인typical' 방식으로 자연현상의 질서와 구조를 설명합니다.12) 우리가 자연현상의 패러다임을 이해하기만 하면 아무리 복잡한 자연현상이라도 새롭게 볼 수 있으며, 제한된 특정한 문제들을 넓은 시각에서 새롭게 조망할 수 있게 됩니다.

예술가들도 '패러다임' 구조를 만들어낸다는 것은 매우 명백합니다. 사물을 그대로 기술한다면 그것은 결코 훌륭한 작품이 될 수 없습니다. 따라서 렘브란트의 작품은 단지 작품 속 인물의 이미지나 상징물을 뜻하는 것이 아니라, 그 인물의 어떤 특징을 강조하고 여타의

10) 물리학에서 관찰도구의 간섭을 사회과학에서 연구자의 사회문화적 배경이나 연구자의 심리적 의도에 따라 관찰결과가 달리 진술되는 것에 빗대어 설명한다.

11) paradigm relationship. 쿤(Thomas Kuhn)이 과학혁명을 설명하는 '패러다임'처럼 과학자와 예술가들이 자신이 수행하는 창조적 행위를 설명하는 방식을 뜻한다.

12) 전자가 핵의 주위를 돌고 있는 것은 마치 행성이 항성 주위를 공전하는 것과 같이 단순한 방식으로 설명된다는 뜻. 그러나 현대물리학에서 전자의 운동은 그렇지 않다는 것이 밝혀졌다.

것은 약화시킴으로써 화가가 인간이 보편적으로 수용할 수 있는 '전형적인' 특성을 드러내고자 하는 것입니다. 그러므로 이와 같이 과학과 예술은 대상을 단순하게 묘사하거나 반영하는 것이 아니라 패러다임을 창조한다는 점에서 상호 깊숙이 관련되어 있습니다.

과학에서 사물을 모방적으로 단순하게 표상하는 일이 아니라 '순수한 패러다임'을 창조하고자 하는 동향은 이미 수학에서도 예견되었던 일이었습니다. 수학적 표현들은 애초부터 실상이 지닌 속성들을 상징화한 것이었습니다. 그러나 이른바 '공리적 접근법'[13]이 나옴에 따라 수학적 표현들은 무엇인가 새로운 것을 상징할 수 없는 것으로 간주되었습니다. 수학적 표현은 아예 그 자체에서 의미를 찾을 수 없는 것이 되어 버렸습니다. 여기서 의미는 순수 수학적 활동의 핵심이라 할 수 있는 수학이론에 담긴 용어들이 상호 관련을 맺으면서 생기는 의미들입니다. 이러한 방식에 따라 수학적 표현은 생각을 구성하는 요소가 되었습니다. 마치 벽돌 그 자체는 어떤 것도 표상하거나 상징할 수 없지만 벽돌로 이루어진 건축물이라는 구조 속에서만 '의미'를 갖게 되는 것처럼, 수학적 용어들은 수학자와 과학자들이 고안해 놓은 구조 속에서만 그 의미가 파악됩니다.

이러한 새로운 수학적 접근법에 부응하여, 과학이론은 자연대상의 단순한 상징, 표상, 기술이 아니라 "패러다임"으로 이해되기 시작하였습니다. 이러한 종류의 과학 이론은 과학자가 자신의 심미적 관점에 기초하여 조화, 질서, "우아함", 고유한 총체성 등을 창조한 이러한 종류의 과학이론은 우리로 하여금 광범위하게 펼쳐진 과학 탐구

---

13) axiomatic approach. 부정할 수 없는 공리를 토대로 전개되는 논증을 가리킨다. 여기서는 공리에서 도출된 내용이 논리적 구속력은 지니지만, 그것이 더 이상 새로운 의미를 창출하지 않는다는 점을 언급하고 있다.

세계를 정연한 구조 속에서 일목요연하게 이해할 수 있도록 도와줍니다. 이러한 이해는 이론물리학이나 실험물리학에서 모두 가치 있게 평가되는 탐구 방식으로 우리에게 세계를 새롭게 파악하는 관점을 제공해 줍니다. 따라서 과학이론은 이미 알려진 사실을 수동적으로 파악하는 데 그치지 않고 지식을 능동적으로 파악하게 하는 극적이고 창의적 역할을 수행합니다. 그 창의적인 방식은 새로운 "패러다임 방식"을 제시함으로써 새로운 실험법과 보다 수준 높은 이론을 만들어내는 기초를 제공해 줍니다.

수학과 과학에서 "순수 구조pure structure"로 발전하는 동향은 예술에서도 찾아볼 수 있습니다. 모네와 세잔느에서 시작하여 입체파와 신조형주의Mondrian로 이어지는 과정에서 우리는 예술이 더 이상 사물을 표상하거나 상징하는 데 그칠 필요가 없으며, 세잔느가 언급하였듯이 "자연이 지닌 조화에 상응하여" 새로운 것을 창조해 내는 작업이라는 점을 탐지해 낼 수 있습니다. 이러한 방향으로 진화는 구성주의자constructionist와 구조주의자structuralist와 같이 다양한 종파의 화가들이 새로운 예술의 학풍을 만들어내면서 끊임없이 이어지고 있습니다. 이들 화가들 사이에 공통된 가치관과 신념을 찾기 어려운 것은 사실이지만, 그들의 작품에서 다음과 같은 사실을 확인할 수 있습니다. 화가들은 그 안에 아무런 의미도 포함하지 않는 일반적으로 삼차원적 구조에다 자신들이 창조해 낸 의미를 지니는 구조로 변형시킵니다. 마치 과학이론에서 찾아볼 수 있는 것처럼, 이러한 예술적 창조는 그 자체로 아름다운 것이어서 과학적 관찰도구가 개입하지 않는 감각적 수준에서 지각되는 자연의 구조를 파악하게 해 주는 단순한 패러다임의 사례입니다. 이와 같은 방식으로 예술은 과학이 수행하는 역할에 비견되는 극적인 역할을 합니다. 왜냐하면 예술도 과학처럼 인간의 환경을 새로운 방식으로 지각하게 하고, 이 작업은 또다시 보다 높은 차원의 예술적 창조의 토대를 마련해 줍니다.

'순수 구조'라는 측면에서 보면 경험, 지각, 사고의 방식이 상호 관련되어 있기 때문에 과학, 예술, 수학은 과거에 익히 알려진 '비교', '연합', '상징'의 방식으로 설명하기 어렵습니다. 하지만 이러한 새로운 방식은 아직 초보 단계에 있기 때문에 이 강연처럼 짧은 소개만으로는 예술가, 과학자, 수학자들의 작품과 업적을 총체적 경험 구조로 설명하기 어렵습니다. 다만 몇몇 특정 분야에서 이러한 총체적 방식을 통한 이해 방식에 큰 진전이 있다는 점을 상기할 필요가 있습니다.

내가 보기에, 이러한 방식의 진전으로 인하여 모든 형태의 경험을 포괄하는 새로운 접근 방식의 가능성을 엿볼 수 있다는 것이 가장 큰 특징입니다. 말하자면, 비교, 연합, 상징을 통하여 관념, 감정, 행동을 환기시켰던 과거 관행과는 달리, 수학, 과학, 예술에서 총체적 구조를 직접 지각할 수 있는 새로운 패러다임을 파악하게 된 것입니다. 현 시점에서 이러한 가능성은 세 분야에서 확실하게 파악되지만, 점차적으로 삶 전반을 설명하는 데 기여할 것으로 보입니다. 이러한 접근 방식은 삶을 보다 조화롭고 진정성 있게 해결하고자 하는 현대인의 문제를 해결하는 데 결정적으로 기여할 수 있을 것입니다. 실존적 문제를 놓고 사고, 지각, 행동의 차원에서 분할하여 이해하는 방식은 더 이상 적합하지도 않으며 사실을 온전하게 파악하기는커녕 갈등만을 양산해 낼 것입니다. 설사 수학, 과학, 예술과 같은 전문성을 요구하는 분야에서조차도 새롭고 창의적인 사실을 보여주는 어떤 것이 있다면, 그것은 인간의 마음을 총체적 견지에서 볼 수 있게 도와주는 것이어야 합니다.

여기서 언급한 과학과 예술의 심층적 관련이 있다면, 그것은 구체적으로 과학의 연구성과와 예술작품 사이에 어떤 형태의 관련이라 할 수 있을까요? 무엇보다도 분명한 점은 과학자와 예술가들이 상호 모방을 하거나 상대방의 성과를 자신의 분야에 기계적으로 적용할 하등의 이유가 없다는 것입니다. 예를 들자면, 과학자가 특정 예술작품을 기계적으로 해석하여 그 구조를 모방하는 일은 하등 쓸모없는 일입니다. 하지만 자연의 규칙성과 자연법칙을 설명하는 데 있어서 예술작품은 과학이론을 설정하는 근거가 될 수 있습니다. 왜냐하면 과학자는 '순수 공리 체계'의 개념과 '관찰자료'를 가지고 사고하기도 하지만, 예술가들이 공간, 색, 빛, 형태를 가지고 '지각하는 근본 구조'를 통하여 사고하기 때문입니다. 아득한 옛날부터 과학과 예술은 공통된 기원에서 나온 것만은 확실합니다. 하지만 세월이 흐르면서 세계를 바라보는 상호 보완적이었던 이 둘의 관계가 갈라서기 시작하면서 이 둘은 서로 다른 활동이 되어 버린 것입니다. 따라서 양자 간의 동질성은 매우 섬세한 방식에 의하여 파악되어야 합니다.

과학자가 예술에서 배워야 할 점은 아름다움과 추악함이 참과 거짓을 매우 민감하게 드러낸 감정적 표현이라는 예술정신을 인정하고 높이 평가하는 자세입니다. 여기서 우리는 자연을 정복해야 한다는 생각에서 비롯된 엄격한 수식에 매여 감정이 메마른 '완고한'[14] 존재라는 과학자에 대한 그릇된 대중적 이미지를 파기해야 합니다. 모범적인 과학자들과 대화해 본다면, 과학적 사고를 실생활에 적용하는 부차적이고 사소한 일이라고 간주하면서 연구를 수행하는 과학자가 드물다는 사실을 곧 발견하게 됩니다. 과학자들의 진정한 흥미는 그

14) hard-headed. 수학적 공리에 따른 규칙이나 실증적 사고에 지배되어 창의력이나 조화를 고려하지 않는 과학자의 그릇된 사고방식.

들이 자연에 동화되는 이해 방식을 획득하게 될 경우라는 점은 그들과 대화를 통하여 알 수 있습니다. 많은 물리학자들이 지적 흥분에 빠지는 것은 인간과 지구로부터 멀리 떨어진 천체로부터 발견되는 모든 것이 원자의 세계와 비슷하게 구성됨을 알게 되었을 경우입니다. 이와 같은 방식으로 과학자들은 우리가 살고 있는 우주를 자신의 세계로 끌어들여 동화시키는 것입니다. 아인슈타인과 푸앵카레[15]와 같은 매우 창의적인 과학자들은 자신의 연구를 통하되 예술가들이나 겪을 수 있다고 여겨졌던 '인본주의적'[16] 탐구 방식에 심오한 감동을 받았음을 밝힌 바 있습니다. 이미 오래전부터 과학자들이 새로운 아이디어를 접하게 되면 말로 옮기기 어렵거나 불가능한 형태의 감정에 빠진다는 것을 '느낍니다.'[17] 이러한 느낌들은 말로 표현할 수 없는 미지의 세계로 안내하는 매우 정교하고 예민한 탐침봉과 같은 것입니다. 이때 이 탐침봉에 의하여 접하게 된 내용이 보다 구체적으로 지각되면서 지력이 작용하는 것입니다. 비록 예술은 과학처럼 자연

---

15) Henri Poincaré(1854~1912). 당대 우주진화론, 상대성이론, 위상수학 등에 뛰어난 업적을 남기고 영향을 미친 프랑스의 수학자이자 이론물리학자. 그는 삼체문제와 함께 '카오스' 현상을 발견하여 행성 운동에서도 카오스가 발생하므로 태양계는 불안정하다고 주장하였다. 또한 푸앵카레 가설(푸앵카레 추측)을 제시하였으나, 아직까지 그 해법이 나오지 않았다고 한다. 푸앵카레 가설이란 위상기하학에서 1차원 원주와 2차원 구면은 단일연결이라는 특징을 가지는데, 3차원 표면에서도 그러한가 하는 가설이다. 이와 같은 그의 창의성으로 푸앵카레가 기존 이론의 근본 틀에 의문을 제기하면서 시간과 공간의 절대성을 부정하는 창의적 아이디어를 내놓은 아인슈타인과 함께 창의적인 인물로 소개된 이유이다.

16) humanistic. 앞서 지적한 과학자가 완고한 태도를 지녔다는 인식을 넘어서 인간의 심층적인 문제에 관심을 가졌다는 점을 부각시킨다. 즉 인문학과 자연과학의 이분법이 그르다는 것을 지적한 것이다.

17) feel. 과학자들의 사고가 관찰과 실험에 근거한 귀납과 연역과 같은 추상적인 사고에 의존하지 않고 감각과 지각에도 의존한다는 점을 말한다. 이른바 감에 의존한다는 것이다. 이에 대한 대표적인 이론이 폴라니의 암묵적 앎이다. 본문처럼 폴라니는 실제로 자신의 『암묵적 영역』에서 '탐침봉'의 예를 들고 있다.

구조에 대한 이론적인 추상화 작업을 통합, 통찰하기보다는 예외적으로 관능적인 예술작품의 표현에 관심을 갖기도 합니다만, 이것이 과학과 예술이 심층적으로 관련되어 있다는 논거입니다.

그러면 예술가들은 과학으로부터 무엇을 얻어낼까요? 여기서도 특정한 예술작품이 과학이나 수학이론으로 기계적으로 적용되거나 해석될 수 없는 것처럼, 특정한 과학이론이 예술작품의 구성 방식을 결정하는 데 기계적으로 적용되거나 해석될 수 없는 것은 자명합니다. 내가 생각하기에 이보다는 예술가들이 과학으로부터 얻어내는 것은 피상적으로 포착하기 어려울 정도로 미묘합니다. 무엇보다도 예술가들은 자신의 작품을 다룸에 있어서 '개인적 자의적 선호와 관계없이' 내적 정합성과 일관성을 요구하는, 편파적이지 않은 객관적 접근 방식, 즉 과학정신을 높이 평가합니다. 이러한 정신이 과학에서 존중되는 만큼 예술에서도 존중되어야 한다는 것을 이해하기 때문에 예술가들은 예술이 쾌락이나 안일한 만족감, 감정적 해이를 가져다주는 자의적인 행위가 될 수 없는 이유를 적절하게 입증합니다. 과학이 추구하는 진리가 예술이 추구하는 아름다움과 불가분의 관계임을 알 수 있듯이, 포괄적 맥락에서 과학적 진리의 의미를 파악한다면 예술이 추구하는 아름다움은 결코 과학이 추구하는 참과 불가분의 관계를 맺고 있습니다.

과학자는 관찰실험과 수식으로 자신의 이론이 참임을 검증하는 것이 분명하지만, 예술가는 명제로 표현될 수 없는 매우 민감한 내용 때문에 지각을 사용하여 참임을 검증합니다. 이러한 차이에도 불구하고 예술작품이 공간, 색깔, 형태, 빛과 같이 지각할 수 있는 모든 것에 담긴 자연법칙을 정합적으로 다루어왔다는 점에서 예술도 역시 과학이 다룬 사실을 다루어왔습니다. 지각작용에 의존한다 해도 예술가들이 자기 자신의 자아만족이나 남들에게 즉흥적 쾌락을 안겨준다는 취지에서 자의적 방식으로 작품을 표현하지 않습니다. 오히려 많은 예술가와 예술 비평가들이 마치 참인 것만을 다룬다고 하여도 그리 틀린 지적은 아닙니다.

마지막으로 과학자와 예술가가 모두 같은 관심을 갖는 터라 '구조'에 관하여 서로에게서 배우는 방식이 있습니다. 그것은 공간, 시간, 물질의 본질과 같은 가장 심오하고 보편적인 과학적 개념은 주로 시각적이고 공간적인 차원에서 지각된 경험을 추상화한 데서 비롯되었다는 점입니다. 예술의 새로운 진화는 세계의 근본 구조를 새롭게 파악하는 시각을 갖도록 해 줍니다. 앞서 지적한 바와 같이, 예술작품이나 예술가가 표출하는 이러한 개념들은 과학자들의 입장에서 근본적으로 수용할 수는 없습니다. 그러나 예술가처럼 지각의 차원에서 세계를 더욱 보편적으로 이해하는 근본 구조는 우리가 경험하는 모든 영역에서 타당합니다. 그래서 과학자는 이와 같은 방식에 따라 공간, 시간, 물질의 본질과 같은 문제를 새로운 관점에서 접근할 수 있습니다.

나는 예술가들과 대화나 서신을 통하여, 그리고 그들의 작품을 통하여 나의 과학연구에 많은 도움을 받았음을 깨닫게 되었습니다. '이들과 접촉함으로 얻은 주요 성과는 내가 예술가들의 오감을 통한 지각작용처럼 세계의 새로운 구조를 보게 되었다는 점입니다.' 그 결과로 현재 세계를 파악하는 과학 수리적 개념은 매우 제한적 영역에만 타당하다는 점을 밝히지 않을 수 없습니다. 만약 우리가 매우 추상화된 기존의 과학 수리적 개념에서 벗어나 지각적 차원에서 세계를 접하고자 한다면, 이제까지 기존의 이론으로 설명하지 못했던 많은 부분들을 새롭게 파악할 수 있는 시야를 갖게 될 것입니다. 이렇게 함으로써 인간의 마음은 과거로부터 이어져 내려온 비교, 연합, 상징에 의존한 습관적 사고 패턴에서 벗어나서 새로운 개념을 갖는 자유를 만끽하게 될 것입니다.

내가 이제까지 언급한 내용은 향후 과학과 예술의 발전적 관계를 새롭게 파악하는 데 있어서 매우 의미심장한 방향타가 될 것입니다. 뒤집어서 말하자면 새로운 과학적 사고의 틀은 예술가들에게도 새로운 의미를 줄 것입니다. 그것은 과학적 아이디어가 곧 예술 형식으로 번역된다는 뜻이 아니라 과학적 아이디어가 심층적으로 이해된다면 예술을 포함한 인간 활동 전 영역에 걸쳐 새로운 사고방식을 제공할 수 있다는 뜻입니다.

나는 이러한 점을 나의 과학연구 결과에서 확인하였습니다. 그 결과 추상적 수준에 머물러서 새로운 과학적 사고방식을 모색할 것이 아니라, 새로운 아이디어가 교육을 통하여 무의식적으로 새겨진 일련의 선입견과 거기서 나온 생각에서 벗어나 인간의 생각을 자유롭게 하는 것이 중요하다는 점을 발견하였습니다. 내가 보기에 교육을 통하여 그릇되게 박힌 선입견과 관련해서, 그 심각성은 비단 과학만이 아니라 창의적 활동이라고 하는 예술과 그 외 모든 분야에서도 발견됩니다. 우리의 무의식 속에 조건화되어 박혀버린 선입견을 확인함으로써 우리는 참신한 방식으로 세계를 '지각'할 수 있고 '이해'할 수 있습니다. 몰랐던 것에 대하여 '넌지시 떠보고'[18] 탐구할 수 있습니다. 타성에 따라 행하는 습관과 마찬가지로, 이는 기존에 알려진 지식이나 틀 안의 변수만 가지고 변형하거나 확대시키는 것이나, 자기 분야가 아닌 다른 분야에 기계적으로 적용하는 것을 뜻하지 않

18) feel out. 암묵적으로 파악한 내용을 곰곰이 따져본다는 뜻이다. 이 점도 폴라니의 암묵적 앎의 성격과 상통한다.

습니다. 따라서 창의적인 작업을 수행한다는 것은 작업에 독창적인 요소를 포함했음을 뜻하는 것만이 아니라, 과거로부터 이어져 온 업적과 단절되지 않으면서도 창의적으로 조화를 이루는 총체적 구조를 갖추어야 한다는 것을 뜻합니다.

이제까지 언급한 과학과 예술의 동질적 관련을 심층적으로 이해한다면, 그것은 자신이 무슨 영역의 일을 수행하건 간에 세계를 총체적으로 보는 창의적인 자유로움의 혜택을 맛보는 것입니다. 이렇게 함으로써 우리가 추상적인 지적 활동과 감각적 지각 활동을 수행하는 데 있어서 과거의 선입견과 타성으로 조건화된 상태에서 벗어나게 합니다. 이러한 사실을 온전하게 파악하고자, 이 강연에서 밝힌 과학과 예술의 상호 동질성에 관하여 보다 심층적인 탐구를 요구할지도 모릅니다.

이러한 탐구를 수행하는 데 가장 요구되는 일은 과학과 예술이 세계를 보고 이해하는 방식의 근본적이고 본질적인 '차이'를 확인하는 것입니다. 인간이 세계를 이해하는 방식이 상이하지만 상보적인 점에서 조화를 이룬다는 것은 이제까지 살펴본 과학과 예술과의 상호 동질적 관계보다 더 심오한 의미가 있습니다. 상이함과 상보성의 조화는 아름다움, 참, 질서, 구조, 창의성이 무엇인가를 이해하려고 따로 떼어내서 질문하는 방식19)으로 다룰 수 없을 만큼 근본적인 문

19) 'What is X?'라는 질문 방식을 뜻한다. 이 질문 방식은 답을 정해진 실체를 전제하거나 저자가 강조하는 자연의 총체적 구조를 분할하여 파악하는 방식을 뜻한다. 우리말로 하면, 'X는 무엇인가'의 질문이다. '것'–중심의 실체를 파악하고자 하는 방식이다. 이와 다른 질문 방식인 'What is it to be X?'라는 질문은 총체적 구조를 전제하고 나서 우리가 지각할 수 있는 것이 무엇인가를 묻는 질문이다. 우리말로 하면, '무엇이 X되게 하는가'의 질문이다. '일'–중심 사고체계로서, 일이 벌어지는 실상에 비추어 X가 어떻게 야기되는가를 묻는 방식이다. 저자가 추구하는 탐구 방식은 후자의 질문 방식에 더 적합하다.

제입니다. 인간 활동 어느 분야도 그 심층적 뿌리를 파악해야 하듯이 이러한 방식의 질문을 심층적으로 통찰해야만, 과학과 예술의 관계가 새롭게 파악되어 각 분야에 풍부한 의미를 제공해 줍니다. 그 심층적 뿌리를 파악하는 일은 인간의 모든 경험을 역동적이고 창의적인 총체로 동화함으로써 심신의 건강, 생의 기쁨 그리고 보다 궁극적으로는 지구상에서 인류의 영속을 추구하려는 인류애에서 비롯됩니다.

[저자의 미주]

[1] 1968년 이 글이 처음 출간된 이후, 물리학자들은 "빅뱅"이라는 점에서 대체로 아인슈타인의 견해에 의견을 모으고 있다.

[2] Kuhn, T. (1962). *The Scientific Revolutions*. Chicago and London: University of Chicago Press.

제3장

상상력의 실상

제3장

상상력의 실상

상상력과 환상

이전에 경험해 보지 못한 사물을 상상하는 힘은 한편으론 창의적인 사고를 산출하는 지력의 핵심으로 간주되어 왔습니다. 하지만 다른 한편으론 상상력은 우리의 기억에서 나온 생각들이 담고 있는 이미지를 정렬시키는 수동적이고 기계적인 능력으로 간주되기도 하였습니다. 후자의 도움을 받아 인간의 마음은 판에 박힌 방식으로 적응하려는 습관을 갖게 되고, 최악의 경우에는 쾌락, 안락함, 무의미한 만족감을 얻어냈다는 자기 속임에 빠지게 됩니다.

오웬 바필드[1)]는 자신의 책 『콜러리지의 사고』[1]에서, 인간사고의 본질이 총체적이라는 콜러리지의 생각에 근거하여 뚜렷하게 대비되는 상상력의 형식을 제시한 바 있습니다. 콜러리지는 하나는 "근원적 상상력primary imagination"이라고, 다른 하나는 "환상fancy"이라고 명명하였습니다. 콜러리지에게 "근원적 상상력"이란 인간의 마음이 창의적으

1) Owen Barfield(1898～1997). 영국의 작가, 시인, 문예비평가, 철학자.

로 지각하는 행위를 말합니다. 그것은 마음속의 이미지가 기억에만 의존하는 것이 아니라 그 자체로 생기 있고 독창적인 것으로 만들어 주면서 생소하게 여겨지는 이미지가 분화되지 않은 단일체로서 마음의 여러 측면들이 조화롭게 작용하는 것임을 지각하게 해 줍니다. 이와는 반대로 실제 공상fantasy이라는 말에서 비롯된 '환상'은 기억에 이미 담겨진 각양각색의 동떨어진 이미지들을 함께 엮어내는 행위를 말합니다. 물론 콜러리지는 환상이 판에 박힌 수동적인 이미지 연합이나 자기 기만적인 만족감에 빠지게도 하지만 또한 우리의 단순한 일상생활에서 요구되는 마음의 안락함을 갖게 하고 또한 문학, 예술, 과학에서 말하는 창작, 디자인, 발명과 같은 것으로 이어지기도 하는 보다 능동적이고 지적인 사고를 이끌어낸다고 보았습니다.

콜러리지는 사고가 작용하는 영역은 이 둘 사이에 걸쳐 있다고 보았습니다. 그는 이 두 가지를 상호 독립된 별개의 것으로 간주하지 않았습니다. 그보다는 이들이 사고의 극단을 보여준다고 생각하였습니다. 이를테면, 총체적 사고에서 나오는 에너지와 행동은 양극단 사이에 존재하는 일종의 긴장 상태를 통하여 야기된다고 보았습니다. 물리학 분야에서 입자에 부가된 전기력에서 발생하는 움직임은 음과 양의 부하사이에 존재하는 긴장에서 비롯된 것이라고 설명하는 것에 상응하는 이치입니다.

하지만 오웬 바필드가 이에 대하여 논평하는 바와 같이, 콜러리지는 근원적 상상력과 환상의 관계를 애매하게 설정하였습니다. 환상을 일종의 "부차적 상상력secondary imagination"으로 여길 수 있을 정도로 "근원적 상상력"의 의미를 느슨하게 보아서, 그 결과 두 가지는 본질적 차이가 없이 단순히 정도의 차이만 지니는 것이 되어 버립니다. 그는 자신의 저작에서 실제로 이렇게 진술하고 있습니다. 하지만 다른 저작에서 두 가지는 본질적으로 차이를 지닌 상이한 것임을 시사한 바 있습니다. 그 결과 그의 설명만으로 이 두 가지가 근본적으로 어떻게 차이가 나는지 명확하게 알 수가 없습니다.

과학연구에서 상상적 통찰력과 상상적 환상

여기서는 이 문제를 좀 더 깊게 다루어봄으로써 상상력이 이미지를 통하여 마음의 총체적 활동이 가능하게 하는 능력이라는 점을 부각시키고자 합니다. 콜러리지가 생각한 근원적 상상력은 독창적이고 창의적인 '통찰insight'의 이미지를 통하여 드러나는 것이고, 환상은 기계적이고 판에 박힌 사고의 양태가 드러난 것입니다. 따라서 "상상력"이라는 말이 지칭하는 행위는 상상적 통찰과 상상적 환상의 양극단 사이에서 그 내용에 따라 서로 다르게 구분하여 설명할 수 있습니다.

염두에 두어야 할 점은, 상상력은 확정적 실체로 다룰 수 없다는 점이며 콜러리지가 제시한 양극단의 특징에 따라 달리 획득되는 사물의 탐구 방식으로 파악된다는 점입니다. 이러한 방식은 내게는 비교적 익숙한 과학 분야에서 강조되는 바를 통하여 설명함으로써 쉽게 이해할 수 있을 것입니다. 물론 이를 토대로 과학 이외의 모든 분야에서도 상상력 문제를 고려할 수 있게 될 것입니다.

과학연구에서 가장 창의적이고 독창적인 측면은 이론이 보편적 설명력을 지니는가 하는 문제를 광범위하고 심층적으로 다루는 '이론'의 개발에서 확인할 수 있습니다. 그것은 "이론"이라는 말이 '조망하다' 또는 '관망하다'는 뜻을 가진 '극장'과 동족어인 희랍어 "테오리아"[2]에서 비롯되었다는 사실에서 단초를 얻을 수 있습니다. 여기서 이론이라는 것은 마음을 통하여 세계를 보는 방식에 일차적으로 관련을 맺습니다. 즉 이론은 세계가 어떠하다는 지식의 형식이 아닌 세계를 보는 통찰의 형식을 띠는 것입니다.[3] 따라서 과학 분야에서 상상적 통찰력은 보편성을 제일 중시하는 이론의 기원과 개발에 집중함으로써 얻어지는 것입니다.

고대 사회에 인간은 천체를 지상의 물체와 근본적으로 다르게 보는 이론을 가지고 있었습니다. 그래서 지상의 물체는 낙하하고 달과 같은 천체는 하늘에 떠 있다고 보았습니다. 하지만 근대에 들어서 과학자들이 천체와 지상의 물체 사이에 근본적인 차이가 없다는 관점을 발견해 내었습니다. 이것은 달과 같은 천체도 당연히 낙하한다는 사실을 뜻합니다. 그러나 오랫동안 인간은 이 사실을 깨닫지 못했던 것입니다. 그러다가 뉴턴이 사과가 떨어지듯이 달은 물론 모든 물체가 떨어진다는 사실을 섬광처럼 깨달았던 것입니다. 다만 사과가 지면으로 떨어지지만 달이 지구 표면에 접근할 수 없다는 사실은 달은 접선 운동을 하지만 사과는 그렇지 못하다는 점에서 설명이 됩니다.

---

2) theoria. 희랍어의 어원 theorein에서 나온 말로서, 영어 '보다(see)'에 상응하는 말이다. 세상을 이론적으로 파악한다는 것은 곧 세상을 온전하게 본다는 뜻이다. 주로 이러한 입장은 인지주의자들이 견지한다. 이를테면 피터스(R. S. Peters)의 교육의 인지적 준거는 '세상을 보는 눈'을 가리킨다. 그러나 이를 '세상을 보는 눈', 즉 관조하는 데 그치지 않고 문제를 파악하고 문제해결을 위하여 지력을 동원하는 데 요구되는 수단으로 보는 입장이 있다. 존 듀이가 대표적이다. 봄의 입장은 전자보다는 후자에 가깝다. 다만 봄은 이를 문제해결이라는 실제적 상황보다는 과학자의 탐구에서 테오리아가 작용하여 창의력을 발휘한다는 입장이다. 그렇다고 테오리아가 추구하는 보편성을 부정하는 것은 아니다. 본서 제4장에서 다시 논의된다.

3) form of insight ; form of knowledge. 두 가지 모두 보는 방식이라고 할 수 있지만, 전자는 언어로 표시할 수 없다는 점이며, 후자는 명제화된 것을 가리킨다. 교육학에서 허스트(P. H. Hirst)가 주장하는 '지식의 형식'은 이에 상응한다. 그에 따르면 지식의 형식은 명제화될 수 있는 논리적 구성체를 가리킨다. 하지만 봄은 전자의 중요성을 부각시킨다.

이러한 접선 운동은 낙하 운동이 일어나지 않도록 균형을 잡아줌으로써 달은 지구 중심으로 접근하지 못하게 되고, 그 결과 달의 궤도가 거의 원에 가깝게 되면서 지속적으로 달과 지구가 일정 거리를 유지하게 합니다.

보다 일반적으로 물체의 운동을 설명하기 위하여 뉴턴은 모든 물체는 지구, 태양, 혹성 등의 각 중심을 향해 중력이 보편적으로 작용한다는 이론을 내놓게 되었습니다. 이 이론은 천체와 지상의 물체가 근본적으로 다르게 운동한다는 고대의 관점이 더 이상 먹히지 않음을 설명함으로써 천체를 새롭게 '보는' 방식을 구축해 낸 것입니다. 이제 천체건 지상의 물체이건 간에 차이는 없고 다만 각 중심을 향해 낙하하는 운동 속도가 다르다는 점을 인식하게 되었습니다. 하지만 이와 같은 방식으로 설명할 수 없는 문제를 찾게 되는 경우에 우리는 전혀 예상치 못한 이 새로운 행성도 낙하한다는 사실을 발견하게 됩니다. 이처럼 새로운 중력의 개념을 통하여 이론이 가져다주는 풍부한 결실을 확인할 수 있습니다. 그 결실이란 이론이 우리로 하여금 이미 알려진 사실을 설명하는 데 그치는 것이 아니라 지금까지 알려지지 않은 사실과 성질을 새롭게 관찰하도록 도와준다는 점입니다.

뉴턴이 달이 지구에 접근하지는 않지만 낙하한다는 사실을 전광석화처럼 깨닫게 한 통찰력은 오랜 세대를 걸쳐 논리적이라고 막연하게 생각했던 일상적 사고와는 판이한 것입니다. 그러한 통찰력은 모순되기도 하고 혼란스럽게 여겨지는 요인들을 담고 있는 문제를 생각하는 과정에서 누구나 겪을 수 있는 극단적인 경험 사례입니다. 이러한 모순과 혼란이 해소되는 과정에서 인간의 마음에 새로운 총체적 생각이 떠오르는 것은 본질상 전광석화처럼 이해하는 한순간에 이루어집니다. 새롭게 지각된 총체성이란 "정신적 비전"을 가지도록 새롭게 지각된 이미지가 발현되기 위하여 '암재된'[4] 것입니다. 이 발현 과정에 포함된 지각은 근원적 지각작용과 불가분의 관계에 있기 때문에 '상상적 통찰력' 또는 창의적 상상력이라고 부를 수 있을 것입니다. 발현 과정을 통하여만 순간적으로 포착되는 새로운 의미를 파악하고 창출해 낸다는 점에서 이러한 발현 과정은 창의적 사고에 매우 중요한 역할을 담당합니다. 발현 과정에서의 이러한 역할 때문에 인간의 마음은 지속적으로 사고하고 새로운 통찰력을 지닌 결과를 산출하도록 끊임없이 추론해 갑니다.

이러한 추론 과정에서 상상적 환상 또는 구성적 상상력이 제 역할을 시작하게 됩니다. 예컨대 뉴턴의 경우에 물체가 낙하하는 속도를 정확하게 측정할 수 있는 정교한 개념이 필요했습니다. 그 개념을 만드는 과정에서 실험과 관찰을 통하여 검증하게 될 '가설'을 설정하게 됩니다. 만약 설정된 가설이 검증을 "통과"하게 되면, 그것은 근원적 통찰력을 획득한 것으로 인정됩니다. 그렇지 않은 경우에는 적절한 실험과 관찰을 통하여 유효한 결과를 얻을 수 있도록 또 다른 가설을 설정하게 됩니다. 하지만 설정된 가설이 적절한 실험과 관찰을 통하여 검증된 경우에도 이후 다른 검증 방식에 따라 부정확하거나 그 적용에 있어서 제한점이 있다는 사실이 밝혀지기도 합니다. 따라서 새로운 사실에 부합하는 새로운 가설을 계속적으로 설정하는 일이 필연적으로 요구됩니다. 그렇다면 뉴턴의 경우에서처럼 보편적인 참

---

4) implicit. 세상을 온전하게 파악하는 것은 총체적 지각이라는 점에서 그것은 잠재된 것이다. 그러나 인간은 언어와 사고를 가지고 전체 중 한 부분을 표현할 수밖에 없다. 전체 질서를 접힌 질서 또는 암재 질서라고 하고, 이를 언어와 사고로 표현하게 되면 그중 일부가 펼쳐진다는 점에서 펼친 질서 또는 명재 질서라고 한다. 이를 중점적으로 다룬 책이 봄 (1980) 『전체와 접힌 질서』. 이정민 역 (2010). 서울: 시스테마이다.

을 확인하는 데 필요한 통찰력을 얻기 위해서 보다 섬세한 가설을 지속적으로 설정하는 일이 요구됩니다.

이러한 이론의 개발 과정에서 이론에 합당한 사실이 무엇인가 하는 적합성을 세밀히 살펴볼 수 있게 하는 이미지[5]가 전혀 다른 맥락 속에서 얻어짐으로써 가설이 설정되기도 합니다. 따라서 전혀 다른 맥락에서 자신에게 주어진 데이터를 가지고 뉴턴은 지구상의 물체의 낙하와는 비교가 되지 않을 정도로 매우 느린 속도로 달이 낙하하고 있음을 증명해 낼 수 있었습니다. 이는 일정 거리로 떨어지게 되면 중력의 작용이 감소한다는 것을 뜻합니다. 그러나 "얼마나 빨리 중력이 감소하는가?" 하는 문제가 남습니다. 이 질문에 답하기 위하여 뉴턴은 마음속으로 자신의 가설이 발광체로부터 나온 빛의 강도는 거리의 역 제곱에 비례한다는 기존의 이미지에 비추어 설정하고자 하였습니다. 그 결과 그의 마음은 자연적으로 "빛이 지니는 성질처럼 중력의 성질도 규정된다"는 생각으로 이어졌습니다. 역 제곱법칙에 따른 이러한 생각이 현실세계 이미지와 부합하지 않고 다른 양상으로 드러났다고 한다면, 가설은 현실세계에 얻은 이미지와는 형태, 진술, 관련성, 의미상에서 다른 이미지를 통하여 설정된다는 점은 부인할 수 없습니다. 따라서 관찰된 사실을 보다 잘 검증해 줄 수 있는 타당성을 갖추기 위하여 가설은 일차적으로 환상의 형태 또는 구성적 사고의 형태를 띱니다.

여기서 통찰과 가설은 엄격하고 명백하게 구분되지 않음을 유념해 두어야 합니다. 따라서 광원인 물체로부터 발산된 빛의 강도가 떨어

---

5) 여기서 저자가 말하는 이미지는 기존의 이론이나 학설이 담고 있는 일종의 아이디어이다. 가설 설정이나 이론의 개발에 이미지가 요구된다는 뜻이다. 이렇게 '이미지'를 가지고 과학이론을 설명하려는 것은 그것이 예술의 세계에서 중시하는 이미지와 별반 다를 바 없다는 것을 주장하기 위한 것이다. 본서 제2장 참조.

지는 비율은 한 물체로부터 떨어지면서 감소하는 중력의 비율과 같다는 점에서 상상적 통찰력을 요구한다고 할 수 있습니다. 그러나 여기서 중요한 논점은 이미 알려진 두 가지 종류의 상이한 이미지, 즉 물체로부터 나오는 빛의 강도와 힘의 강도가 어떻게 관련되는지 지각하는 일과 별도로, 뉴턴의 근원적 통찰력은 낙하하는 물체가 결코 지구상에 떨어지지 않는다는 새로운 종류의 이미지를 통하여 참신하고 독창적인 지각을 하는 일에 있다는 사실입니다.

다른 한편으로 유념해야 할 점은 뉴턴의 통찰력이 기존의 이미지와 전혀 무관하다고 할 수 없다는 점입니다. 왜냐하면 그의 사고에는 공간상 움직이는 물체에 관한 이미지와 유사한 이미지가 이미 담겨져 있기 때문입니다. 일어나는 물리현상을 완벽하게 서술해 내는 것은 우리가 이제까지 지적한 내용보다 훨씬 더 복잡합니다. 사실상 통찰과 환상은 떼려야 결코 뗄 수 없습니다. 이 두 가지는 모든 단계에서 동시에 요구됩니다. 즉 실험과 관찰의 단계에서도 물리현상을 있는 그대로 보는 데 필요한 통찰이 요구됩니다. 그러나 경우에 따라 이 두 가지 중 하나가 더 비중 있게 요구됩니다. 따라서 뉴턴이 역제곱의 가설법칙을 적용하는 것보다 중력법칙을 근원적으로 파악하는 데 있어서 통찰의 측면이 더욱 비중 있게 요구됩니다.

통찰과 환상은 마음 전체가 달리 작용하는 두 가지 다른 질적 특징입니다. 그래서 이 점에서 두 가지가 질적으로 상이하다고 한 콜러리지의 말은 옳습니다. 그러나 앞에서 지적한 바와 같이, 과학적 발견이란 이 두 가지가 밀접하게 관련되어 상호작용하는 행위입니다. 실제 상황에서도 당초 통찰에 의하여 잡힌 내용이 환상의 영역을 통과하게 되고, 당초 환상의 영역에서 잡힌 내용이 새로운 통찰을 가져오는 단서가 되기도 합니다. 이러한 끊임없는 변환 과정을 통하여 통찰과 환상이 상호 영향을 줍니다. 그러나 좀 더 심층적으로 말하자면, 이 둘은 상호 침투하면서 궁극적으로 결코 분할될 수 없는 전체적인 마음작용의 두 측면을 보여줄 뿐입니다. 그러나 앞서 언급한 바와 같이, 마음이 작용하면서 어느 한 측면만이 강조되는 것입니다. 그래서 콜러리지가 둘의 차이도 정도의 문제라고 한 말도 옳습니다. 그러나 이러한 사실을 검토해 봄으로써 콜러리지의 "종류와 정도 사이의 대립a polarity between kind and degree"이라는 표현 또는 헤겔의 "질과 양의 단일성the unity of quality and quantity"이라는 표현이 둘의 관계를 보다 분명하게 이해하게 합니다.

통찰과 환상을 온전하게 이해하려면 통찰에는 특정한 형태가 없으며, 특정한 형태를 가진 통찰만으로는 무한한 성과를 낼 수 없다는 점을 알아야 합니다. 뉴턴이 제시한 통찰의 형태는 수 세기 동안 과학 분야에서 잘 적용되어 새로운 영역을 확대시킨 것은 사실이지만 그것이 모든 과학적 탐구에 확정적인 결과를 내지는 않습니다. 새롭게 확장된 영역에서는 새로운 통찰의 형태가 요구됩니다. 이를테면 뉴턴의 통찰 방식과 다른 상대성이론과 양자이론의 통찰 방식이 있습니다. 물론 이 이론도 여전히 한정된 영역에 한하여 설명력을 가지고 있습니다만, 이 두 이론은 뉴턴이론과는 세계를 획기적으로 달리 보는 그림을 보여줍니다. 우리가 이론이 "실재하는 실체reality as it is"에 상응하는 지식을 제공한다는 가정을 받아들인다면, 뉴턴이론은 1900년경까지만 참이라고 할 수 있으며, 그 이후 대두된 상대성이론과 양자이론이 참인 경우에는 뉴턴의 이론이 거짓임을 인정해야 합니다. 이렇게 어색한 경우는 이론이 참이나 거짓을 탐구하는 방식이 아니라 특정 분야에서 보다 명백하고 생산적인 설명을 할 수 있지만 이를 넘어서면 그렇지 못하다는 사실을 인정하기만 하면 야기되지 않습니다.

이 점은 보편성을 추구하는 이론이 전적으로 참으로서 긍정되거나 거짓으로 부정될 수 없음을 뜻합니다. 왜냐하면 특정 분야만을 설명하는 이론이 거짓으로 부정되는 경우에 그 이론을 참으로 인정할 수 있는 대안적 가설을 찾을 여지가 있기 때문입니다. 결과적으로 우리는 기존 이론을 참으로 유지시킬 것인가 아니면 획기적으로 수용할 새로운 이론을 만들어야 할 것인가를 결정해야만 합니다. 이 결정은 이론을 가지고 설명하는 내용이 단순하고, 명료하고, 산뜻하고, 합당하고, 설명력 있는지 여부를 종합적으로 판단하는 데 달려 있습니다. 이러한 작업은 이론이 주어진 사실을 얼마나 잘 설명하는가만이 아니라, 미술과 음악에서 요구되는 것과 유사하게 이론의 전체 구조가 조화로운가 아니면 조화롭지 못한가를 판단해 내는 심미적 지각능력을 요구합니다.

다른 한편, 가설을 검증하고자 할 때 가설의 타당성 판단은 가설에 의하여 추론된 여러 예측과 관찰된 사실이 제대로 '상응'하는가 하는 사실 하나에만 의존합니다. 따라서 우리는 이론이 지속적으로 일반적인 설명력을 지니고 있는가를 판단하는 심미적 능력을 가설 검증과 혼동해서는 안 됩니다. 이러한 심미적 판단능력은 이론을 개발함에 있어서 기존에 개발된 통찰력을 지속시키는 데 요구되는 것이 아니라 창의적이고 독창적인 사고를 갖는 데 요구되는 핵심 자질입니다.[6)]

이와 같은 방식으로 이론과 가설의 상호작용은 아인슈타인이 특수

6) 심미적 판단능력은 개방적이고 총체적이지만, 가설 검증에 사용되는 능력은 제한적이고 폐쇄적이라는 것이다. 다만 가설 검증을 통해서 필연성을 확보할 수 있다는 것이다.

상대성이론을 개발한 사례를 통하여 확인할 수 있습니다.

19세기 말까지 빛의 속성이 무엇인지를 실증적으로 규명하려는 여러 가지 노력이 있었습니다. 한쪽에서는 빛의 속성을 잘 설명해 주는 전자기이론에 입각하여, 빛은 전자기장이 요동치는 파동이라고 결론지었습니다. 이 파동의 속도가 이론적으로 측정되었고, 이것은 관찰된 실험 결과로 인정받기에 이르렀습니다. 하지만 빛의 파장이 진행되는 방향에 따라 움직이는 관찰자로 인해 상대적으로 측정되는 빛의 속도가 움직이지 않는 관찰자가 측정한 빛의 속도보다 작았습니다. 우리는 공기 중에서 일정속도로 움직이는 소리의 파동을 생각해 보면 왜 이런 현상이 일어나는지 알 수 있습니다. 소리의 파동에 따라 움직이는 비행기 안의 관찰자는 자신이 측정한 속도가 지상에서 고정된 위치에서 관찰한 사람이 측정한 속도보다 작다는 것을 발견할 것입니다. 실제로 비행기가 속도를 올린다면, 음파를 따라잡을 수도 있고 음속을 추월해서 날 수도 있습니다. 이런 일이 일어날 경우 비행기 안의 관찰자는 비행기가 내는 소음을 일체 들을 수 없습니다. 왜냐하면 비행기 소음은 충격파로 사라져버리기 때문입니다.

다른 한쪽에서는 빛의 측정 결과 이와 같은 현상이 일어나지 않는다고 봅니다. 측정 결과에 따르면 자신의 상대적인 속도에도 불구하고 모든 관찰자가 동일한 빛의 속도를 얻게 됩니다. 이 실험 결과에 따르면, 우주선이 지구상에서 측정된 빛의 9/10 속도로 가속된다면, 우주선 안의 관찰자는 지구에 남아 있는 관찰자가 얻어낸 빛의 속도와 동일한 속도를 얻어냅니다. 이는 물론 흥미로운 수수께끼였습니다. 이 사실을 설명하려고 여러 가지 가설이 설정되었지만, 여전히 뉴턴이론의 연장선에 서 있었습니다. 하지만 이렇게 설명하려는 시도는 패러독스로 남거나 또 다른 측면에서 풀리지 않는 수수께끼를 안겨준 셈입니다.

이 문제를 해결하고자 한 아인슈타인은 이러한 가설을 토대로 실험 결과를 설명하는 데 초점을 맞추지 않았습니다. 오히려 뉴턴이 했던 것처럼, 아인슈타인은 기존에 타성적으로 수용하고 합의했던 방식에 깔린 일반적 개념에 대하여 보다 폭넓고 깊이 있는 질문을 던지기 시작했습니다. 그래서 그는 열다섯의 나이에 "사람이 빛의 속도로 움직이면서 거울을 본다면 어떤 일이 벌어질까?" 하는 질문을 스스로에게 던졌던 것입니다. 얼굴에서 방출된 빛이 결코 거울에 도달하지 않을 것입니다. 빛의 속도로 움직인다고 가정되는 물체에 이상한 일이 있는 것만은 분명합니다.

현재의 과학 수준에서 모든 물체의 원자구성을 고려할 때 이러한 이상함을 분명하게 설명할 수 있습니다. 일반적으로 수용된 이론에 따르면 물체를 구성하는 원자는 원자를 구성하는 전하된 입자, 즉 전자와 중성자 사이에서 당기고 내치는 전기력의 균형에 의하여 상대적으로 고정된 구조 속에 놓이게 됩니다. 전자기이론에 따르면, 물체가 빛의 속도를 넘어 움직이게 되면, 원자는 마치 비행기가 소리의 속도를 넘어 움직일 때 일어나는 현상과 유사하게 전자기력의 장을 떠나게 되는 "충격파"가 일어납니다. 원자를 잡아둘 어떤 힘도 존재하지 않기 때문에 원자는 떨어져나가게 됩니다. 빛의 속도를 넘어 물체를 가속시키면 그것은 그 물체의 붕괴를 가져옵니다.

이제 빛의 속도가 지니는 의미와 소리의 속도처럼 다른 물체의 속도가 지니는 의미에서 근본적인 차이가 있음이 분명해졌습니다. 왜냐하면 물체가 빛의 속도를 넘어 움직인다는 가정은 풀리지 않는 난제이며 패러독스를 야기하기 때문입니다. 아인슈타인은 자신이 어려서 질문을 던졌을 때부터 거기에 난제가 있다는 징후를 포착하였습니다. 마치 뉴턴이 다른 물체의 낙하를 대입하며 "달은 왜 지구로 떨어지지 않을까?"라는 질문에 대한 답을 구한 것처럼, 아인슈타인은 "어떤 물체도 빛의 속도보다 빠르게 움직일 수 없다"는 생각을 가지고 답을 구하였습니다. 다른 말로 하자면, 빛의 속도는 다른 물체와는 달리 색다른 특질을 지닌 것입니다. 빛은 어떤 물체도 따라잡을 수 없으며, 넘을 수 없는 경계와 같은 것입니다. 우리가 얼마나 멀리 이동한다 할지라도 우리의 위치와 관계없이 그 경계가 동일하게 관측되는 것과 같은 이치입니다.

아인슈타인의 새로운 통찰력은 지금 소개한 실험결과에 부합합니다. 그러나 이 예시를 넘어서 좀 더 심층적으로, 그는 빛의 속도가 시간과 공간을 새롭게 측정하는 개념을 암시한다는 점을 간파할 수 있었습니다. 뉴턴이론 체계에서 시간과 공간의 측정이 관찰자와 무관하게 절대적이었지만, 아인슈타인의 통찰력은 시간과 공간이 관찰자의 이동 속도에 따라 상대적으로 측정된다는 생각으로 이어졌습니다. 이것은 당연히 여러 측면에서 물리학의 근본을 바꿔놓은 계기가 되었습니다. 지금은 잘 알려진 것이지만 이 새로운 개념을 가지고 보다 단순하고 타당한 가설을 세워감으로써, 그는 관찰과 실험을 통한 검증에 견뎌낸 새로운 사실을 여러 가지로 추론해 낼 수 있었습니다.

이러한 전후관계에서 과거의 뉴턴식 통찰력이 확정적으로 논박된 것이 결코 아님을 분명히 지적해 둘 필요가 있습니다. 다소 차이는 있지만 아인슈타인이 이론을 제시할 무렵 로렌츠는 우주 공간을 채우면서 전자기파동을 이동시켜 주는 "에테르"라고 하는 매질에 관한 가설을 제시한 바 있습니다. 이 방식에 따라 그는 뉴턴식 시간과 공간의 개념을 사용하여 아인슈타인 이론으로부터 도출되는 것과 수학적으로 동일한 예언을 도출해 낼 수 있었습니다. 그럼에도 불구하고

로렌츠이론은 폐기되었습니다. 왜냐하면 에테르를 통하여 설정된 일련의 가설이 너무 복잡하고, 자의적이며, 자연적이지 못하고, 모양새도 좋지 않다는 명백히 심미적 관점에 근거한 이유 때문입니다. 그래서 우리는 실험결과의 일치 여부가 가설을 검증하는 데 있으며 이론을 검증하는 데 있지 않음을 다시 한번 확인할 수 있습니다.

합리적 통찰과 합리적 환상

이제까지 논의를 통해서 과학에서 창의적이고 독창적인 통찰력은 새로운 종류의 이미지와 결합되는 것만이 아니라 새로운 '합리적 통찰'과 결합됨으로써 형성된다는 점이 분명하게 드러났습니다. 뉴턴과 아인슈타인이 제기한 세계를 근본적으로 새롭게 보는 방식을 찾아내는 것은 이전에 수긍되어 왔던 사고방식이 어떤 모순과 혼동을 주는가를 묻는 핵심질문을 얼마나 타당하게 지각했는가에 달려 있습니다. "발견의 순간"에 일어나는 사물에 대한 신선한 통찰력은 새로운 이미지가 결합하여 생성되는 상상력과 이전의 모순과의 혼동에서 벗어나게 해 주는 광범위한 추론의 새로운 가능성이 모두 갖추어졌을 경우 발현되고 작용합니다.

사고가 작동하는 과정을 합당하게 설명하려 한다면, 이제는 상상력과 추론의 관계를 분명하게 밝혀야 할 듯합니다. 이에 관한 논의의 출발을 콜러리지의 상상론에 입각해 왔으므로, 이제 이 내용을 합리성 탐구에 접목시키는 것이 필요해 보입니다. 콜러리지의 합리성과 우리의 관심인 합리적 통찰 간에 대략적으로 필적하는 바가 있지만 우리는 콜러리지가 제시한 논거를 똑같이 수용하지는 않을 것입니다.

이유 또는 합리성이 의미하는 바를 이해하는 데 적합한 근거는 라틴어 '라티오'[7]에 뿌리를 둔 어휘를 살펴보는 데서 찾을 수 있습니다. 이 말은 우리가 어떤 것에 대한 이유를 찾고자 할 때 그것의 속성이나 상호 관련된 비율을 총체적으로 인식하게 됩니다. 물론 '라티오'라는 말이 주는 의미는 산술적 비례관계, 예컨대 $\frac{A}{B}=\frac{C}{D}$만을 뜻하지 않습니다. 이보다는 질적인 비례관계, 즉 A와 B의 관계는 C와 D의 관계에 상응한다는 것을 뜻합니다. 보다 간명하게 표현하면, 'A : B :: C : D'입니다.

예를 들어서, 고대 희랍인들은 지상의 물체보다 천체가 보다 완벽하다는 견해를 지니고 있었으며 천체의 완벽함을 모든 도형의 완벽함으로 간주되는 원을 따라 움직이는 것으로 표현하였습니다. 이러한 비율논증이 유추적으로 적용되어 "천체와 지상의 물체의 관계는 인간행동의 심미적, 도덕적 완벽함과 불완전한 일상적 삶의 형태의 관계와 같다"라는 진술이 나오게 됩니다.

이와 같은 '비율'을 통하여 희랍사람들은 우주 전체 질서를 설명할 수 있었습니다. 물론 이와 같은 종류의 설명이 오늘날 잘 먹혀 들어가지 않는다는 것은 잘 알려진 사실입니다. 근대 과학은 중력의 보편법칙을 고안해 냄으로써 기계론적 설명이라는 획기적 진전을 이루었습니다. 그러나 우리는 현 시점에서 기계론적 통찰 방식이 물체가 낙하하지만 지구에 떨어지지 않는다는 사실을 상상력을 발휘하여 개진할 수는 있지만, 그것은 여전히 막연한 추론임을 잘 알고 있습니다. 이 경우 막연한 진술은 본질적으로 영감에 의하여 감지된 "비율"을

7) ratio. 본문에도 나와 있듯이 이 말은 비율을 뜻한다. 피타고라스 이래로 비율을 통한 조화가 강조된 점을 상기하면, 비율이 조화로움과 상통함을 알 수 있다. 이 연장선에서 라티오는 비율에 입각한 추론이라는 뜻으로, 이것이 합리성이라는 뜻으로 의미가 확장된다. 비율로 나타내지 않는 수인 무리수(irrational number)는 원래 취지로 하면 무비수(無比數)가 되어야 한다. 이는 일본인들의 오역어이다.

표현한 데서 비롯된 것입니다. 이를 일상적인 언어로 표현하면 이와 같습니다. "낙하하는 사과의 연속적 위치를 설명할 수 있다면, 낙하하는 달의 연속적 위치도 설명할 수 있으며, 같은 방식으로 모든 물체의 낙하위치를 설명할 수 있다." 이를 좀 더 정교하게 표현하자면, A와 B가 사과의 연속적 낙하위치를 설명한다면 C와 D는 달의 연속적 낙하위치를 설명하고, E와 F는 어떤 물체의 연속적 낙하위치를 설명할 수 있다면, 이는 A : B :: C : D :: E : F…가 됩니다. 이러한 비율은 관찰된 모든 물체와 관찰 가능한 모든 물체에 적용되기 때문에, 별다른 예외조건이 없다면 '보편적'이며 '필연적'입니다. 이렇게 자연현상의 모든 측면을 아우를 수 있다고 여겨지게 되면 비율상 조화[8]를 표현하는 '법칙'이 성립합니다.

보다 일반적으로 보편적이며 필연적 여부와 관계없이, 모든 개념과 진술들은 그 본질에 있어서 비율이나 비례를 통하여 총체적으로 지각된 결과들입니다. 그래서 때로는 앞서 지적한 바와 같이 비율이나 비례를 통한 진술의 설명이 막연하게 보입니다. 직선이 곧게 뻗은 것처럼 단순하게 사물을 지각하는 것은 한 요소가 이어지는 다른 요소와 관련을 맺는 것이기 때문에, 마찬가지로 그것이 그 다음 이어지는 요소와 어떤 관련을 맺는가를 파악하는 것입니다. 이를 간결한 형식으로 표현할 경우, S_1, S_2, S_3가 서로 이어지는 세 요소라고 하면, 그 관련은 '$S_1 : S_2 :: S_2 : S_3$'가 됩니다. 그러나 만약 어느 시점에서 연속선에 갑작스러운 변화가 생긴다면 앞선 요인은 이어지는 요인과 이제까지 연속된 요인들과 다른 관련을 맺게 됩니다. '관련 없음'을

8) rational harmony. 앞서 지적한 바와 같이, 비율, 조화, 추론, 합리성 등은 모두 동족어처럼 관련을 맺고 있다. 여기서는 비율을 나타내는 표현이 수식이므로, 과학법칙이 수식으로 표현되는 것을 가리킨다.

×라 한다면, 이 경우는 '$S_1 \times S_2 :: S_2 : S_3$'로 표현됩니다. 즉, S_2와 S_3의 관계처럼 S_1이 S_2와 관련 맺지 않는다는 것입니다.

한 요소를 다른 요소와 한 가지 선상에서 감지할 경우, 우리는 거기서 즉시 비율에 따른 유사성과 차이를 총체적으로 파악하게 됩니다. 그리고 동일 선상이더라도 보다 복잡한 구조와 기하학적 형상으로 나타내고자 하기 때문에, 우리는 거기서 비율들이 상호적으로 지니는 위계와 총체적 관계를 새롭게 파악하게 됩니다. 마치 우리의 지각이 삶의 전 영역으로 확대되어 가듯이, 이러한 위계가 복잡성과 미묘함을 더해 가면서 무한히 발달하게 됩니다. 하지만 우리가 무엇을 지각하든 그것에 관계없이, 우리가 지각한 내용과 그 본질은 비율이라는 말의 의미에서 알 수 있듯이 비율에 따른 총체성을 담고 있습니다.

비율의 총체성은 통찰력이 암재된 내용을 드러내는 장면에서 파악된다고 말하여도 지나치지 않습니다. 이미 지적한 바와 같이, 당초 이러한 통찰력은 처음에는 이미지 형태로 발현되고 펼쳐집니다. 여러 가지 형태의 비율과 비례를 정확하게 파악하는 것은 이미지의 틀 속에서 그 여러 측면이 관련을 맺기 때문에 가능합니다. 그러나 곧이어 언어와 사고가 개입하게 되면서 비율의 총체성의 본질은 분명하게 명제화됩니다. 오직 이러한 일이 일어나야만 인간의 마음이 통찰력을 가지고 환상이나 생산적 사고를 할 수 있습니다.

이러한 환상과 생산적 사고를 거치게 되면 질적으로 판이한 사고의 과정이 전개됩니다. 앞서 제시한 이미지가 획득되어야 할 뿐만 아니라 이전 기억에서 도출되는 논리 정연한 비율과 비례의 구조를 지닌 개념을 모두 갖추어야 질적으로 새로운 사고를 전개할 수 있습니다. 여기서 우리는 마음속에서 일차적 지각작용을 즉각 일으키는 '상상적, 합리적 통찰력imaginative and rational insight'을 기존에 지니고 있던 개념을 이미지를 한데 모아 논리 정연하게 결부시키는 '상상적, 합리적 환상imaginative and rational fancy'[9]과 구분하게 됩니다.

합리적 환상의 극단적인 사례는 이론이 '공리화'될 때 발생합니다. 이론을 공리화함으로써 우리는 언어적으로, 수학적으로 관련된 진술 중에서 일련의 기본개념을 선별해 낼 수 있습니다. 그리고 이론의 공리화 과정으로부터 논리적 추론을 통한 해당 이론의 결론을 도출해 낼 수 있습니다. 그러나 앞서 지적한 바와 같이, 특정 단계에서 어느 한쪽에 치중하는 경우도 있기는 하지만 우리의 정신작용은 통찰과 환상의 양 측면을 모두 포함하여 일어납니다. 따라서 이론의 공리화에서도 적합한 공리를 선별하여 추론하는 통찰력이 요구됩니다. 하지만 새롭고 창의적인 지각작용이 이러한 통찰력을 일반적으로 가져다주지 않습니다. 세계를 총체적으로 설명해 주는 새로운 이미지와 사고방식이 새롭고 창의적인 지각작용 속에서 일어나는 것을 보여준 뉴턴과 아인슈타인의 경우는 공리의 측면에서 보면 예외적입니다.

공리화의 과정은 이론의 적용을 용이하게 한다는 점에서 종종 필요하기도 합니다. 더욱이 공리화는 새로운 발견이 가능하도록 하는 데 핵심 역할을 합니다. 예컨대, 기하학적 통찰은 유클리드에 의하여 처음으로 공리화되었습니다. 이 공리는 자의적으로 설정된 유클리드 기하학의 진술들이 필연적임을 증명하는 데 기여하게 되었습니다.

9) 여기서 '상상적, 합리적 통찰력'과 '상상적, 합리적 환상'을 이해하기 위하여 저자가 염두에 둔 뜻을 헤아릴 필요가 있다. 상상이라는 말은 이미지에 근거한다는 뜻이고, 합리적이라는 말은 비율과 추론에 따른다는 뜻이다. 그리고 통찰은 사고 이전의 지각작용에 따른 능력을 말하고, 환상은 통찰에 이어서 이를 결부시키는 능력을 말한다. 이에 따라 'imaginative and rational insight'가 'imaginative and rational fancy'에 선행한다. 일상적으로 같아 보이지만, 환상과 통찰은 저자에 따르면 정신작용의 양 측면을 이룬다. 이 네 가지는 봄의 창의성을 이해하는 핵심 개념이다.

이 증명 체계는 나아가서 비유클리드 기하학 체계의 가능성을 여는 핵심적 단서가 되었습니다. 비유클리드 기하학은 우리가 일상적 경험과 감각 지각을 통하여 얻는 직관에는 부합하지 않습니다. 따라서 기하학의 공리 체계 수립은 새로운 통찰력을 갖도록 해 주었습니다. 공리의 엄격한 설정은 우리가 지니는 공간에 관한 일상적인 생각이 오히려 모순되고, 혼란스럽고, 자의적인지를 탐색하도록 하기 때문에 이러한 상황이 벌어지는 것입니다.

현대 수학의 측면에서 보면, 기본적인 공리개념은 종종 느슨하게 설정되어서 공리들 간의 관련 방식에 따라 그 의미가 결정됩니다. 이러한 경향은 분명히 창의적이고 독창적인 통찰력이 중요함을 말해 줍니다. 이 경향은 상상적 환상에서 나온 기본 이미지가 보다 조화롭게 총체적 설명 방식을 제시해 준다고 본 콜러리지가 암시한 가능성에 상응합니다. 그러나 이러한 사고의 경향은 아직까지 상상적, 합리적 환상 수준에 머물러 있어서 당초 접히고 암재된 상태에서 펼치고 명재된 상태[10]로 이미지와 비율의 총체성이 지각되는 과정에서 요구되는 창의적인 통찰력에는 미치지 못합니다.

한편, 이론의 공리화는 현대과학에 부정적인 영향을 미치기도 하였습니다. 무슨 말인가 하면, 이론이 공리적 형태로 설정되면서 그 결과 야기된 정밀성, 고정 불변성, 논리적 완결성 등으로 인하여 지식이 우리를 종국에는 궁극적인 진리에 도달하게 해 줄 것이라는 인상을 갖게 만들었습니다. 게다가 공리 체계는 사람들에게 새로운 사고방식을 갖지 못하게 하는 "가리개"[11] 노릇을 하여 오히려 기존 사

---

10) implicit ; explicit. 저자는 우주의 질서를 암재 질서, 접힌 질서로 보고 인간이 이를 통찰력을 통하여 확인한 내용을 명재 질서, 펼친 질서로 본다. 이 장의 각주 4) 참조.
11) blinkers. 이 말의 동사 'blink'가 지닌 원래 뜻은 '깜빡거리다', '불빛을 비추다'이다. 그러나 속어에서도 사용되듯이 이 말은 아둔하고 미련한 상태를 지칭할 때 사용한

고방식이 지니는 모순과 부적합성을 파악할 암시와 단서로부터 차단시켜 버립니다.

실제로 사고의 공리적 방식을 강조한 결과 근대물리학은 물리법칙의 수학적 엄밀성과 실험결과의 수학적 예측 가능성에 무게를 두고 그것을 물리학이 지향하는 목표로 삼았습니다. 이에 따라 마음에서 일어나는 통찰력과 지각을 물리학의 목표를 달성하는 데 부차적인 수단이라고 여깁니다.

전반적으로 본말이 전도되었습니다. 그래서 합리적, 상상적 환상은 우리 삶의 근간이 되는 심오한 기초 또는 하부구조로 여기고 합리적, 상상적 통찰은 암암리에 경우에 따라서 아예 명시적으로 전자로부터 파생되는 상대적으로 피상적인 구조로 여깁니다. 그 결과 우리 사고 저변에 깔린 심원이 창의적이고 독창적인 통찰의 작용에 있음을 자각하지 못하게 되었습니다. 그리고 통찰에 따라 파악한 내용이 환상의 영역에서 발현되고 명시된다는 점과 그것이 또 다른 통찰을 가져오는 암시와 단서로 작용하여 지식의 거대 흐름을 형성한다는 점을 보지 못하게 되었습니다.

지력과 사고 과정의 유사성

이미 짐작하였겠지만, 여기서 상상력, 추론, 사고와 같은 말들은 콜러리지와 헤겔과 같은 대가들이 사용한 바와 다른 의미를 갖습니다. 이러한 차이는 불가피해 보입니다. 말의 특성상 특정 실체나 상태를 지칭할 수 없는 이 말들은 정해진 주제에 따라 다른 방식으로

다. 본문에서도 개방적이고 창의적인 사고가 작동하지 않도록 하는 요인이 공리 체계라고 지적하면서 이 말을 사용한다.

의미를 설정하여 사용되기 때문입니다.

내가 보기에 인간의 마음이 작용하는 전반을 가장 명확하게 고려하는 방법은 지력[12]과 사고를 구분하는 데서 찾을 수 있습니다. 나는 "지력"이라는 말은 본질상 지각이 민첩하게 작용하는 것이라고 제안합니다. 발견의 섬광이 일어나는 통찰의 초기 단계에서 우리는 차이, 유사, 관련, 무관함, 비율에 따른 보편성과 특수성의 총체적 고려 등을 "봅니다." 여기서 '보다'[13]는 단순한 시각적 의미를 뜻하지 않습니다. 이때 통찰력은 무엇이든 새롭게 보려는 지력의 본질적 특성이며, 기억이나 훈련의 결과로 얻어지는 것이 아닙니다. 통찰력은 고대 희랍에서 "누스"[14]라고 일컬었던 것과 유사한 마음의 지각작용입니다. 통찰력은 전체 지각작용이 구체화된 경우입니다. 전체 지각작용은 마음속에서 일어나는 지각작용만이 아니라, 감각 · 지각, 심미적 지각, 감정적 지각 등 느낌을 통한 지각을 모두 포함합니다.

총체적 지각작용은 분석되거나 여타의 근본 부소능력[15]으로 추적

---

12) intelligence. 지력. 저자는 여기서 지력을 지각에 근거하여 통찰력을 낳는 능력으로 보고 있다. 그리고 사고가 추론과 명제에 의하여 진행된다는 점에서 지력은 사고에 대비된다고 본다. 이 점에서 지력은 합리성을 정점으로 하는 지성(intellect)과는 구분되는 말로서, 학자마다 달리 사용한다. 듀이(지성을 포함하는 총괄적 능력)와의 차이를 알 수 있다. 이는 베르그송의 직관에 가깝다. 용어해설 참조.

13) see. 인간의 지력이 지각작용에서 비롯되었다는 점을 강조하기 위하여 '보다'의 경우를 들고 있다. 이 말은 희랍어 '테오리아'의 뜻과도 상통한다.

14) nous. 일반적으로 직관이라고 번역하지만, 봄은 이 말을 높은 수준의 정신작용이 지각에 근거한다고 본다. 따라서 봄은 '누스'가 지성이나 순수이성보다 하위영역으로 본 아리스토텔레스의 입장과는 다르다.

15) faculties. 능력심리학은 인간의 정신능력이 신체의 근육처럼 각기 작용하는 별개의 독립된 부분들, 즉 부소능력들로 이루어져 있다고 본다. 실증적 연구가 나올 무렵 유행하던 이론이지만, 더 이상 지지받지 못하는 이론이다. 여기서는 시각이라는 지각작용이 다른 감각과 지각에 별도로 작용하지 않고 총체적으로 작용한다는 점을 강조하면서 부소능력을 언급하고 있다. 다른 한편, 부소능력으로 지각작용을 설명하는 것은 봄이 비판하는 '조각내기'에 해당한다.

해 낼 수 없습니다. 이 지각 자체가 근원적인 작용입니다. 물론 우리는 눈과 같은 기관이 어떻게 작용하는가 그리고 뇌의 신경조직이 어떤 기능을 하는가를 통하여 지각작용을 분석할 수 있을지도 모릅니다. 하지만 이것은 '지각 자체'를 분석한 것이라고 볼 근거가 되지 않습니다. 이러한 감각기관의 작용을 분석하기에 앞서 마음속에서 일어나는 지각 또는 지력의 작용을 받아들여야 합니다. 지각과 지력의 존재를 인정하지 않고, 이러한 분석을 하는 것은 하등 의미가 없습니다. 이러한 감각작용 분석의 의미를 지각하는 지력이 과연 어떻게 지각될 수 있으며 또 어떻게 그 분석과 비교할 수 있단 말입니까?

총체적인 지각을 특정한 부소능력, 이를테면 상상력이나 추론으로 동일시하는 것도 부적절합니다. 왜냐하면 '상상력'이라는 말의 의미는 마음속에서 이미지를 만들어내는 힘과 관련된 제한적 의미로 사용되기 때문입니다. 그리고 '추론'이라는 말의 의미도 "비율"이나 비율적 사고가 나름대로 표출되는 힘과 관련되어 있어서 제한적이기는 마찬가지입니다. 내 견해로는, 콜러리지와 헤겔은 상상력과 추론이 인간이 총체적 의미에서 창의력과 독창성을 발휘하는 근원이 된다고 생각하여 이들을 제한적 의미로 사용합니다. 하지만 나는 지각작용이 결코 분화될 수 없는 총체적인 것이어서 모든 마음작용의 근원이라고 봅니다. 왜냐하면 지각작용의 기원은 그 자체만 놓고 결코 알 수 없으며 지각작용으로 나타나는 특정 부소능력을 가지고 규정할 수도 없습니다.(이는 총체적인 지각이 과학이건 아니건 간에 이론을 통하여 궁극적으로 규정하거나 설명할 수 없음을 의미합니다.)

마음이 작용하는 다른 한편을 "사고"[16]라고 지칭합니다. 이 말이

16) thought. 일반적으로 생각하는 것과 달리 저자는 사고를 모종의 분석적이고 추론적이며 반복적인 정신능력이라고 생각하여 지력에 대비되는 뜻으로 사용한다. 사고는

콜러리지의 표현대로 "지력의 반대편에 있는 정신작용"을 의미한다는 점을 고려할 때 재현, 반복, 동일시, 안정 등의 측면이 사고의 주 특징임을 알 수 있습니다. 사고의 뿌리는 "되돌리다", "되돌아오다"의 뜻을 지닌 접두사 "re"의 용법에서 확인할 수 있습니다. 따라서 계절이나 밤낮의 영속적인 재현은 인간의 마음 깊숙이 자리 잡습니다. 오래전부터 인간은 어떤 것을 의식적으로 생각할 때, 마음은 전체적으로 이러한 영속적인 재현에 맞추어 작용합니다. 이를테면 그 결과로 낮과 밤이 번갈아가며 이어지는 것을 기대하게 되며, 그 기대가 사고의 과정에 정형화되어 버립니다. 이와 마찬가지로 의식적이건 무의식적이건 인간이 어떤 작용을 반복적으로 할 경우에도 그것은 마음에 반복적 습관의 형태로 자리 잡게 됩니다. 실제로 오늘날 사람들이 수행하는 추상적인 정신작용, 예컨대 수학적 사고에는 유사한 반복적 습관이 자리 잡아서 고도의 수학자들도 의식적으로 별다른 주의를 기울이지 않더라도 "쉽게 처리할 수 있는"[17] 형태로 많은 지식을 소화해 냅니다. 그 결과 이러한 방식에 따라 인간의 사고 과정을 '반사적 사고'[18]라 할 정도의 형태로 서서히 정형화되어 갑니다.

인간의 경험이 사고의 영역 밖으로 확장되지 않기 때문에 반사적 사고는 매우 잘 작동하게 됩니다. 그러나 조만간 기존의 반작용 사고가 적절하게 대응할 수 없는 상황이 일어나게 됩니다. 가장 단순한

는 분석적인 능력과 종합적인 능력을 모두 포함하지만, 직관과 통찰이 결여되어 있다. 우리말의 생각과 유사하다. '생각났다'는 말을 떠올리면 저자가 사용하는 사고의 의미와 통한다. 이하에서 알 수 있듯이, 사고는 반작용, 반사작용, 반성작용의 특징을 지닌다.

17) at his fingertips. 습관을 넘어서 타성에 젖어서 반응하는 양상을 뜻한다.

18) reactive thought. 사고의 주요 특징으로서 어떤 틀에 가두어 둔 반응 양태의 정신작용을 말한다. '반사작용'과 함께 짝을 이루는 작용이 '반성작용'이다.

예는 밝은 물체를 보고 좋아하면서 반사적으로 그것에 접근하려는 어린아이의 경우에서 확인할 수 있습니다. 반사작용이 밝은 물체가 기분 좋게 하는 물체라는 경험에서 나온 지식을 포함한다는 점에서 이것은 반사적 사고의 기본 형태임에 틀림없습니다. 그러나 어제 어린아이가 불에 접근하여 데였다고 생각해 봅시다. 순간적으로 기존의 반사작용은 절대 일어나지 않게 됩니다. 그 후에 이 아이가 밝은 물체를 보고 반응하겠지만, 이때 반응은 지난번 고통스러운 기억에 따라 접근하지 말자는 생각과 연합하게 됩니다. 그래서 분출되는 에너지는 후퇴하고 내부로 회귀합니다. 이러한 에너지 역행으로 '반성적 사고'[19]의 과정이 시작됩니다. 이러한 움직임은 대개 불에 데는 고통 없이 밝은 물체를 가지고 노는 즐거움은 없을까 하는 문제를 해결하고자 하는 신경계 안에서 일어납니다.

분출되는 모든 충동은 충동의 대상을 향하여 다소 조야한 방식으로 반응하는 구조를 가지고 있습니다. 이 충동이 반사되거나 되돌려질 때, 충동은 대상이 충동을 자극하는 것과 비슷한 방식으로 감각신경을 자극하게 됩니다. 이렇게 해서 신경계에는 대상과 더불어 지각되는 모종의 '이미지'가 창출됩니다. 심지어 대상이 직접 지각되지 않는 경우도 이미지는 창출됩니다. 이러한 이미지는 의식의 흐름 속 기억에서 수동적으로 야기되는 하등 쓸모없는 환상이 아닙니다. 오히려 이미지는 분출되는 충돌의 반성작용으로 생겨나기 때문에 그 반성작용을 이끌어낸 문제상황과 난제와 관련됩니다. 이러한 내적 과정 속에서 모종의 작용이 일어나는데, 충동은 처음에는 이미지와 관련 맺다가(즉 상상력이 동원되어서)[20] 차후에는 현실 상황과 관련을 맺

19) reflective thought. 앞서 소개한 반사작용에 따라 이에 대응하는 사고방식. 앞의 반사작용 사고가 암암리에 일어난다면, 반성적 사고는 다소 의식적으로 작용한다.

으면서 난제를 해결하려는 사고와 결합을 시도하게 됩니다.

반성작용은 처음에는 반사적 사고 패턴이 현실 사태에 보다 잘 적응하려고 변화를 꾀하는 과정에서 생기는 난점을 해결하려는 데서 비롯됩니다. 반성적 사고의 일차적 기능은 반사적 사고가 우리 자신이 찾아낸 문제상황에 적합한지 평형감과 안정성 상태를 유지하는 데 있습니다. 실제로 반성작용은 반사적 사고가 반복되는 패턴에 맞추어 해결책을 모색하는 패턴을 갖추게 됩니다. 그래서 이러한 종류의 사고를 '반사적', '반성적'이라고 규정하는 것입니다. 왜냐하면 반성작용은 이전의 반사 패턴에 부합하며 적합한 수단이 되는지에 초점을 맞추고 있기 때문에 이 사고는 반사작용이 주된 특징이라고 할 수 있습니다.

이상에서 지적한 반사적 사고가 정신작용에 일차적 요소가 된다는 입장을 고수하게 되면, 사고의 과정은 기계론적인 것으로 변질되는 경향이 강해집니다. 기계론적인 과정을 특징지을 수 있는 것은 반복성입니다. 다시 말하자면, 기계론적 사고의 본질은 마음이 관성의 법칙에 따라 움직인다는 것입니다. 여기서 관성의 법칙이란 사고 체제가 외부로부터 어떤 방해를 받지 않을 때까지 무한 반복을 이어가려는 필연적인 속성을 이르는 말입니다. 반사적 사고는 일련의 심리적, 육체적 작동이 습관적인 반복 패턴으로 연결되어 설정된 이러한 타성에 따라 작동하게 됩니다. 이러한 반복적 타성 패턴은 외부조건이 바뀌게 되면 변화하게 되며, 그에 따라 사고를 다른 방식으로 반응하도록 강요합니다. 반사적 사고는 본질적으로 기계론적 과정이라는 점은 명백합니다.

---

20) 상상력은 이미지의 작동, 즉 이미지가 작동하는 것을 말한다. 이미지와 상상력이 동족어임을 염두에 둘 필요가 있다.

물론 우리는 사고의 매 단계마다 반성적으로 대응할 수 없기 때문에 반사적 사고는 필요한 것입니다. 이러한 사고는 자동차 운전 습관에서 알 수 있듯이 잘 드러나지 않습니다. 이외에도 사고의 모든 단계를 고려한다는 것은 엄청난 일이어서 그것을 한꺼번에 반성적으로 고려할 수는 없습니다. 그래서 비록 기계론적이기는 하지만 반사적 사고는 사고의 전 과정의 일면 또는 중요한 측면을 차지합니다. 그럼에도 불구하고 '반성적 사고가 기계론적 사고작용의 틀을 넘어서 반응할 기회가 없다면' 사고의 전 과정은 필연적으로 해결 불가능한 난제라는 틀에 갇히게 됩니다.

그럼에도 불구하고 일상 경험에서 보듯이 우리는 반성적 사고의 양태가 기계론적 패턴의 지배를 받고 있음을 쉽게 확인할 수 있습니다. 그 결과 어떤 문제를 해결하려는 시도는 종종 해결의 실마리를 찾는 데 있어서 기억에 의존하는 패턴을 넘지 못합니다. 결국에 가서 해결책을 찾고자 하는 새로운 국면에서도 기억한 내용을 토대로 한 반복에 의존할 뿐입니다. 즉 기억의 패턴이 지배하더라도 '즉각적인 반사작용immediate reaction'을 해야 함에도 불구하고 우리는 기억의 패턴에 매여서 '지체된 반사작용delayed reaction'[21]에 이끌려서 반응하게 됩니다. 지체된 사고 패턴이 즉각적으로 출현하는 원초적 사고 패턴보다 내용이 풍부하고 섬세할 수 있을지는 모르지만 여전히 기계론적 특성에 머물게 됩니다.

상위 단계의 사고는 기억 패턴이 더 이상 문제해결에 먹혀들지 않는 상황에서 제기된 문제가 있을 때 나타납니다. 정작 이러한 사태는 마음이 무엇을 해야 할지 "알아채려고figure out"[22] 할 때 일어납니다.

21) 반사적 사고 패턴이 잘 작동되지 않는 상태. 이를테면, 타성과 같다.
22) 반사작용이 잘 작동되지 않아서 지체될 경우 이에 대한 대비책으로 환상이 발현되

일반적으로 이러한 과정에는 상상적, 합리적 환상이 포함됩니다. 즉 마음이 해결책을 강구하게 되는 것은 새로운 방식에 따라 타당한 이미지와 개념을 정렬시키면서 그것들을 문제상황에 맞게 채택하고 수정함으로써 가능합니다. 앞서 지적한 바 있듯이 특정의 통찰력이 이 과정에 포함됩니다. 그러나 이 방식으로 얻어진 내용은 문제해결에 도움이 된다고 여겨진 기본 이미지와 개념들에 의해 제한을 받게 됩니다. 따라서 이 과정은 선도적이기는 하지만 여전히 기계론적 방식에 의존하고 있음에 틀림없습니다.

하지만 보다 넓은 맥락에서 보자면 합리적, 상상적 환상의 반응은 그 자체가 지닌 한계보다 더욱 심각하게 제한받게 됩니다. 이어 벌어지는 상황은 반성적 사고가 기존의 반사적 사고가 깔아놓은 패턴에 합당한 해결책만을 제시해야 한다는 필요에 따라 반성적 사고의 작용양식이 지배를 받는다는 점입니다. 이러한 반사적 사고 패턴의 특징은 관찰된 사실 속에서 일어나는 미묘한 변화를 색다른 방식으로 민감하고 자유롭게 포착하지 못하는 둔감함과 조야함에 있습니다. 무엇보다도 이미 익숙해진 방식이건 아니건 반사작용은 별반 영향을 받지 않습니다. 그래서 반성적 사고가 기존에 설정된 반사적 패턴에 맞게 해결책을 찾고자 한다면, 그것은 필연적으로 둔감하고 조야한 반응의 경향을 드러냅니다. '주된 특징은 논리적 범주의 확고하고 성급한 설정을 지나치게 강조하는 방식입니다.'

예컨대, 아이가 특정 음식에 혐오 반응을 격렬하게 드러내는 경우를 들 수 있습니다. 이 음식을 회고할 때 그 아이는 "이런 종류의 음식은 '모두' 나빠"라는 생각을 의식적으로 불러일으킴에 따라 혐오 반응을 드러냅니다. 이 사례가 함의하는 바는 자신을 괴롭혔던 것과

는 상황.

유사한 음식과 상이한 음식을 구분하는 일종의 고정관념을 구축한다는 점입니다. 이러한 함의 이면에 "나를 '괴롭히는' 음식과 그렇지 않은 음식을 구분하여 모든 음식을 나누어놓게 되면, 그것으로 모든 문제가 해결된다"는 일반화된 생각이 자리 잡습니다. 이와 같이 사물을 선호하는 것으로 확정적으로 묶어버리고 난 후에는 이에 따라 반성적 사고의 연장선에서 반응하게 됩니다. 반사작용과 반성작용 간에 궁합이 맞게 되면, 그것은 나를 "괴롭히는" 속성을 지닌 음식을 회피하는 고정된 반응 양식에 따라 모든 문제를 해결하도록 합니다.

인간이 어떤 사물은 A이거나 A가 아님과 같은 형식 논리의 법칙을 발견해 낸 것은 중요한 진일보임은 명백한 사실임에 틀림없습니다. 형식 논리의 법칙들은 사실과 개념을 명백히 구분해야 하는 경우라면 여러 분야에 폭넓게 적용됩니다. 그럼에도 불구하고 형식논리의 발달은 그만큼 인간에게 매우 위험하고 해로운 올가미를 씌워줍니다. 이를테면 모든 사물이 공간 차원의 안과 밖 중에서 한 곳에 위치한다는 점에서 매우 적합하지만, 이것이 모든 음식을 일률적으로 "괴롭히는 음식"과 "괴롭히지 않는 음식"으로 양분하는 것은 타당하지도 않을 뿐만 아니라 바람직하지 못한 방식입니다. 음식이 나를 괴롭히게 하는 근거는 찾아내기 매우 복잡하고 그 음식이 단순히 어떤 종류에 속하는가 하는 범주의 문제를 넘어서 모든 요인을 고려해야 할 문제입니다.

그럼에도 마음은 이러한 반사적 사고 패턴의 지배를 받는 한, 반성적 사고는 앞서 소개한 불변의 형식 논리가 예단한 구분에 따라 경우를 무분별하게 가리지 않고 습관적이고 기계적으로 반응합니다. 이러한 사고의 극단적인 사례는 "인간은 인종에 따라 구분되며, 특정 인종에 속한 모든 사람은 나쁘다"라는 편견에 따라 반성적으로 사고

한 결과로 일어나는 특정 인종에 대한 혐오 반응입니다.

그러면 어떻게 하면 사고가 부적절하고, 혼란스럽고, 파괴적인 성향을 낳는 기계론적인 반응의 지배를 받지 않을 수 있을까요? 여기에 요구되는 것이 반사작용 패턴과 반성적 사고의 연합을 극복할 수 있는 통찰력입니다. '통찰력은 기존에 형성된 조건화 패턴에서 벗어나야만 합니다. 그렇지 않으면 기계론적 반사작용이 사고 전반으로 확대되는 결과를 낳습니다.'

앞서 지적한 바와 같이, 통찰력은 마음 전반에 작용하는 일종의 지각입니다. 본질 면에서 보면 통찰력은 "지력"이 마음 깊숙이 작용하는 지각작용입니다. 지력이 작용할 때마다 주어진 이분법적 구분을 늘 유동적으로 파악하고 상황에 따라 적합한 범주를 새롭게 만들어내는 지각작용이 있습니다. 그렇게 되면 마음은 더 이상 기계론적 경향의 지배를 받지 않게 됩니다. 즉 마음은 이미 주어진 고정된 범주에 종속되지도 않고 기계론적 경향에 따라 획일적으로 반응하는 습관적인 반사작용의 지배를 받지 않습니다. 그 결과 어려운 문제가 생길 때마다 마음은 필요하다면 낡은 범주를 파기하고 새로운 합리적, 상상적인 통찰력을 만들어내어 문제해결에 요구되는 새로운 모색 방법에 부응할 수 있게 됩니다.

하지만 인간의 지력이 사고로부터 확장되어 나온 부수물이라는 일반적 생각이 널리 퍼져 있습니다. 즉 사고는 지력이 일어나서 작용할 수 있는 터전 또는 마당을 제공한다고 말입니다. '이렇게 생각하게 되면 지력은 원천적으로 사고 영역을 넘어서 생겨나지 못한다는 사실은 아무리 강조해도 지나침이 없습니다.' 앞서 지적한 바와 같이, 지력이 생겨나는 심층은 모든 지각이 거기서부터 발생하는 미지의 불가사의한 총체입니다.

분명한 점은 지력은 이를테면 과학 기술처럼 학습에 의하여 축적된 지식의 결과로 간주해서는 안 된다는 점입니다. 그보다 지력은 하나의 예술, 즉 마음 전반에 작용하는 지각의 예술입니다. 이러한 예술은 통찰력과 기량을 요구합니다. 통찰력과 기량이 없다면, 사고는 순식간에 혼란에 빠지게 됩니다.

사고가 이러한 혼란에 빠지지 않도록 할 체계적인 방법을 특정할 수는 없습니다. 다만 우리에게 사고의 과정은 어떻게 하여 고정된 범주에 갇히게 되는가를 매 순간마다 깨닫게 하는 각성이 요구될 뿐입니다. 그러나 이러한 각성조차도 끊임없는 마음의 작용이 완벽한 조화를 이루도록 해 주지 않습니다. 정신 에너지, 통찰력, 기량이 온전히 갖추어질 때 지력에 요구되는 지각을 통하여 우리는 고정된 틀에 갇힌 치명적인 혼란에서 벗어나서 여러 난제들을 온전하게 대처해 갈 수 있습니다. 달리 말하자면, 인간이 깊은 내면에서 개방적이고 조화로움을 만끽할 수 있는 것은 마치 사고 과정의 부조화를 창의적으로 지각하는 경우라고 할 수 있을 것입니다.

[저자의 미주]

[1] Barfield, Owen (1971). *What Coleridge Thought.* Middletown: Wesleyan University Press, pp. 76, 128 ; and Wallace, W. (1904). *The Logic of Hegel.* London: Oxford University Press. pp. 92, 379.

제4장

흐르는 우주 질서라는 예술

제4장

흐르는 우주 질서라는 예술

여기서는 언어와 사고가 수행하는 기능에 대하여 탐구해 보도록 하겠습니다. 오랜 기간 동안 사고와 언어가 각기 분할[1]된 한 형태로 발달한다고 인식되어 왔기에 이러한 탐구는 일차적으로 필요하다고 봅니다. 물론 경우에 따라서, 사고와 언어를 각기 떼어놓고서 주의를 기울일 필요도 있습니다. 그러나 이 두 가지가 별개이며 근본적으로 그 근원, 실체, 그리고 소멸에 있어서 아무런 관련 없이 독자적으로 존재하는 것으로 간주한다면, 어느 하나도 제대로 파악해 낼 수 없을 것이며, 각각을 분할된 실체로 파악한 결과 심층의 단일성을 지각하지 못하는 혼란에 빠지게 됩니다.

이와 마찬가지로 예술과 과학을 별도로 조각내어 파악하려는 시도는 사회를 별개로 떨어져 존재하는 국가, 인종, 또는 정치, 경제, 종교적 집단으로 쪼개서 이해하려는 것과 같습니다. 하지만 이렇게

1) fragmentation. 조각내기. 여기서는 전체성, 총체성을 도외시하는 조각낸 형태로 인간의 지각을 다룰 수 없다는 뜻. 분석의 필요성을 부정하는 것이 아니라, 사고와 언어는 조각내기, 분할을 그 주된 특징으로 한다는 점 때문에 우주 질서와 인간 활동의 본질을 제대로 파악할 수 없다는 것이다.

분절된 부분들도 실제로는 본질적으로 관련되어 있으며 상호 의존적입니다. 그것은 실체가 전체로서 드러날 수밖에 없는 마치 분할이 불가능한 총체인 것과 같습니다. 인간 활동이 본질적으로 분리되어 있고 독자적으로 존재한다는 생각은 인류 역사를 통하여 면면히 흘러내려 왔던 사실이지만, 최근 들어 신랄하고 엄중하게 비판을 받아 왔습니다.

인간의 실존, 기실 이 지구상에 존재하는 모든 생명체의 실존은 현재 과학·문명의 파괴수단이 발달함에 따라 위협받고 있습니다. 설사 이러한 전 인류적 파괴가 없다고 하더라도, 인류는 매우 심각한 것으로 판명될지 모를 일련의 난관에 봉착하게 됩니다. 세계가 과잉인구, 자연자원의 고갈, 환경오염 그리고 지구상 모든 생물의 생태적 균형의 파괴에 직면하게 된 것은 우리가 지각, 경험, 행동을 모두 분할하여 파악하기 때문입니다. 이러한 문제를 간과하고 삶의 문제를 고려한다는 것은 우리 자신이 세계를 우리와 동떨어지게 파악하고 각자 삶의 내면의 본질적인 것에서 소외되는 것을 경험하는 것이며, 그것은 우리 모두가 구조적으로 의미를 점점 상실해 감을 뜻합니다.

최근에 이러한 위기의 실체를 감지하려는 분위기가 확산되어, 우리 사회가 안고 있는 고질적인 일련의 난제를 해결하려는 구체적인 노력이 따르고 있습니다. 그러나 불행하게도 이러한 노력조차도 기껏해야 언어와 사고의 기원에 대한 깊이 있는 고찰이 아니라 기존의 분절된 사고에 따른 연구결과에 다시 의존하고 있습니다. 이와 같은 방식에 따르게 되면 언어와 사고의 양태가 결코 온전하게 파악될 수 없기 때문에 상당한 고역을 치르게 됩니다. 실제로 언어와 사고는 우리가 알아차리지 못할 만큼 매우 미묘하게 작동합니다. 그 결과 언어와 사고가 광범위한 차원에서 어떤 상호 관련을 맺는지를 파악하지 못하게 우리의 주의력 집중을 방해합니다.

예를 들어 생태균형 문제를 살펴봅시다. 이 지구상의 문제는 인간 활동과 한데 묶어서 분할되지 않고 쪼개지지 않는 전체로 파악해야 제대로 다룰 수 있습니다. 만약 이러한 사실을 간과하고 생태학을 전공한 사람이 자신의 지식을 이 문제에 적용하려 할 경우 자신의 개인적 관심사나 아니면 자신이 속한 집단의 사회, 경제적, 국가적 이익에 몰두하게 됩니다. 그러면 과연 그들 자신이 전반적인 차원에서 이 문제를 고려했다고 할 수 있을까요? 필연적으로 우리의 마음속에는 개인적 관심사나 소속 집단의 이해에 지나치게 얽매여서 그것이 적합하다고 여기면서 분할된 형태로 생각하려는 잠재적인 압력과 경향이 있습니다. 따라서 이 지구상의 전반적인 생태적 순환에 부합하는 지적인 사고와 언어를 구사하는 것은 가능하지 않아 보입니다.

이와 유사하게, "생태 순환의 총체성totality of the ecological cycles"이라는 것을 개인과 사회에 적용시켜 보겠습니다. 이 순환 과정에서 인간의 사고와 언어는 우리가 건전하고 현실적인 행동을 못하게 막는 "정신적 오염mental pollution"으로 여겨질 수도 있습니다. 그러면 우리 자신을 포함하여 모든 사물을 분할된 방식으로 보는 혼돈 상태에 빠진 상황에서 우리의 행동 자체도 온전하게 파악하지 못한다면 정치적, 사회적, 경제적 행동이라 할 만한 가치는 어디서 찾을 수 있을까요?

사고의 실상에 관하여

우리가 겪는 혼란이 우리 스스로가 함몰되어 그것조차 깨닫지 못하는 언어와 사고의 "바다"에서 나온 것이라면, 우리가 당장 탐구해야 할 문제는 당연히 우리의 언어와 사고의 실제 기능을 탐구하는 일일 것입니다. 이 탐구에는 무엇보다도 언어와 사고의 기능에 지대한 관심을 쏟는 일이 당연히 포함됩니다. 자연을 비롯하여, 기술공학, 정치, 경제, 사회, 심리적 문제 등을 포함하는 모든 것에 관심을 기울일 필요가 있습니다. 세심한 관심을 갖지 않으면, 언어와 사고가 기계론적으로 작동하는 기능에 머물게 되는데 그것이 곧 우리가 하고자 하는 모든 일을 왜 추구하는지 모르게 하는 혼란에 빠지게 합니다.

언어와 사고에 대한 첫 번째 관심사는 과연 '생각이 실재하는가 thought is real'를 파악하는 데 있습니다. 사실 사고의 실재는 뇌파측정기와 같은 도구에 의하여 확인될 수는 있습니다. 이러한 도구는 전기 변화, 화학 변화, 근육 수축 등이 없다면 사고가 존재하지 않음을 보여줍니다. 그러나 이러한 도구를 통하여 측정된 동일한 행위가 다른 편에서 보면, 안팎의 측면 모두에서 '의미 있는 기능'을 수행합니다. 즉 안쪽에서 보면 사고, 상상력 등이지만, 바깥쪽에서 보면 언어, 대화, 실제적 행동 등입니다. 집, 테이블, 의자, 자동차, 도로, 농장, 공장 그리고 우리가 일상적으로 볼 수 있는 모든 것들은 다 사고의 연장[2]입니다. 자연은 있는 그대로 형성된 것이지만, 인간 활동은 인간이 자연 질서에 간여하면서 갖게 된 생각이 지어낸 가공물[3]을 낳습니다.

인간이 지어낸 삶의 형태만이 아니라 나아가서 안정된 사회를 결정짓는 사고의 중추적 역할의 실상은 생태 내의 DNA의 구조와 비교

2) 延長. extensions. 데카르트의 심신이원론에서 말하는 공간 속 연장인 물질의 세계가 아니라, 여기서는 사고가 지어낸 산물을 말한다. 저자는 데카르트의 심신이원론을 부정한다.

3) artifacts. 인간 활동이 우리가 지어낸 생각의 결과라는 것을 말한다. 즉 일체유심조(一切唯心造).

하여 제법 설명이 됩니다. 잘 알려진 바와 같이, 생물학자는 유기체의 유전적 특성이 이중 나선형의 길고 복잡한 DNA 분자에 의하여 결정된다는 사실을 발견해 냈습니다. 세포를 분해하면, DNA 분자는 "복제"되어, 새로운 세포의 형성과 성장에 요구되는 "정보"를 실어 나릅니다. 더욱이 DNA 분자의 "그릇된" 요인, 이를테면 분자의 DNA에 갑작스레 침투하는 DNA 바이러스와 같은 것이 복제되기도 하며 세포의 이어지는 번식에 치명상을 입기도 합니다.

이와 유사하게, 각 개인의 두뇌는 의사소통 과정에서 타인의 사고를 "복제"하고, 때로는 충실하게 하지만 어떤 때는 "그릇된" 요인을 복제하여 장차 이어지는 의사소통과 사고를 방해하기도 합니다. 이러한 사고의 복제 패턴은 우리가 개인적으로, 사회적으로 살아가는 데 매우 중요하게 작용합니다. 만약 우리가 사고 패턴의 기억을 모두 잊어버린다면, 타인과의 관계는 어떻게 맺어야 하는지 그리고 우리 자신이 필요로 하는 것을 어떻게 다루어야 하는지 알 수 없기 때문에, 아마 사회는 붕괴할 것이며 개인의 생존능력은 멈출 것입니다. 또한 분명한 점은 사고 패턴의 그릇된 복제 경향은 그 경향이 멈추지 않는 한 해결 불가능한 개인적, 사회적 문제를 누적시킵니다.

살아 있는 유기체의 새로운 형태를 낳는 DNA 분자의 돌연변이를 생각해 보면, 이와 같은 유추가 타당할 것입니다. 생물학자들은 돌연변이가 전적으로 우연히 발생한다고 일반적으로 가정하기도 하지만, 이러한 돌연변이를 통해서만이 유기체가 새로운 환경에 적응하여 생존할 수 있다고 생각합니다. 이와 마찬가지로, 인간의 사고도 우연히 또는 돌발적으로 변할 수 있고 실제로도 변합니다. 이러한 변화를 통하여 인간의 사고는 원리상 자신의 새로운 환경에 보다 잘 적응해 나가게 됩니다. 그러나 세포에 일어나는 현상과 다르게, 인간은 새로운 방식에 잘 적응하지 못한다고 해서 필연적으로 사멸하지는 않습니다. 이미 지적한 바와 같이, 인간은 오히려 자신의 사고에 더욱 집중하고, 그 사고가 자신이 살아갈 현실에 맞는지를 따져보고, 만약 그것이 맞지 않는 경우 사고 자체를 바꾸도록 실험해 갑니다.[4]

이러한 상황을 온전하게 파악하기 위하여 우리가 지닌 생각에 관심을 총체적으로 집중할 수 있어야만 합니다. 즉 안팎으로 작용하는 생각의 실제 흐름이 우리가 살아가는 세상의 실체에 광범위하고 심층적으로 부합하고 또 상응하는지에 집중해야만 합니다. 그러나 만약 우리의 사고 과정에서 나온 생각들만을 토대로 하여, 즉 습관적이고 타성적으로 그릇되게 "복제"된 생각에 기반을 둔 분할된 사고를 가지고 문제를 다루고자 한다면, 이와 같은 일은 결코 수행되지 않습니다. 우리가 당초 해결하려던 문제에 제대로 집중하지 못하게 된다면, 문제해결에 초점을 맞춘 사고는 문제해결이 아니라 문제를 야기시키는 분할되고 혼란스러운 특징을 지니게 되어, 상황을 개선시키는 것이 아니라 더욱 악화시키는 결과를 초래하게 됩니다.

사고 내용과 사고 기능의 분할에 관하여

우리의 사고에 집중하여 앞 절에서 지적했던 것처럼 사고의 실제 움직임을 파악하기 어려운 까닭을 찾아내야 하는 주된 이유 중 하나

---

4) 저자의 이러한 지적은 듀이의 실험적 사고와 유사한 측면이 있다. 듀이는 경험의 재구성이 마음과 대상의 이분법적 사고를 극복하는 상호작용, 이후에 명명한 교변작용(trans-action)을 통해서 가능하다고 보았다. 봄의 '총체성'은 바로 이에 상응하며, 문제해결 과정도 이러한 배경에서 이루어진다. 그럼에도 불구하고, 듀이의 실험적 사고, 또는 반성적 사고는 봄이 설정한 사고와 다른 특징을 지니고 있다.

는 우리가 지닌 사고의 본질을 분할되는 애매한 것으로 파악한다는 점 때문입니다. 이러한 분할은 어린 나이에서 시작됩니다. 일정한 연령, 이를테면 피아제가 연구한 바와 같이 언어를 통하여 사고가 상대적으로 감각 동작적 수준에서 매우 추상적 수준의 상징으로 발달해 가는 연령에 도달하면, 마치 보거나 만지는 물건이 실재하는 것처럼 아이는 가상의 물체에 대하여 자신의 머릿속에 이에 상응하는 '내용'이 있다고 가정하게 됩니다. 물론 나이가 들어감에 따라, 이러한 내용이 "가상적"이라는 것을 발견하고 그것을 "실재하지 않는 것"으로 여기게 됩니다. 그러나 아주 어린아이는 이 정도로 세심하게 이해할 단계에 이르지 않아서 심각한 문제에 봉착하게 됩니다. 즉 사고 내용이 "실재하는 것"이건 아니건 간에, 사고의 기능은 '항상' 실재한다는 데 머무르게 됩니다. 이 경우 사고의 첫 번째 기능은 자신의 관심에 부합하는 방식으로 주의를 기울이게끔 지각하도록 하는 것입니다. 두 번째 기능은 자신의 관심에 부합하는 방식에 따라 행동하게끔 감정을 불러일으키는, 이른바 '동기'를 부여하는 것입니다.

예를 들어서 테이블을 봅시다. 사람들은 테이블이 서류를 작성하는 도구로 생각할 수도 있지만, 실내 이동 시의 장애물로 생각할 수도 있습니다. 두 가지 생각이 테이블을 전혀 다르게 지각하도록 합니다. 테이블을 다르게 지각한다는 것은 서류를 작성할 것인지 한편으론 치울 것인지 하는 테이블에 관한 전혀 다른 동기 유발에 관심을 불러일으킨다는 것입니다. 그러므로 '우리는 행동을 결정하는 생각과 지각이 동기를 유발하는 감정과 충동과 더불어서 전체 움직임의 관점에서 보면 서로 떼어낼 수 없다는 점과, 이들을 동떨어진 별개의 실체로 여기는 것은 사고의 내용과 그 전반적인 작용을 조각내는 것임을 주목하게 됩니다.'

사고가 수행하는 전반적 기능과 사고의 내용을 위와 같은 방식으로 조각내는 것은 인간행동과 더 넓게는 인간관계를 이해하는 데 심각한 혼란을 초래합니다. 예를 들어서 국가, 인종, 관습이 다른 사람들이 자기보다 열등하다는 생각은 실제로 그 사람들을 열등한 존재로 '보고', 또한 자신들이 열등하다고 여겼던 내용에 부합하는 방식으로 그들을 대하게 됩니다. 이러한 혼란에 빠지게 되는 것은 자신이 생각한 내용이 사고의 기능과 뗄 수 없는 단일체로서 작용한다는 점을 보지 못하기 때문입니다. 더욱이 자신과 다르다는 점을 가지고 타인을 열등하다고 보면서 그 사고 내용에만 전적으로 집중함으로써 "단지 생각"에 불과했던 그 내용이 결국에는 존재하지도 않는 "정신적 실체"로 여기는 데다가 결국에는 그것조차 대수롭지 않게 여기게 됩니다. 그 결과 다른 사람을 열등하게 "봄으로써" 그리고 열등하게 취급하려는 동기와 충동을 "느낌으로써" 이 생각에 붙박여 있는 기능이 작동하고 있음을 경험하는 순간, 생각을 작동시킨 원래 내용을 잊어버리게 됩니다. 그리고 나선 "이것은 단순한 이미지가 아니구나, 그리고 자신이 그것을 매우 중요하고 다급한 문제로 보고 지각하는 내용이 진짜구나"라고 생각해 버립니다. 결과적으로 다른 사람의 열등함은 "단순한 생각"이 아니라 입증된 사실이라도 된 듯 여깁니다.

물론 이러한 "입증"은 착각이며, 그리고 이 착각은 생각의 내용과 기능을 떼어놓은 데서 비롯된 것입니다. 내용과 기능을 떼어놓게 되면, 그 이면에 자신이 자각하지 못하는 사이에 지각과 내면의 감정의 경험이 "단순한 생각"임에 틀림없다는 가정을 하게 됩니다. 앞서 지적한 것처럼, 이러한 판단은 생각이 그 자체로 실재하고 또 우리의 삶 전반에 편재하여 지각, 동기, 행동을 작동하는 기능을 한다는 사실을 간과하는 데서 비롯됩니다.

만약 이러한 점을 파악하지 못하게 되면, 사고의 내용이 총체적으로 기능과 뗄 수 없이 단일하게 작동한다는 사실을 쪼개진 두 가지 부분으로 지각하고 경험하게 됩니다. 그중 하나가 단지 “단순한 생각”으로 나타나며, 다른 하나는 생각의 바깥에서 생겨나서 마음의 안팎에 폭넓게 작용하는 중요한 실체로 나타납니다. 이런 식으로 보게 되면 사고가 일어나는 것이 의미하는 바가 완전히 그릇되게 이해됩니다.

사고의 온당한 반응은 우리가 분할되지 않은 전체에 주의력을 집중할 경우에만 가능하며, 이는 사고의 내용과 사고의 전반적 기능이 분할되지 않은 단일 운동으로서 느끼고 지각되어야 함을 전제로 합니다. 앞서 지적한 바와 같이, 우리가 일반적으로 이와 같이 사고하지 못하는 이유는 어린아이들이 학습 과정 중 감각동작 수준의 경험에서 획득된 언어를 가지고 사고의 추상적 상징작용과 관련시키는데 당면하는 난점에서 찾을 수 있습니다. 실제로, 인간이 언어를 통하여 추상적 사고를 하기 시작했을 때에도 이와 유사한 난점에 봉착했던 점에 견줄 수 있을 것입니다.[5] 이 난점을 파악한 나이든 세대라 하더라도 각 단계마다 젊은 세대를 이러한 혼란에서 빠져나오도록 도울 수는 없을 것입니다. 이와 같이 인류는 초창기부터 오늘날에 이르기까지 사고가 지니는 총체적 의미를 오해하게 된 것입니다.

언어를 통한 추상적 사고를 발전시킴으로써 인간은 기호와 언어를

---

5) 화이트헤드(Alfred North Whitehead, 1861~1947)의 ‘잘못 놓인 구체성의 오류(fallacy of misplaced concreteness)’에 해당한다. 이 오류는 모든 사상의 추상성으로 인하여 추상화가 일어나면, 추상적인 관념이 구체적인 실재로 오인되는 오류이다. 즉 추상적인 관념들을 구체적인 것으로 오인하는 오류이다. 이를테면 중력 또는 만유인력법칙은 다양한 물리현상을 추상화한 법칙이지만, 이를 가지고 서로 끌어당기는 구체적인 모든 상황을 지칭한다고 할 경우, 이 오류를 범하게 된다. 과학적 유물론인 실증주의와 관념론이 모두 이 오류를 범하고 있다.

자신이 수행하는 활동에 부가시켜 버렸을 뿐만 아니라, 자신이 살아가는 세계의 실상을 파악하고자 주의를 기울이는 방법에 있어서 광범위하고 심오한 변화를 가져오게 하였습니다. 이러한 변화의 본질은 '언어의 상징적 기능symbolic function of language'의 도입으로 기술될 수 있습니다. 이는 폭넓은 의미를 자아내는 언어의 상징작용만이 아니라 이에 부수되는 느낌, 충동, 동기, 반응, 반작용 등의 총체성을 동원하는 능력을 모두 포함합니다. 예를 들어서 빨간 등불은 "정지"만을 의미하는 것이 아니라, 운전자에게는 이 상징기호를 지각하여 '실제로' 멈춰서야 한다는 의식적, 정서적, 신체적 반응을 지각하도록 합니다. 좀 더 추상적인 수준에서 음악가나 수학자들이 추상적이고 상징적인 사고의 틀을 생각해 보면, 그들 자신의 활동이 무엇을 의미하는지 집중하지 않고도 노련한 기능을 "능란하게 발휘할 수 있다"는 점을 알게 됩니다.

이처럼 언어상징체의 주된 기능은 언어에 대응하는 사물을 '지칭'하거나 '표상'하는 데 있지 않습니다. 오히려 그 기능은, 언어상징체가 없으면 새로운 방식에 따라 주의를 집중시키고 행동을 유도해 주는 것이 불가능한 상황에서, 기억, 심상, 생각, 느낌, 반응의 총체적 움직임을 주도하는 데 있습니다. 따라서 언어상징체들의 실제 기능을 제대로 관찰하지 못하게 될 때, 인간은 자신의 일상 기억을 제대로 파악하는 데 있어서 상당히 깊고 넓은 혼란에 빠지게 됩니다.

언어를 통한 추상적 사고의 상징적 기능에 대한 혼란이 인류 역사상 증오, 폭력, 파괴를 낳게 한 갈등 유발 기능이었다고 생각해 본다면, 그 심각성을 알 수 있을 것입니다. 흔히 이러한 행동이 인간 본성에 내재된 속성 탓이라고 합니다. 실제로 이러한 논의는 동물의 폭력성이 입증됨에 따라 정당화되기도 하였고, 그 결과로 인간의 폭력성은 인류 초기의 야만 상태에서부터 유전된 자연적 속성이라고 추정합니다. 그러나 이러한 주장은 동물의 싸움 본성과 인간의 폭력성 사이의 본질적인 차이를 무시하는 것입니다. 같은 종의 동물들이 싸울 경우, 예컨대 수컷들의 싸움은 결코 죽음으로까지 몰고 가지 않습니다. 단지 패자는 단순히 걸어서 물러나오고 전체 상황에 대한 관심을 갖지 않게 됩니다. 반면 인간이 싸울 경우는 이러한 일이 벌어지지 않습니다. 오히려 지난 일들에 대한 언급과 생각들로 인하여 갈등이 지속되고, 어떤 경우에는 수백 년 동안 이어지기도 합니다.

당초 합리적 의사소통과 건설적 활동을 하려고 했던 인간의 사고와 언어가 비합리적인 증오심과 파괴적 만행을 끊임없이 야기한다는 점은 아이러니인 듯합니다. 이러한 일은 인간이 본질상 언어의 상징적 기능을 온전하게 지각하지 못하는 데서 기인합니다. 예컨대 전쟁에 진 사람들이 "우리가 얼마나 부당하게 대접받고 있는가!" 하고 말할 경우, 그들은 언어와 사고가 필연적으로 자기 연민의 감정과 복수심을 불러일으키는 뿌리 깊은 그릇된 기능을 가지고 있다는 점을 이해하지 못합니다. 그 대신 앞서 지적한 다른 인종이 열등하다는 생각을 지닌 경우처럼, 그러한 감정이 "영혼 깊은 곳에서" 우러나기 때문에 다른 어떤 것을 희생해서라도 "정의는 실현되어야 한다"는 생각으로 이어져서 그것이 가장 중요한 것이라고 생각합니다. 그러나 인간이 언어와 그 상징적 기능을 떨칠 수 없는 필연적인 것으로 여긴다면, 목하 문제가 되는 감정은 사고로부터 기계론적으로 나오게 되어, 전혀 따져볼 가치가 없다고 봅니다.

추상적 의미에서 보면 이 논점은 누구에게나 수긍이 갑니다. 이는 "매와 돌멩이는 내 뼈를 부수지만, 이름은 나를 해칠 수 없다네"[6]라

6) Sticks and stones may break my bones, but names can never hurt me.

는 아이들이 즐겨 부르는 율동에서 입증됩니다. 이 가사가 드러내는 의미는 명백합니다. 그러나 이것이 의도적으로 합리적 사고를 방해하고자 하는 모종의 조치를 취하지 않고서야 남을 해치고자 하는 사람에게조차 이 말이 온전하고 합리적으로 들리지는 않을 것입니다.

이러한 반작용이 본질상 여러 가지 형태의 편견과 적개심, 분쟁, 끊임없이 이어지는 갈등을 무한정 야기하고, 인간 활동의 온전한 기능을 마비시켜서 모든 인간관계를 왜곡시킵니다. 그리고 우리가 인식하지 못하는 점은, 이러한 반작용이 실제 인간 생활에 합당하고 합리적이지 못한 반응을 자아냄으로써 결과적으로 사고의 내용과 사고의 기능을 서로 분열시키는 단초를 제공한다는 것입니다.

이러한 분열을 끝내고자 한다면, 인간의 사고가 수행하는 기능을 심층적으로 탐구하는 일이 요구됩니다. 여기에는 전기장치와 수학모형을 이용한 과학적 실증연구만이 아니라, 연구를 수행할 때 연구자가 자신의 사고에 지속적인 주의를 기울여서 심각하게 고찰하는 일이 포함됩니다. 예를 들어서 과학자는 두뇌에 관한 실험을 할 수 있지만, 과학자 자신의 사고와 언어가 따로 분할되어 있다면 그는 온전하게 주의를 집중할 수 없을 것이며, 그 결과 필연적으로 혼동스럽고 착시적이고 현혹된 결과에 도달하게 될 것입니다.

그러므로 모든 인간은 개시 단계에서부터 자신의 사고가 무의식적으로 작동하는 기능에 대하여 관심을 집중해야만 합니다. 왜냐하면 사고는 인간으로 하여금 무의식적이고 습관적으로 장구한 시간에 걸쳐 설정되어 현재의 우리에게 전수된 분할된 구조를 지속적으로 "복사하는 일"을 하고 있기 때문입니다. 이러한 방식에 집중하게 되면 우리 각자는 사고가 분할되는 틀이 각 개인과 사회 전반에 대하여 작동하는 과정을 알 수 있습니다. 그러면 그 기능에 대한 탐구를 하고 그것을 변화시킬 수 있는 실험에 돌입할 수 있을 것입니다. 그 변화가 사고의 내용과 기능 사이의 분열에 따른 난점에서 벗어나게 해서 현재 당면한 것보다 발전된 상태로 이끌 상이한 "정신적 DNA"를 가져다줄 수도 있을 것입니다.

세계를 보는 우리 관점의 필연적 불완전성

앞서 지적한 방식으로 사고와 언어에 주의를 기울이는 일이 정말 가능할까요? 앞의 지적이 사고와 언어가 서로 상응한다는 사실과 부합하지는 않을까요? 혹 이것이 오히려 혼동을 야기하는 모순된 생각이 되지는 않을까요?

만약 사고와 언어가 어느 정도 한정되어 있으며 이론상 완벽하게 알 수 있거나 완벽에 가까운 정도로 알 수 있도록 정교하게 규정될 수 있다면, 우리는 헤어나기 어려운 깊은 혼란에 빠지게 될 것입니다. 사고의 내용 그 자체 안에서 어떻게 사고의 전체 구조와 기능을 파악할 수 있을까요? 그러나 사고와 언어가 실상의 어느 한 측면을 파악하는 데 불과하다는 것을 깨닫게 된다면, 우리는 더 이상 완벽한 지식을 기대하지 않을 것입니다. 여타의 모든 기능이 그러하듯이 사고와 언어는 현재 우리가 지닌 지식을 검증할 경우에 전혀 새로운 주의력과 관찰력을 요구합니다.

하지만 우리의 지식은 필연적으로 불완전한 것이며 따라서 그것은 과학이 궁극적으로 절대진리에 도달하거나 아니면 적어도 그것에 근접할 수 있다는 생각을 전제로 수용되었던 기존 과학 전통에 역행합니다. 실제로 과학이 새로운 것을 발견함에 있어서 근접할 수 없을 만큼 끝없이 열린 가능성을 탐구해 왔음이 역사적으로 입증되었는데

도 불구하고 절대진리에 대한 전통은 계속 유지되어 왔습니다. 예를 들어, 수백 년 동안 영향력을 떨쳐왔던 고전물리학도 상대성이론과 양자이론에 그 자리를 양보하고 말았습니다. 이 두 이론은 고전물리학과는 근본적으로 다른 새로운 면모를 가지고 있을 뿐만 아니라 본질적으로 상이한 구조를 가지고 있습니다. 물론 이 이론은 예외적인 경우와 접근법에 있어서 제한적으로 고전이론의 일부를 수용하고 있어서, 고전이론이 여전히 상대적이고 제한적으로나마 타당성을 지니고 있습니다.[7] 그러나 상대성이론과 양자이론이 해결해 준 모든 문제들에 대해서도 의심의 여지없는 새로운 문제들이 지금까지도 꾸준히 제기되고 있습니다. 실제로 물리학은 여전히 유동적인 상태in a state of flux에 있습니다. 그래서 우리는 새로운 이론이 개발되어도 그것이 곧 상대적이고 제한적으로 타당하므로 곧이어 진취적으로 나아가서 참신하고 상이한 이론이 또 개발될 것을 기대하게 됩니다. 이러한 점에서 이제까지 진전되어 왔고 이어서 앞으로 일어날 일이란 특정한 분야에 국한되어 측정이 가능하고 완벽하게 알 수 있는 영역이 아니라 한정할 수도 없고, 우리가 잴 수 없는 미지의 세계로 끝없이 펼쳐나가게 됩니다.

이를 가장 극명하게 보여주는 경우는 매 십 년마다 철저하게 급진적으로 변해 가는 현대 우주론에서 찾을 수 있습니다. 예를 들어서 불과 몇 년 전에는 상상조차 할 수 없었던 퀘이사,[8] 펄서,[9] 블랙홀[10]과 또 다른 새로운 개념이 나오고 있습니다. 총체로서 우주

7) 예컨대, 로켓을 발사할 때 고전물리학의 공식을 사용해야 한다는 점. 또한 아리스토텔레스의 철학을 근본으로 한 프톨레마이오스 체계도 아직 우리에게 유용하게 사용된다. 우리는 '아침 해가 떴습니다'라고 말하고, 그렇게 가르친다.

8) quasars. 용어해설 참조.

9) pulsars. 용어해설 참조.

10) black holes. 용어해설 참조.

universe에 관한 이론은 그것이 진리여서 불변한다고 보는 반면, 코스모스cosmos이론은 여타의 이론이 그렇듯이 매우 빠르게 변화한다고 보는 것은 매우 아이러니합니다. 이제까지 발견한 바에 따르면, 이 말은 '총체로서 우주' 또는 '전체로서 실재'는 규모, 양, 생김새에 있어서 거대하고 무한하며 우리가 알 수 없다는 점에서 일관됩니다. 무엇보다도 총체는 모든 과학이 이제까지 밝혀낸 모든 것뿐만이 아니라, 우리의 언어, 사고, 감정 분별능력 등을 포함합니다. 그리고 우리가 이제까지 발견한 것에다가 우리의 상상과 인식능력을 넘어서는 것들을 모두 포함하게 됩니다.

그러므로 우주를 설명하는 완전한 이론의 탐구만이 의미 있으며 시도할 만한 가치가 있다고 단정해서는 안 됩니다. 그렇다면 우주 전체를 설명하고자 하는 이론을 개발하려는 시도는 도대체 무슨 소용이 있을까요?

앞글에서 말한 바 있듯이, 현대어 "이론theory"의 희랍어 어원인 "테오리아theoria"의 본래 의미를 새겨보는 것이 이 질문의 답을 구하는 데 도움이 될 것입니다. 이 말은 그 동사형으로 "관람하다view"라는 뜻을 지닌 "극장theater"과 어원이 같습니다. 이 사실은 이론을 "실재에 관한 잘 짜진 확실한 지식"으로 간주하기보다는 "하나의 관점a view" 또는 "통찰의 형식a form of insight"으로 간주해야 함을 암시해 줍니다. 질료의 구성과 구조에 관한 이론을 포함해서 전체로서의 우주에 관한 이론은 전반적인 세계관을 구성해 주는 것으로 간주할 수 있습니다.

인류는 태초에 자신의 "세계" 전부를 설명하려는 시도에서 신화를 만들어낸 것에서부터 오늘날 철학적 성찰과 과학적 탐구를 통한 노력에 이르기까지 늘 세계관을 구축하여 왔습니다. 인간이 탐구하고 학습함에 따라 인간은 자신이 사는 제한된 방식에 따라 도출된 실재에 적합한 제각각의 세계관을 만들었음을 알게 되었습니다. 그래서 인간 스스로가 개발한 지식과 획득한 경험에 비추어 상이하고 새로운 세계관이 계속해서 창출되었습니다.

여기서 중요한 점은 이러한 다양한 세계관의 '내용'이 아니라, 항상 변하는 인간의 지식과 경험을 정연한 방식으로 조직하는 것을 도와주는 데 세계관이 수행하는 모종의 '기능'에 있습니다. 세계관을 절대진리 또는 절대진리로 가는 유일한 통로로 제한시켜 버리면 그것은 세계관이 적절한 기능을 수행하는 것을 방해합니다. 왜냐하면 그러한 고정관념은 새로운 관찰과 경험의 탐구에 요구되는 근본적으로 상이한 관념을 적용하는 일을 가로막기 때문입니다. 따라서 우리의 세계관은 우리가 배우고 관찰한 것이 요구하는 만큼 획기적으로 바뀔 수 있어야만 합니다. 우리가 지닌 세계관을 영구적으로 고정된 것이나 궁극적으로 고정된 진리에 도달하는 단계로 보려는 시도는 마치 흐르는 냇물 속에 딱딱한 바위를 집어넣는 것과 마찬가지입니다. 그러면 급물살과 무질서만 일어나겠지요. 그보다는 우리가 실재의 항상 변하는 국면을 맞기 때문에 우리의 세계관은 실재의 움직임과 "함께 흐른다$_{\text{flux}}$"고 해야만 합니다.

우리가 이와 같은 "자유로운 흐름"[11]을 수용하기 어려운 이유 중 하나는, 앞 절에서 지적한 바와 같이, 세계관에 담긴 생각이 방금 기술한 기능을 수행하는 과정임을 우리가 전반적으로 깨닫지 못하기 때문입니다. 거꾸로 우리의 관심이 세계관에 담긴 영속적으로 고정

11) free flow. 봄이 강조하는 '유동적인 움직임'이라는 뜻. 유동적인 움직임이 나중에 나올 'fitting', 즉 맞음, 어울림, 부합함의 의미와 결합된다. 이어서 논의하겠지만, 이 용어는 곧 자유로운 흐름은 우주 전체 질서를 뜻하는 자재 운동(artamovement)과 상통한다.

된 내용이 무엇인가에 집중되어 있어서, 우리의 모든 지식이 "실재 그 자체" 또는 "어떤 것이 있다"라는 것을 암묵적으로 가정하게 됩니다. 그리고 그 결과 현재 과학적 전통을 지배하는 진리관의 태도는 인류가 수 세기에 걸쳐 그리고 현재도 당면한 가장 심각한 문제의 근원이 되는 사고 내용과 기능을 따로 떼어놓고 생각하는 방식에 우리를 은연중에 빠뜨려버립니다.

물론 지금 언급하는 것은 세계관에 관한 내용이지만, 이에 견주어 우리가 경각심을 가지고 주의해야 할 점은 절대적이고 최종적인 진리가 있다는 암묵적인 생각에 빠져서는 안 된다는 것입니다. 이러한 노력에 주의를 기울이지 못하게 되면, 우리는 또다시 사고의 내용과 기능이 분할되어 어떤 실체가 있다는 생각에 빠지게 됩니다. 어쩌면 이러한 지적이 아무 소용이 없을지도 모릅니다. 만약 이러한 분할된 실체가 있다는 현재의 생각이 또 다른 분할된 생각으로 대체된다면 도대체 무슨 소용이 있겠습니까?

현대물리학이 밝힌 운동과 분할되지 않는 전체의 우선성

앞 절에서 밝힌 바와 같이, 현행 과학의 전통은 사고의 내용과 그 기능이 분할되어 있다는 생각에 강하게 끌려가고 있습니다. 이와 관련하여, 물리학은 매우 중요한 역할을 담당합니다. 왜냐하면 물리학은 여타 자연과학의 모체이거나 다른 학문이 야심차게 따르려는 패턴을 제공하기 때문입니다.

물리학에서 분할 접근의 극단적 형태는 세계가 그 기저에 마치 실재 전체를 "근본 구성 조각"12)으로서 불변의 본성을 지닌 분할된 근

---

12) basic building block. 저자의 전체로서 움직임을 방해하는 분절된 사고의 특징은

본 실체, 즉 미립자로 구성되어 있다고 여기는 데서 찾아볼 수 있습니다. 그러나 앞 절의 논의된 내용이 암시해 주듯이, 우리가 실재에 관한 절대진리를 하나의 전체로 여기지 않는 한 극단적 유추에서 생긴 이러한 사고 양태조차 분할을 필연적으로 설명해 주지 못합니다. 그 대신에 "세계관"이라는 단순한 관념을 가지게 되면, 그 세계관은 우리의 지식과 경험을 전반적으로 조직하는 기능을 수행하기는 하지만, 별도로 존재하는 "구성 조각building block"으로 인하여 실재의 전체가 구성된다는 생각을 갖게 하지 못합니다. 우리가 이 사실을 이해하게 되면, 모든 물체는 그 근본 구성의 미립자로 분해할 수 있다는 19세기 말까지 물리학 연구결과가 20세기 연구된 바에 비추어 더 이상 적합하지 않다는 생각에 이르게 됩니다. 그래서 우리는 매우 다른 세계관을 가져야 할 필요성을 인식할 수 있게 된 것입니다.

우리의 세계관이 어떻게 변화해야 하는가를 알기 위해서 당초 근본 "구성 조각"으로 여겨졌던 원자가 이후에 전자, 양성자, 중성자로 쪼개진다는 사실을 알아야 합니다. 그러나 애석하게도 이러한 근본 미립자들은 그 구조가 아직 잘 알려지지 않았지만, 유사한 특성을 지닌 불안정한 새로운 미립자를 무수하게 창출하거나 소멸시킬 정도의 변환 가능성을 지니고 있습니다. 여기서 분명한 점은 이들 미립자가 물체의 궁극적인 근본 "구성 조각"이 아니라는 것입니다. 현재로선 근본 구성체를 찾는 탐구는 실패했으며, 그 결과로 현재 생각하는 것처럼 우리가 접근했던 방식에 따라 설정한 목적을 접어야만 했습니다.

사고가 이 요소들의 결합으로 이루어졌다는 데 있다. 즉 근대 자연과학의 기계론과 요소분할론을 설명하는 근본 개념이 양자 역학에 이르러서는 근본 구성 조각이 된다는 세계관과 그 가정이 옳다고 입증되지 않았다는 점을 설명하고 있다.

이러한 실패에도 불구하고, 현재 과학 탐구영역에서 조만간 이러한 근본 구성체가 틀림없이 발견될 것이라는 믿음이 광범위하게 수용되고 있습니다. 이러한 믿음은 모르기는 해도 우주는 '모종의' 근본 미립자들로 구성되어 있으며, 물리학의 진정한 탐구과제는 이러한 미립자의 본질이 무엇인가를 찾아내는 데 있다는 것 이외의 어느 것도 암묵적으로 수용하지 않는다는 데 근거합니다.

우주 전체를 구성하는 근본 미립자가 있다는 이러한 견해는 우리 사고방식에 어떤 제동을 걸지 못하는 것으로 보입니다. 왜냐하면 우리는 이러한 미립자가 지니고 있을지도 모르는 속성들을 파악하는 데 자유롭게 접근할 수 있기 때문입니다. 그러나 현실에는 엄연한 제약이 따릅니다. 이러한 제약은 무한히 펼쳐진 광대한 2차원의 평면을 걷고 있으면서도 그 평면의 이면이나 그것을 초월한 또 다른 면을 찾아내지 못한 자신의 제한점을 인식하지 못하고 정작 자신이 무한하게 걷고 있는 노상에 존재한다고 여기는 복잡계에 배타적으로 집중하는 사람의 경우에서 찾아볼 수 있습니다. 이와 유사하게, 실재를 구성한다고 여겨지는 미립자를 복잡하지만 종국에는 분석해 낼 수 있다는 데 자신의 생각을 편협하게 고정시켜 놓고는 자신의 관점이 '완전체로서의 미립자 개념'으로 정의되는 "사고 수준"[13]을 전혀 벗어나지 못한다는 사실조차 제대로 보지 못하는 사람의 경우를 들 수 있습니다.

심지어 현재 근본 미립자로 알려진 것을 인정한다고 하더라도, 우리는 완전한 미립자 개념의 "사고 수준"을 뛰어넘는 것을 탐구할 태세를 가지고 수많은 가능한 연구를 진행해야 합니다. 즉 상대성이론

13) plane. 평면적 사고의 상태, 즉 자기 자신이 설정한 가정과 전제에 매여서 지적으로 고립적인 상태.

은 이러한 "미립자"가 우리의 탐구의 단초로 일관되게 수용되지 않다는 점을 보여줍니다. 오히려 미립자는 '모든' 물체가 비교적 한결같은 형태로 추상되는 과정, 즉 과정의 진행이나 사건의 흐름[14]으로부터 추상된 것으로 이해됩니다. 현재의 관점에서 말하자면 사물은 저 스스로 독자적으로 존재하는 별개의 것이라기보다는 운동의 패턴처럼 이해됩니다. 어떤 국소적인 구조도 시간과 공간상으로 거대한 장으로부터 출현하여 다시 그것으로 용해되어 버리는 "세계 통"[15]으로 기술될 수 있습니다.

세계 통을 일관되게 서술하려는 시도에서, 아인슈타인은 우주가 부서지거나 쪼개지지 않는 전체인 장이라고 제안한 바 있습니다. 그러면 미립자는 전체 장에서 추출되어 나온 어떤 것, 즉 격렬한 장에서 나와 국소적인 위치를 지닌 것으로 여겨집니다. 격렬한 중심에서 멀어질수록 다른 미립자의 장에서 감지할 수 없을 정도로 장은 미약해집니다. 그래서 원자 또는 근본 미립자와 같은 "구성 조각"을 따로 떼어놓는 데는 의심의 여지가 없습니다.

양자이론에서는 관찰된 물체가 실험조건과 별도로 떨어져서 독자적으로 일관되게 존재한다고 더 이상 말하지 않습니다. 그보다는 독자적인 요인이 존재한다는 분석이 타당하지 않은 만큼, 실험조건의 형태와 실험결과의 의미가 동일한 전체론이라고 합니다. 여기서 전

14) a flow of process ; a stream of events. 별개의 실체로 세계를 설명할 수 없기 때문에, 세계의 근본 질서를 설명해 주는 용어이다. 현대물리학에서 근본 미립자 등이 새롭게 밝혀져도 그것은 근본적인 실체가 아니라 하나의 '흐름'에 드러난[펼쳐진] 양상에 불과하다는 설명이다. 즉 실체, '것'-중심의 사고가 아니라 흐름, '일'-중심의 사고가 중요하다는 것이다.

15) world tube. 세계를 하나의 나누어지지 않는 전체로 보는 관점을 설명해 주는 용어. 흐름, 전체 질서, 그리고 총체성, 일합상 등과 결합된 개념이다. 그러나 본문에 세계 통에서 어떤 요소가 나온다는 방식으로 전체-부분의 도식으로 이해해서는 안 된다는 주장이 담겨 있다. 용어해설 참조.

체라는 것은 카펫 위에 새겨진 무늬와 같은 패턴에 집중할 때를 표현한 비유입니다. 타당한 것이 패턴인 한, 마치 카펫 속에 다양한 꽃과 나무가 파악되듯이 이러한 패턴에 서로 다른 부분이 상호작용하는 가운데 별개로 존재한다는 것은 아무 의미가 없습니다. 이와 마찬가지로, 양자이론의 맥락에서는 "실험조건"과 "관찰된 물체"를 단일한 전체 "패턴"의 측면들로 여기지만, 실상은 우리가 그것을 추상화되거나 "끄집어 낸"[16] 것으로 기술하게 됩니다. 따라서 별개로 존재하는 "관찰된 미립자"와 그에 상호작용하는 "관찰도구"를 상정하는 것은 아무런 의미가 없습니다.

이러한 방식에 따라, 아인슈타인이 우주의 분할되지 않는 전체적 특성을 강조한 바가 아직도 이어져 내려옵니다. 심지어 장을 "관찰하다" 또는 "측정하다"라는 뜻 자체가 이제는 장을 떠나서 따로 존재하는 어떤 실체가 있다는 것과 상통하지 않게 되었습니다. 이와 같은 새롭게 정립된 이론적 맥락에서 전체 우주를 "근본 구성 조각"으로 분석한다는 개념은 이제 완전히 부적절한 것이 되었습니다.

이제 우리는 나름대로 지속적이고 안정된 운동의 패턴에 따라 유동적으로 움직이는 것으로 유추되는 새로운 세계관을 통찰할 수 있게 되었습니다. 소용돌이와 정상파 형태를 만들어가며 교각을 지나 흐르는 물결을 생각해 보십시오. 각 소용돌이와 정상파 형태는 공간의 영역에서 보면 운동의 정형화된 형태를 추출해 낸 것이지만, 그것은 전체적으로 유체를 뜻합니다. 예를 들어서 두 개의 소용돌이가 상이한 중심점을 갖고 있지만 그들의 운동 패턴은 결국 하나의 유체

16) pointed out. 어떤 조각이나 '것'이 있다고 기술한다는 뜻. 유동성, 흐름을 특징으로 하는 전체 질서를 따르거나 총체적 사고를 하면서도 실체, '것'이 있다는 사고에 다시 함몰되는 상황을 묘사한 것.

전체에 속하는 것입니다. 운동 패턴을 분할하거나 멈춰 세울 어느 지점도 존재하지 않습니다. 두 소용돌이를 분할하거나 분리시키는 것은 기껏해야 편의상 설명하기 위한 것이며, "있는 그대로"를 기술하는 것이 아닙니다.

물론, 과학자들은 일상적으로 유체는 원자로 이루어져 있으며, 원자는 유체를 구성하는 "별개의 구성 조각들"이라고 말하기도 합니다. 그러나 좀 세밀하게 살펴본 바와 같이, 원자는 잘 알려지지 않은 심오한 구조로 분해되고, 그것은 궁극적으로 전체 우주의 장에 포함됩니다. 실제로 유체 관찰도구조차도 그 자체가 우주 장에 담긴 원자와 보다 세밀한 미립자로 구성되어 있습니다. 이를 좀 더 끌고 나가면, 두뇌와 신경계를 지닌 우리 자신도 이와 비슷하게 구성되어 있습니다. 좀 더 심층적 관점에서 보면, '관찰행위를 하는 우리는 우리 스스로가 관찰하는 대상과 같습니다.' 즉 우주 장 운동에서 추출된 상대적으로 지속적인 패턴을 가지고 있으며, 이 운동에서 추출될 수 있는 또 다른 패턴으로 포함되기도 합니다.

이와 같은 방식에 의거하여 우리는 고전물리학에서 전제한 세계관과는 다른 세계관을 가지게 됩니다. 이 새로운 세계관으로 보면, 궁극적으로 모든 물체를 구성하고 있는 별도의 독립된 실체는 없습니다. 그보다는 부서지지 않고 쪼개지지 않는 운동을 보다 근본적인 개념으로 취해야 합니다. 아니면 이렇게 말할 수는 있겠지요. '존재하는 것'은 전체 운동이며, 그 운동 안에서 각각의 실체가 다른 실체로 흘러들어가거나 합쳐지는 것입니다. 원자, 전자, 양성자, 탁자, 의자, 인간, 행성, 은하계 등 모든 것이 전체 운동에서 추출되어 나온 것이며, 그것이 운동의 질서, 구조, 형태로 기술되는 것입니다. 별도의 실체라는 개념은 이제 퇴출되며, 기껏해야 우리의 경험의 총체를 제한된 방식으로 보게 하는 오래된 세계관의 한 부분으로 유지될 것입니다.

이제부터 우리는 "움직임을 실행하는" 어떤 것이 있다는 가정을 할 필요 없이 운동이 본질상 핵심이라는 새롭게 설정된 세계관을 탐구해야 합니다. 운동하는 실체가 있다고 생각하는 것은 과거의 세계관이 우리에게 무의식적으로 습관적으로 작용한 결과일 뿐입니다. 그러나 '이러한 실체는 오직 생각 속에서만 떠오를 뿐이며, 결코 실재하지 않음을 상기하는 것이 매우 중요합니다.'

과학자들은 종종 이러한 생각에 곤혹스러워합니다. 만약 궁극적인 진리가 없다면, 그들은 도대체 과학 탐구는 무엇 때문에 하는가 반문할 것입니다. 또는 이러한 작업을 지속해야 할 강한 열정을 가질 수나 있을까 반문합니다. 과학자가 자신의 일을 통하여 추구하는 것은 궁극적 진리를 밝혀줄 지식의 탐색이 아닌가? 또 다 양보한다손 치더라도 궁극적인 실체가 존재하지 않는다면, 운동에 관한 논의는 대체 무슨 의미가 있다는 말인가? 이렇게 자문할 것입니다.

예술가들은 일반적으로 이러한 질문을 그리 어렵게 받아들이지 않는다는 점이 흥미롭습니다. 즉 예술가들은 자신의 작업을 궁극적 진리 탐구의 방편으로 보지 않고 자신의 일에 강하게 몰입합니다. 더욱이 많은 예술가들이 자연스럽고 자발적인 운동이 지니는 일차적 역할을 이해한 듯합니다. 레오나르도 다빈치의 말을 약간 바꿔 소개하면:

1. 운동은 모든 형상에 구체적인 모양을 부여한다.[17)]

17) Movement gives shape to all forms. 플라톤 이래 확립된 기존의 사고 틀로 보면, 이 진술은 반대로 '형상은 운동을 가능하게 한다'로 바뀌어야 할 것이다. 그러나 이 문장은 운동이 고정된 실체의 속성이 아니라 운동 그 자체가 실재라는 점을 뜻한다.

2. 구조는 운동에 질서를 부여한다.[18)]

이 명제들은 지금 말하고자 하는 의미와 가깝다는 것이 분명해 보입니다. 유체의 운동은 소용돌이 형상에다 특정한 모양을 부여해 줍니다. 이 운동에 질서를 부여해 주는 것은 구조의 총체성이며, 이 구조의 총체성은 유체가 움직이는 환경의 구조에서 비롯되어 원자, 근본 미립자 등과 같은 내재적 구조로 이어져서 운동의 질서를 결정해 줍니다. 즉 각기 다른 장소와 시간에서 나타나는 상이한 운동은 상호 관련을 맺는 셈입니다.

여기에다 현대적 관점에서 레오나르도도 암시했을 만한 것을 추가하면 다음과 같습니다.

3. 보다 심오하고 확장된 내적 운동은 구조를 만들어내고, 구조를 지속시키다가 궁극에는 구조를 해체시킨다.[19)]

예를 들어서, 전자, 양성자, 중성자의 내적 운동은 어떤 조건 아래서 유체의 구조를 만들어내고 유지시키다가, 다른 조건에 놓이면 그 구조를 해체시켜 버립니다.

하지만 유체의 미립자, 원자, 전자, 양성자, 중성자의 미립자와 같은 개별자들을 고정된 개별 실체로 분석하는 것은 오로지 기술상 편

---

18) Structure gives order to movement. 기독교적 사고방식처럼 기존의 사고 틀로 보면, 이 진술은 반대로 '질서는 운동을 구조화한다'로 바뀌어야 할 것이다. 그러나 이 문장은 운동을 실재로 보고 거기에 부여된 구조에 비추어 질서가 파악된다는 뜻이다.

19) A deeper and more extensive inner movement creates, maintains, and ultimately dissolves structure. 기존의 사고 틀로 보면, 이 진술은 반대로 '구조는 그 범위와 정도에 따라 운동을 생성, 지속, 소멸시킨다'로 바뀌어야 할 것이다.

의 때문이며, 이것이 결코 "있는 그대로"의 상태에 상응하지 않습니다. 실제로 각 실체는 '상대적으로' 안정되어 있을 뿐입니다. 예를 들어서 유체가 불에 닿으면, 이것은 기체의 움직이는 흐름으로 바뀌게 됩니다. 마찬가지로 태양이나 원자폭발 상태의 매우 높은 온도에서 기체를 구성했던 원자가 튀어나와 분열되면서 그 원자는 중성미자neutrinos와 복사에너지radiant energy와 같은 보다 세밀한 형태의 운동으로 바뀌게 됩니다.

'이와 같은 방식으로 운동 속으로 해체되지 않는 어떤 것도 존재하지 않습니다.' 마치 소용돌이처럼, 이러한 운동이 일련의 안정된 별개의 실체에 의하여 일어나는 것처럼 기술하는 것이 오히려 편리할지 모를 일입니다. 그러나 보다 심층적으로 보면, 이 모든 것은 쪼개지지 않는 하나의 전체 속에 담긴 관계들로 이해해야만 합니다. 이러한 운동 속에는 "어떤 실체도 없습니다." 오히려 "실체"라는 것은 우리의 지각과 사고가 작용하면서 추상화되어 나온 것이며, 그렇게 실체로 추상화하는 것은 어느 정도에 한하여 운동을 설명하는 데 적합할 뿐입니다. 어떤 "실체"는 상당히 오랜 기간 동안 안정된 상태를 유지할 수도 있으며, 반면 다른 것들은 뜬구름처럼 형상화되어 무상한 것으로 인식됩니다.

운동이란 공간상에서 물체의 움직임이 아니라, 모든 종류의 변화, 전개, 진화와 같은 미묘한 질서를 뜻함을 인식하는 것이 중요합니다. 예를 들어서 교향악의 경우를 봅시다. 교향악은 공기 분자의 진동으로 이루어지는 음파를 지칭하는 음표로 표현됩니다. 여기서 교향악의 본질을 공간상에서 물체의 움직임으로 이해하지는 않을 것입니다. 이 점은 "교향악의 선율"을 집어서 언급한다는 것이 매우 부적절하다는 점에 비추어 보면 명백해집니다. 기껏해야 달리는 기차 속의 교향악의 경우라면 물체의 움직임으로 볼 수 있을지 모르겠습니다만 교향악의 '과정'을 언급한다는 것은 어불성설입니다. 실제로 "과정process"이라는 말의 어원은 "앞으로 나아가다"는 뜻을 지닌 "진행하다proceed"입니다. 이는 운동이라는 것이 단계적으로 보조를 맞추어 점진적으로 진행된다는 것을 가리킵니다. 그러나 교향악의 선율은 시간의 진행에 따라 이루어지는 것이 아닌 총체적 질서에 따른 운동입니다. 물론 시간의 진행에 따라 음표에 맞추어 연주하는 것은 사실입니다. 하지만 교향악의 선율은 한순간에 전체적으로 파악하게 됩니다.

음악과 같은 예술영역에서 "움직임"을 따로 정의할 필요도 없이 운동이 존재한다는 것을 직감할 수 있습니다. 사실 이러한 운동은 우리의 감각, 지각을 동원하여 지각과 사고의 전 과정을 이해할 때 요구되는 매우 정교한 주의력을 가질 경우에만 파악됩니다. 우리가 살아 있는 생물체를 본다고 할 때, 이러한 집중력은 다양한 기능이 유기체 전체를 창출하고 유지시키도록 작동하고 조직되는 형태의 또 다른 운동에 맞추어집니다.

"조직하다organize"의 어원이 "작용하다work"라는 뜻을 가지면서 또한 "내부에서 작용하다work within"는 뜻의 "에너지"의 어원이 되기도 하는 희랍어 "에르곤ergon"과 관련 있다는 점에 주목할 필요가 있습니다. 만약 우리가 생명체의 운동을 기관, 세포의 운동 "안에서 작용하는", 심지어는 원자와 기본 미립자 속에서 움직이다가 우주의 장 운동으로 변해 가는 "에너지의 조직"으로 이해한다면, 이 사실은 곧 운동이 가장 일차적인 존재라는 점을 인식하는 데 매우 도움을 줄 것으로 보입니다.

이러한 에너지의 조직 활동은 각 유기체가 생명을 유지하고 이어가게 하며, 나아가서 유기체가 새로운 형태로 진화하도록 해 줍니다. 유기체가 죽게 되면 “에너지의 조직” 운동도 멈추게 되고, 그 결과 유기체는 분해되어 무기물, 즉 “조직화되지 못한 물질”이 되어 버립니다. 태초부터 “세계를 조직하고” 또 유기체가 죽도록 하는 영적 실체, 즉 영혼이 실재한다는 세계관이 지배적이었습니다. 그러나 오늘날 생명의 본질은 유기체를 움직이는 에너지라고 보는 세계관이 보편적으로 자리 잡아서, 우리는 더 이상 이러한 특정한 에너지를 창출하고 지배하는 “영적 실체”를 믿지 않습니다.

이 점에 비추어 예술을 비롯하여 심리적 차원의 내적 경험, 그리고 인생의 의미에서 차지하는 운동의 일차적 중요성을 고려할 때, 우리는 외계의 지각과 내적 감정을 새롭게 파악할 수 있는 전혀 다른 세계관의 조짐을 지적할 수 있습니다. 그 결과 우리는 움직임의 실체가 없으며, 운동은 무의미하다고 본 기존의 세계관에 따른 기계론적 타성에서 벗어날 수 있게 됩니다.

예술, 과학, 수학의 총체적 관련성

앞서 언급한 운동의 본질 문제와 관련하여 과학자와 예술가의 접근 방법의 차이를 세심하게 살펴보는 것은 매우 중요합니다. 이 작업은 예술과 과학이 별도로 발전되어 왔다는 것을 예증하는 것입니다. 태초부터 인간의 활동은 분화되지 않은 전체였으며, 따라서 과학과 예술이 별개가 아니었습니다. 이와 마찬가지로 자발적으로 하는 어린아이들의 활동을 보면 결코 별개로 분화되어 있지 않습니다. 그러나 실상을 보면 아이들은 궁극적으로 분화된 방식에 따라 생각하고, 느끼고, 지각하고, 행동한다는 것입니다. 마치 인류가 문명을 발전시키면서 해 왔듯이 말입니다. 따라서 인류에게 자연스럽고 편하게 느껴지는 것은 예술과 과학의 총체성에 있습니다만, 현행 사회에 만연된 것은 조건화의 과정을 통하여 생겨난 분절된 사고방식입니다.

분절된 사고방식은 과학 안에서 더욱 진전되어서 전형적 과학과 수학으로 나누어집니다. 그래서 오늘날에는 예술, 과학, 수학의 분절된 세 영역이 존재합니다. 만약 이 세 가지가 당초 분화되지 않은 인간의 충동에서 나온 것이라는 점을 염두에 둔다면, 우리는 이들의 심층적 관련이 오래전부터 별개의 동떨어진 영역으로 여기지 않은 생각의 결과라는 점을 이해하게 됩니다.

이 점을 탐구하고자 한다면, 초창기에 어휘가 어떻게 파생되어 있는가를 살펴보면 놀랄 만큼 많은 경우를 설명해 준다는 점을 알게 됩니다. 물론 많은 어휘가 그 용법에 있어서 우연히 변형되어 간다는 점에 세심한 주의를 기울여야 합니다. 그럼에도 불구하고 대부분의 핵심 용어들을 보면, 비록 현대에 와서 분절된 방식으로 사용되어 그 의미가 퇴색되었지만, 그들의 초기용법과 의미에 주의를 기울일 필요가 있습니다.

이 점을 잘 드러내주는 경우는 "예술art"이라는 용어입니다. 이 말의 당초 의미는 "어울림to fit"입니다.[20] 이 뜻은 언어로 표현하다articulate, 열거하다article, 직공artisan, 가공품artifact 등으로 변형되어 전해집니다. 물론 오늘날에도 "예술"이라는 말은 "심미적, 정서적 수준에 맞추다"라는 뜻을 담고 있습니다. 그러나 방금 소개한 다른 용어들은 예술에 기능적인 측면에서의 맞춤이라는 의미가 부여되어 있음을 보여줍니다. 언어로 표현하다 또는 가공품이라는 말 속에서 "예술"이라는 말을 찾아내기 어렵다는 사실은 그 뜻이 말 속에 잠재되어 버렸기 때문이기

20) 이 경우는 '맞춤'보다 '어울림'이 더 어울리는 번역어이다.

도 하지만, 삶의 심미적, 정서적 측면과 실용적, 기능적 측면이 끊임없이 분절되어 왔기 때문입니다. 이러한 의미 분화는 사전적 의미가 "모든 측면에서 어울리다to fit in every sense"인 "아름다움beauty"이라는 말의 기능에서도 찾아볼 수 있습니다. 그럼에도 불구하고 이 말은 유독 심미적, 정서적 측면의 어울림을 강조하고 있습니다. 물론 이 말도 "이 기계는 매우 아름답게 작동하는군"이라는 표현처럼 기능성을 뜻하는 데 사용되기도 합니다.

그러면 이어서 "알다know"의 뜻을 지닌 "과학"의 당초 의미를 살펴봅시다. 이 말은 분명 유용한 기능을 하는 지식을 뜻하기도 하지만, 세상 전반에 걸쳐 이론적 통찰을 가져다주는 지식이라는 의미로 사용되며, 앞서 소개한 방식대로 보면 세계관을 제공해 주는 지식이라는 뜻도 있습니다. 이와 같은 지식은 우리가 사는 세계의 전반적인 실상을 그려내는 데 적합한지 검증을 받게 됩니다. 그 검증은 무엇보다 일차적으로 관찰도구에 의존하지만 최종적으로 실용적 목적에 기능적으로 잘 부합하는가에 맞추어집니다. 지식이 유용한 기능에 부합함fitting은 특히 "직공의 작업the work of an artisan"이라는 뜻을 지닌 고대 희랍어 "테크네techne"에서 유래한 '기술공학technology'에서 중시됩니다.

궁극에 가면, 지식의 움직임은 어의상 "지혜의 사랑"이라는 뜻을 지닌 철학의 영역에 도달하게 됩니다. 현대의 시점에서 철학은 수많은 분화된 전문 직종 중 하나로 분절된 영역이 되어 버렸습니다만, 당초 의미는 모든 지식을 "함께 맞추어fitting together" 보는 기량에 초점을 둔 총체적 이해에 있습니다. 따라서 심오하고 총체적 의미 차원에서의 앎이란 "지혜의 사랑"을 끄집어내는 충동으로서의 예술입니다.

"수학mathematics"이라는 어원은 희랍어 "이해하다" 또는 "배우다"라는 동사입니다.[21] 수학 역시 본질상 예술입니다만, 그 목적이 생각을 합리적으로 맞추어가고 이해와 배움에 적합하게 구조화하는 데 있습니다. 그래서 수학의 "매개medium"는 상징화된 추상적 사고이며, 반면 예술이라고 하는 활동은 감각 지각적 매체를 사용합니다. 이것이 두 가지의 차이입니다. 그러나 창의적인 수학자는 여타의 창의적 예술가와 하는 일에 있어서 유사합니다. 창의적인 수학자도 자신이 일을 행함에 있어서 그 매개 수단에 담긴 구조와 질서를 새롭게 정립하고자 합니다. 물론 수학자들도 자신의 연구결과를 실용적 목적에 적용하고자 한다면, 직공과 같은 기능을 수행한다고 볼 수 있습니다.

보다 심오한 차원에서 이 모든 활동은 어울림, 즉 예술에 관심이 집중되어 있음을 확인할 수 있습니다. 인간이 수행하는 모든 활동은 예술이며, 예술은 사물이 어울려서 작용하는가 여부를 지각하는 것만 아니라 그에 따르는 기량도 요구합니다. 이것은 장인만이 아니라 미술가 또는 음악가에게도 자명한 사실입니다. 과학자와 수학자에게도 마찬가지이지만, 그 점이 다소 명백하게 드러나지 않을 뿐입니다. 따라서 우리가 과학과 수학의 개념을 예술의 양태로서 보다 면밀하게 살펴보는 일은 매우 가치 있는 작업입니다.

마지막으로 과학과 수학에서 매우 중요한 '추론reasoning'행위를 살펴보도록 합니다. 이 말은 희랍어 "라티오ratio"에서 유래하였습니다. 물론 이 말은 수량화된 비율이라는 뜻보다 더 넓은 의미로 사용됩니다. 오히려 질적 측면에서 유사한 관련성을 찾아볼 수 있습니다.

여기서 앞 장에서 다룬 중력법칙에 관한 뉴턴의 통찰력을 다시 살펴보겠습니다. "사과가 떨어지는 것과 같이 달도 떨어져야 하고, 모든

---

21) 수학의 어원 'mathemata'에 가장 부합하는 우리말은 '헤아리다'이다. 이 말은 셈하는 것을 포함하는 일체의 사량(思量)행위를 담고 있다. 우리말에 이치를 헤아린다는 뜻도 있지만, 이 말에는 사람들의 사정을 헤아린다는 의미도 있으므로, '헤아리다'는 봄의 주장에 부합하는 용어이다.

물체가 이와 같은 방식으로 떨어져야 한다." 뉴턴은 본질적으로 시적 감각을 동원하여 섬광처럼 이 사실을 전체적으로 지각하고 이해했던 것입니다. 그러나 우리는 그가 본 것을 보다 "단조로운$_{\text{prosaic}}$"[22] 형태로 다음과 같이 표현할 수 있을 것입니다.

A : B :: C : D :: E : F

이 진술은 사과의 연속된 위치 A와 B가 달의 연속된 위치 C와 D와 상호 관련을 맺으며, 또한 움직이는 어떤 물체의 연속된 위치 E와 F와 상호 관련 맺고 있음을 표현합니다. 여기서 우리는 이 진술이 비율 또는 이성의 보편적 맞춤을 표현한 진술임을 알 수 있습니다.

이 진술이 '모든 사물'에 적용되기 때문에, 여기서 비율은 다른 대안을 용납하지 않은 '필연'입니다. 그 결과 우리는 내적 또는 합리적 필연성을 담은 진술을 통한 자연법칙을 갖게 됩니다. 이 필연성은 외계 사실을 경험하되 다만 그 내적 의미가 관련되지 않은 외적 필연성과 구분되어야만 합니다.[23] 예를 들어서 음식과 물도 없이 사막에 갇힌 사람은 반드시 죽는다는 사실은 외적으로 부여된 가혹한 필연성입니다. 그러나 인간이 식물의 성장 및 물의 흐름과 같은 법칙에 내재된 필연성을 합리적으로 이해한다면, 사막에서 겪는 외적 필연성에 따른 가혹함은 "누그러져서" 합리적 필연성에 관한 통찰에 의

---

22) "prosaic"은 "poetic" 또는 "poetical"의 반대말로서, 즉 시적 감각이라는 말에 대비하여 사용한 것이다. 제3장에서 다룬 내용을 토대로 하면 'poetic'은 '상상적'에 상응하고, 'prosaic'은 '합리적'에 상응한다고 볼 수 있다. 후자가 '비율'이라는 뜻으로 바뀐다.

23) 필연성의 의미는 생존과 복지와 관련을 맺어서 투쟁과 갈등을 낳는 씨앗이 된다. 본문에서 이를 외적 필연성이라고 하였다. 그러나 여기서는 이와 구분하여 합리적 필연성을 강조한다.

하여 무한한 가능성으로 변하게 될 것입니다.

본질에 있어서, 합리적 필연성은 뉴턴이 운동법칙을 보편적으로 파악한 방식과 유사하게 지각과 통찰행위에 의하여 파악됩니다. 이러한 지각작용으로부터 언어와 사고의 이론적 구조는 장인들의 작업 방식과 유사하게 보다 체계적으로 창출되고, 사용되고, 검증됩니다. 궁극적으로 이론들은 과거 고전물리학이 설정했던 세계관과 같은 보다 전반적인 세계관을 형성하게 됩니다. 하지만 특정한 기존 이론과 세계관이 새로운 관찰사실을 설명하지 못하게 되면, 새로운 이론과 세계관을 설정해 줄 수 있는 새로운 창의적인 통찰력을 창출하게끔 폐기될 여지를 남겨줘야 합니다. 그래서 이론과 세계관은 형성되기도 하며 예술의 형식을 이해하는 방식처럼 유동적으로 변해 간다고 할 수 있습니다.

이러한 과학의 발달에서, 수학의 주된 기능은 정합적인 논리규칙을 고차적 수식으로 언어와 사고가 질서 정연하게 표현되고 합리적 필연성에 부합되도록 구조화시키는 데 있습니다. 과학에서와 마찬가지로, 예술의 본질은 보편적 비율을 새로운 형태로 나타낼 창의적인 통찰력을 섬광처럼 발휘하는 데 있습니다. 결국 논리적 규칙은 장인의 작업에 견주어보면 특정 작품을 능숙하게 보편적 비율에 맞출 수 있는 지각의 작용처럼 개발됩니다. 그러므로 논리적 규칙을 따르는 것은 보편적 비율 또는 이성의 기능에 부합한다는 점에서 중요하지만, 창의적 욕구가 수학적 요령에서 비롯되는 것은 아닙니다. 실제로 논리적 규칙을 따르는 것은 수학이 지닌 장점이라고 할 수 없습니다. 왜냐하면 형식적으로 보면 논리적이지만 합리적인 논의가 가능하지만, 반면에 형식적으로 모순되지만 심층 또는 암재적 측면에서 보면 합리적인 논의가 가능하기 때문입니다.

중요한 점은 보편적 비율이 모든 것에 공통적으로 적용되는 진술, 즉 유사성만을 뜻하는 것이 아니라는 것입니다. 오히려 보편적 비율은 모든 것이 특정한 것으로 '형성'되는 관계 속에서 드러나는 차이와 분할의 정연한 구조입니다.

[그림]에 제시한 예술작품을 보면 보편적 비율이 무엇을 의미하는지를 파악할 수 있습니다. 무어 아라베스크 양식을 하고 있는 이 그림에서 전체 패턴을 가로지르며 뻗어 있는 선에 따라 여러 가지 질서가 형성되어 있음을 알 수 있습니다. 이 질서는 마치 보편적인 것의 역할처럼 보이기도 합니다. 삼각형, 사각형, 육각형과 같은 몇 기하학적 실체들은 마치 우주 질서를 가로지르면서 자신의 형태를 창출해 냅니다. 따라서 우주는 모든 기하학적 실체에 빠짐없이 적용되는 형상과 같은 성질의 집합이 아니라는 것은 분명합니다.

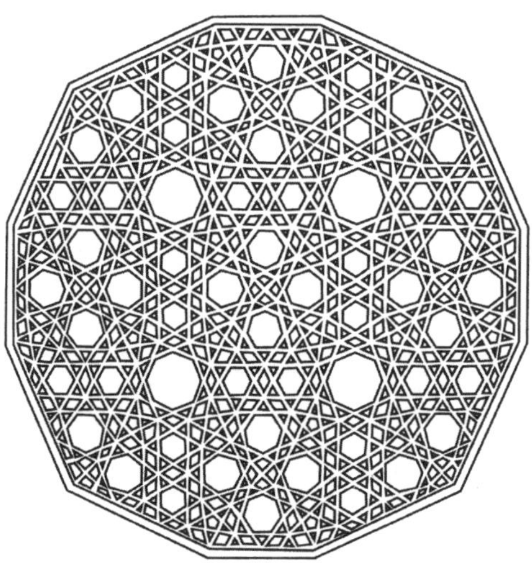

[그림] 우주 질서의 발현

엔저 홀리데이(Ensor Holiday)의 동의를 얻어 여기에 수록함.

이와 같은 방식으로 관찰할 수 있다면, [그림] 속의 관계는 보편적 비율 또는 이성이 참으로 뜻하는 바가 무엇인지 온전하게 파악할 수 있게 해 줍니다. 이러한 합리적 이해 방식을 통해서 개별자는 보편자가 창출해 낸 별개의 실체가 아니라 보편자의 부분으로 지각됨으로써 보편자의 수준에서 파악됩니다. 그러나 앞서 지적한 바와 같이, 보편자가 특정한 형태로 표현된 것은 어떤 제한 속에서만 가능하며, 그 제한을 넘어서면 보편자의 새로운 표현 방식이 요구된다는 점을 반드시 염두에 두어야 합니다.

보편적 비율 또는 이성이 뜻하는 포괄적 의미는 세계는 분할되지 않는 전체의 운동이라는 앞서 언급한 세계관에 부합합니다. 물론 이것은 새로운 세계관에 맞는 전혀 새로운 종류의 수학이 개발되어야 한다는 것을 요구합니다. 현행 수학은 집합론에 근거하고 있습니다. 집합론은 바꿔 말하면 따로 떨어져 실존하는 개체사물을 수합하여 전체가 구성된다고 보는 전통적인 세계관을 수학적으로 명제화한 이론입니다. 이제 필요한 것은 우주 전체의 운동을 직접적으로 다루는 것을 일차적 기능으로 하면서 특정한 개체와 그 집합을 다루면서 운동의 불변하는 특성을 설명하는 것을 부차적 기능으로 하는 수학입니다. 수학과 과학의 본성을 다룬 예비연구는 저자에 의하여 수행되었으며, 곧 출간될 것입니다.[1]

이제 추론한다는 것은 예술작업으로 간주되어야 함이 분명합니다. 그리고 보다 심층적 의미에서 예술가, 과학자, 수학자는 보다 의미심장한 예술, 이를테면 '어울림'24)에 관심을 가지고 있습니다.

---

24) fitting. 경우에 따라서는 '들어맞음', '부합됨'으로 번역할 수 있다. 그러나 이를 '맞추다'의 명사형인 '맞춤'으로 하면 맞추는 주체와 맞춤의 대상인 객체를 분절해야 하므로 적절한 번역어가 아니다. 하지만 이 말은 부득이 '적합함'으로 이해해야 할 경우가 있다. 두 문단 뒤의 내용을 보라. 저자는 앞서 이러한 '어울림'의 뜻을 여러 가

물론 예술가의 작품, 과학자와 수학자의 연구물들에서 중요한 차이점은 있습니다. 앞서 지적한 바와 같이, 예술가는 감각 지각적 매체를 가지고 전체와 "어울리는" 구조를 창출해 내지만, 수학자와 과학자가 창출하는 매체는 일차적으로 추상적 사고입니다. 그러나 수학자의 창의적 활동이 추상적 사고 분야에 머물러 있는 반면에, 과학자의 작업은 사고 그 자체의 합리성은 물론 우리가 사는 세계와 이 사고가 서로 잘 들어맞아야 합니다. 결국 과학자는 자신의 사고가 보다 정교하고 세밀하며 예리한 검증에 부합하는 실험도구를 창안해 냅니다. 이렇게 함으로써, 과학자는 예술가와 마찬가지로 자신의 아이디어가 실험도구의 기능과 어떻게 잘 관련되어 있는가를 볼 줄 아는 기량을 개발합니다. 이 모든 것을 과학의 "기예 형식art form"이라고 부를 수도 있겠습니다. 물론 이 형식은 작품 자체의 "내적인 적합성"을 강조하는 음악과 미술의 형식 그리고 수학의 형식과는 확연히 다르기는 합니다.

하지만 현재 맥락에서 일차적으로 중요한 것은 각기 다른 분야의 창의적 작품이 지니는 "기예 형식"의 차이에 있는 것이 아닙니다. 그보다는 모든 인간이 다 예술가이며, 과학자이며, 수학자라는 점이 중요합니다. 왜냐하면 인간은 심층적으로 심미적, 정서적 적합함, 기능적, 실제적 적합함, 보편적, 합리적 적합함 그리고 더 넓게 보자면 자신이 사는 세계의 실상과 경험이 자신의 세계관과 적합한지에 관심을 가지고 있기 때문입니다. 인간이 수행하는 특정한 일은, 비록 그 강조점이 일마다 다르기는 하지만, 모두 이러한 적합함에 항상 관심이 집중됩니다. 그래서 사람은 개인적으로나 사회적으로나 인간 활동 전반에 대한 공통된 감정을 지니고 있습니다. 이 점이 바로 어울

지 인간 활동에 비추어 예증한 바 있다. 이하에 다시 상론한다. 용어해설 참조.

림의 행위라는 예술로 묘사되는 것입니다.

혹자는 "도대체 어울림이란 무엇을 뜻한단 말인가?" 하면서 질문을 할지도 모릅니다. 분명한 점은 이러한 행위는 완벽하게 분석되거나 설명될 수 없다는 점입니다. 또한 이에 대한 분석이나 설명이 가능하다고 하더라도, 다시 "과연 그것이 실상에 부합하는가?"라는 질문을 제기할 수밖에 없습니다. 따라서 우리는 지각, 감정 그리고 삶 전반에 걸쳐 진행되는 일에 대한 능숙한 반응행위에 다시 집중할 수밖에 없습니다. 예를 들어서, 우리는 어떤 측면이 위대한 예술작품에 들어맞는 요소인지 규정하려고 하지 않습니다. 그렇다면 예술작품보다 상위의 차원에서 기예로서 삶 전반에 대하여 이와 같은 질문을 왜 해야만 할까요?

삶 전반에 걸쳐 요구되는 이러한 기량에 비추어 보면 우리는 창의적 예술가이면서 동시에 능숙한 장인임에 틀림없습니다. 따라서 우리는 항상 변화하는 실상에 부합하는 행위를 함으로써 도달해야 할 고정된 최종 목표가 없음을 알게 됩니다. 그리하여 매 순간마다 목적–수단이 이와 같은 변화하는 흐름에 맞추어 기술된다는 점을 압니다.

'어울림'이라는 개념은 삶의 모든 측면에 적용되므로, "도덕적" 또는 "윤리적"이라고 하는 측면과 "좋음"에 관련된 모든 것에 적용됩니다. "좋다good"라는 용어는 "결합하다to join"라는 뜻을 지닌 앵글로색슨어에서 나온 말입니다. 이 말은 초창기에 인간이 하는 모든 일이 "함께 잘 어울리는fitting together"이라는 뜻을 가졌을 것으로 보입니다. 영어 "good"에 상응하는 라틴어 "bene"와 "아름다움"을 뜻하는 "bellus"가 상호 관련되어 있다는 사실은 사람들이 이 문제를 어떻게 숙고했는지를 확인시켜 줍니다. 아름다움이 "모든 점에서 맞는다"를 뜻한다는 점을 상기하면, "좋은 것the good"이라는 말의 의미도 이에 부응한다고 할 수 있습니다. 달리 말하자면 좋은 것은 실제적 기능 면에서나 정서적, 심미적 감수성 면에서 잘 어울린다는 뜻을 지니고 있을 뿐만 아니라, 개인적으로나 사회적으로 우리가 일상생활을 영위하는 데 있어서 폭넓게 그리고 심층적으로 잘 들어맞아 감을 뜻합니다.

소크라테스가 말했듯이, 모든 인간은 좋은 것을 욕망합니다. 실제로 사람이 자신에게 잘 들어맞지 않은 것을 '알면서도' 그것을 어떻게 욕망할 수 있겠습니까? 심지어 자기중심적이고, 야비하고 허황된 사람조차도 자기 자신에 좋은 것이 무엇인가를 얻어내려고 숙고하기 마련입니다.

난점은 사람들이 좋은 것을 분절된 형태로 여겨서 혼란에 빠진다는 점입니다. 좋은 것에 대한 분절된 생각은 필연적으로 자신을 타인과 편을 가르게 만들어서 끝없는 갈등으로 몰아가 버립니다. 따라서 악의 근원은 각 사람마다 자신이 좋아하는 것을 분절된 형태로 추구하는 데서 찾을 수 있습니다.

결국 인간이 좋은 것을 추구함에 있어서 악에 이르지 않도록 하고자 한다면, 분절의 사고방식은 이를 위한 결정적인 요인이라는 점이 분명합니다. 따라서 정작 필요한 것은 한숨 돌리면서 예술, 과학, 수학의 각 영역이 동떨어지게 된 근원으로서 분절된 사고가 도덕과 윤리적 질문에서도 어떻게 작용하는지를 차분하게 탐구하는 일입니다.

어떤 측면에서 보면, 예술, 과학, 수학은 전반적으로 "도덕적 중립morally neutral"이라고 여기는 듯합니다. 그래서 과학적 지식은 공공정책 담당자의 결정에 따라 선한 목적으로 쓰였는지 아니면 악한 목적으로 쓰였는지 판가름 난다고 하면서, 이와 유사하게 예술적 기량도 문화적 진보에 올바로 기여하는가 아니면 인간의 마음을 파괴하는 정치적 선전도구가 되는가가 결정된다고 합니다. 그러나 인간의 업적과 그것의 궁극적 가치를 따로 떼어내는 일 자체가 인류 역사상 우세하게 전반적으로 지배했던 분절된 사고의 결과일 뿐입니다. 만약 사람들이 마치 철학을 "지혜의 사랑"이라는 원래 의미가 함축하는 것처럼 지식을 쪼갤 수 없는 전체로 여긴다면, 그들은 지식의 전체성이 삶의 모든 측면에 들어맞을 것이라는 점을 이해하게 될 것입니다. 그래서 전체의 측면에서 그 목적이 들어맞지 않는다면 그것은 "좋은 것"이 아님을 분명히 드러낼 것입니다. 그러므로 과학이나 예술을 현재와 같이 분절된 상태로 놓고서 그것이 "도덕적 중립" 여부를 묻는 데 집중하는 것은 명백히 논점에서 벗어나는 일입니다. 요점은 각 개개인이 세계를 쪼갤 수 없는 전체로 볼 필요가 있음을 유념하면서, 자신이 공학적, 사회적, 심리적 요인으로 떼어내서 고려할 분절화된 존재가 아님을 알아야 합니다.

도덕적 훈계, 사회적 강요, 정치적 신념 또는 이상향의 갈망 등을 통하여 이러한 분절된 사고로부터 벗어날 수 있다는 기대는 오히려 모든 문제를 야기하는 분절된 사고방식에 더욱 의존하게 하여 분절의 문제를 풀고자 시도하는 어리석은 짓입니다. 이보다 우리가 해야 할 일은 이러한 사고방식 자체에 보다 진지하고 지속적인 관심을 가지고 접근하는 것입니다. 이러한 일은 예술, 과학, 수학을 따로 떼어내서 그것들을 삶의 분할 확정된 영역에서 "좋음"과 관련시키려는 데 애초부터 우리가 얼마나 조건화되어 있는지를 아는 데 있습니다. 그렇지 않으면 모든 것의 이면에 "어울리는" 깊은 내면에서 충동으로 일어나는 하나임oneness을 알 수 없게 됩니다.

우주의 자재 운동의 형이상학 논의[25)]

앞 절에서 밝힌 바와 같이, 삶의 본질이 예술이라면, 즉 수단과 목적이 따로 분리되지 않고 모두 들어맞는 우주 전체의 자재 움직임으로서 예술이라면, 가장 중요한 점은 우리가 살아가는 터전의 실체를 조망하는 우리의 포괄적인 세계관의 들어맞음 여부에 집중하는 것입니다. 세계관은 특정한 현상이나 측면이 아니라 우리 자신과 외부세계를 포함하는 '모든 것'에 관한 문제이며, 우리 자신이 외부세계와 서로 어떻게 관련되어 있는가에 관한 문제이기 때문입니다. 따라서 우리가 지닌 세계관이 자재 운동에 들어맞지 않는다면, 그것은 매우 광범위하고 심오한 혼란을 몰고 와서 우리 일상생활 전반은 물론 모든 사람들이 준수해야 하는 "선"까지도 영향을 미칠 것입니다.

일반적으로 말하자면, 우리의 세계관은 우리가 거의 의식할 수 없는 방식에 따라 "의식 저변에서" 암재적이며 암묵적인 형태로 작동하면서 시작됩니다. 이렇게 우리가 지니게 되는 세계관이 잘 들어맞는지 여부를 확인할 가능성은 상당 정도 우리가 그것을 얼마나 명시적으로 표현할 수 있는가에 달려 있습니다. 실제로 태초부터 인류는 이 작업을 해 오려고 노력을 했으며, 이를 '형이상학'이라고 칭하였습니다.

형이상학은 본질상 '모든 것'에 타당하게 적용되는 무엇을 언급하

---

25) on metaphysics and the movement of universal fitting. 직역하면 '형이상학과 보편적 자재 운동'이다. 뒤에 나오지만, 'fitting'이라는 말은 봄이 창안한 개념인 'artamovement'를 이해하는 핵심 개념이다. '어울리다', '들어맞다'라는 의미를 지닌 용어 'fitting'은 우주 만물이 아무런 간섭 없이 들어맞는 국면과 관련된다는 점에서 '자재(自在)'라고 하였다. 이를 기존 형이상학 논의와 관련시킨다는 점에서, 이 절의 제목은 의미상 '우주의 자재 운동의 형이상학 논의'로 번역하였다.

려는 체계적인 시도입니다. 예를 들어서 고대 희랍의 철학자들은 "만물은 유전한다*all* is flux", "만물은 불이다*all* is fire", "만물은 물이다*all* is water", "만물은 공기다*all* is air"라는 일련의 주장을 펴왔습니다. 이러한 맥락에서 데모크리토스Democritus는 "만물은 원자다*all* is atoms"라고 하였습니다. 여기서 원자가 허공에서 움직인다는 주장은 이후 발전되어 '모든' 사물은 나중에는 기본 입자라고 불리게 된 "근본 구성 조각"의 집합으로 이루어졌으며 그것들이 진공 속을 움직인다는 법칙을 제공한다는 현대물리학의 토대를 제공해 주었습니다.

모든 형이상학적 진술은 "모든 것은 *X*이다"라는 일반 형식을 지니고 있다고 알려져 있습니다. 현재 과학적 전통에서 *X*는 "보편적 구성 조각universal building blocks"이라고 여겨지는 기본요소들이라고 가정합니다. 그러나 이 글에서 우리는 *X*가 부서지지 않으며 나누어지지 않는 운동 상태이며, 그것이 상대적으로 안정된 상태에서 별개의 독자적인 사물로 추상화될 수 있다는 점을 이미 살펴보았습니다.[26)]

하지만 바로 앞서 언급한 바와 같이, 형이상학은 자연의 본질만이 아니라 개인적 차원이건 사회적 차원이건 인간의 본질도 다루고 있습니다. 그렇다면 우리는 '모든' 인간의 삶은 예술이라는 형이상학적 개념을 도출할 수 있을 것입니다. 만약 여기서 이러한 관점을 자연 전반에 확대 적용하지 않고 멈춰 선다면, 그것은 인간 활동은 "예술"로 간주하면서도, 자연의 모든 것은 "예술이 아닌 별도의 무엇"으로 기술하는 꼴이 됩니다. 그렇게 되면 '모든 것'을 다루는 형이상학을 서로 결합할 수 없는 두 가지 별도의 실체, 인간과 자연으로 나누는 결과를 초래할 것입니다. 그러나 이러한 이원론적 관점은 '모든 것'은 부서지지 않으며 나누어지지 않는 운동 상태이며, 그러한 운동 상태

26) 제2장 역자의 각주 19) 참조.

에서 별개의 독자적인 사물이 상대적으로 안정된 상태로 추상화될 수 있다는 형이상학적 가정에 모순됩니다.

따라서 우리는 인간 활동만이 아니라 자연의 움직임도 함께 어울리는 활동, 즉 예술로 여기고 그 본질을 탐구할 필요가 있습니다. 이러한 탐구의 첫 단계로서 오늘날 인간이 스스로를 자연과 분리시킨 것과는 달리 초기 인류가 자신을 자연과 엄격하게 구분하지 않았다는 사실을 염두에 둘 필요가 있습니다. 그래서 인류는 자연의 일차적 움직임을 "어울림fitting"과 "어울리지 않음not-fitting"[27]에 비추어 이해하는 데 아무런 어려움이 없었던 것으로 보입니다. 실제로 초기 형이상학적 진술들은 자연을 이러한 관점에서 관찰하고 있습니다.

하지만 그 이후로 우리가 원자론적 또는 "구성 조각"의 형이상학에 경도된 사고를 함으로써 자연에서 실제 일어나고 있는 일을 전체를 관통하는 기능을 보지 못하고 기계론적 부분 운동으로 파악하게 되었습니다. 당초 데모크리토스의 원자이론이 원자를 "진공" 속에서 움직이면서 다른 무엇과도 접촉하지 않는 별개의 실체로 보게 만들었습니다. 원자들의 배열 상태는 우연에 따라 결정된다고 본 것입니다. 훗날 원자들은 서로 끌고 당기는 힘을 지니는 것이며 원자의 배열 상태가 전적으로 우연에 따라 결정되지 않는다고 밝혀졌습니다. 그럼에도 불구하고 연구를 지속해 보니 원자의 움직임이 힘과 운동의 기계적 상호작용의 결과로 여전히 설명되기도 하지만, 그것이 심층에서는 예측할 수 없는 특성에 의하여 결정된다는 것입니다.

이 관점은 생명체가 기계론적 법칙에 지배를 받기도 하지만, DNA 분자 구조의 예기치 않은 변화, 이를테면 돌연변이에 의하여 진화한다는 현대 생물학에서도 적용됩니다. 돌연변이 여부는 유기체가 환

27) 앞의 각주 25)와 용어해설 참조.

경에 어떻게 '적응adapt'하는가에 따라 결정되는데 이는 본질상 '들어맞음to fit'과 동일합니다. 그래서 암재적 의미에서 보면 '예술'의 개념이 생물학의 기본 이론을 잉태한 것이라고 볼 수도 있습니다. 그러나 이 예술 개념은 부차적 의미만을 지닙니다. 왜냐하면 생물학적 적응 개념도 물질의 기본 원자구조에서 힘과 운동의 기계론적 법칙에 지배받기 때문입니다.

이러한 형이상학적 관점은 다음과 같은 진술로 정리해 볼 수 있겠습니다. '모든' 적응 또는 유기체의 적응은 궁극적으로 보면 보편적 구성 조각들이 모여서 기계적인 운동 과정에서 일어나는 예기치 않은 우연의 일치이거나, 의도적 인간 활동의 결과입니다. 따라서 "무적응non-fitting"은 자연적으로 결정된 것이며, "적응"이 일어나는 경우라면 앞서 설명한 바에 따른다는 것입니다.

이 글에서 말하고자 하는 바는 자연이나 인간을 설명함에 있어서 모두 한데 어울려 맞아 들어가는 운동을 예술로 보고 이를 가장 보편적인 것으로 봄으로써 기존 형이상학을 뒤집어 생각해야 한다는 것입니다. 무적응에 관하여는 전체 운동의 관점에서 볼 때 상대적으로 안정된 것으로 진술될 수 있어서 독자적인 자율성을 지닌다는 별도의 명백한 설명이 있어야 할 것입니다.

인간 활동을 "인공artifact"이라는 용어를 통하여 설명하는 경우에도 이 말이 어원상 "맞도록to fit 만들어진 것"이라는 점에서 우리는 새로운 세계관을 반영하여 '맞음'의 뜻을 일반적으로 새길 수 있는 새로운 용어를 필요로 합니다. 그래서 우리는 "어울려 맞아 들어가는 운동movement of fitting"을 뜻하는 말로서 "자재 운동artamovement"이라는 신조어를 제안합니다. 그러면 우리가 이제까지 살펴보았던 형이상학은 "만물은 자재 운동이다*all* is artamovement"라고 표현할 수 있을 것입니다.

무정물이 나서 형성되는 것도 자재 운동을 통해서이며, 생명체가 진화하고 발달해 가는 것이나 인간이 지각하고 느끼고 사고하고 행동하는 능력도 자재 운동을 통해서입니다. 물론 같은 맥락에서 인류가 문명을 창출해 낸 것도 자재 운동의 특수한 경우로 여겨져야 합니다.

이러한 세계관을 발전시켜 보면, 앞 절에서 소개한 아인슈타인의 우주장 속에서 전체 운동 개념도, 그것이 비록 이 운동의 모든 측면을 보편적 비율 또는 이성을 표현한 법칙으로 진술되기는 하지만, 하나의 예가 됩니다. 아인슈타인이 주장한 바와 같이, 상대적으로 제한적이나마 독자적인 안정성을 지니는 이러한 법칙들은 협소하게 집중되고 제한된 장을 유사 입자로 진술하려는 것임을 확인할 수 있습니다.

이러한 사고방식을 따라가다 보면 우리는 전체를 어울리는 적응 운동으로 설명하는 법칙이 초기 형이상학적 진술에서 만물을 별도의 독립적 존재로 설명하는 관점이 어떻게 성립하게 되었는지를 알 수 있습니다. 만약 입자와 유사한 형태가 파악되는 장 운동field movement을 무시한다면, 우리는 다양한 '미립자들'이 만물이 한데 어울려 들어맞는 방식을 벗어나 기계론적으로 움직이면서 별도로 존재하는 실체로 파악하게 될 것입니다. 이러한 측면을 인식하지 못함으로써 우리는 더 나아가서 지력이 작용하는 지각을 포함하여 삶의 모든 것이 기계론적 운동의 예기치 않은 결과에 불과한 것이라고 상상하게 될 것입니다. 그러나 이는 지나친 단순화입니다. 전체 운동의 법칙은 미립자를 상대적 자율성을 지닌 실체로 생각하도록 해 주기도 하지만, 동시에 미립자의 실체가 제한된 영역에서 파악되며, 새로운 장면에서는 이러한 "미립자들"은 입자의 개념만으로는 결코 온전하게 설명할 수 없는 법칙이 조직화된 운동의 맥락 속에서 작용한다는 점을 함의합니다. 그래서 우리는 삶과 지각 운동을 입자와 같은 실체의 특성을 통해서 완벽하게 설명할 수 있다는 생각을, 비록 그것이 우리 일상의 한정된 특정 상황에 제한적으로 들어맞는다고 하더라도, 더 이상 가질 필요가 없습니다.

우리는 어떤 경우에도 과학의 객관적 연구를 통하여 알려진 자연과학 지식이나 또 다른 방식으로 획득한 지식도 사실은 인간이 살아가면서 지력을 통하여 지각한 바에 궁극적으로 의존한 것이라는 점을 염두에 둘 필요가 있습니다. 이러한 지각 과정에 심미적이고 정서적인 반응은 확실히 우리가 이해하고 있는가 여부를 결정해 주는 데 중요합니다. 이를테면 우리는 뭔가 잘못되어 있다고 느끼거나 또는 막연한 암시나 "불길한 육감"이 잡히는 등 감정상 특정할 수 없는 데서 모순을 감지하게 됩니다. 그러므로 보편적 비율이나 이성과 같은 운동의 지적인 측면을 정서적, 심미적 측면과 따로 떼어내거나 일상적 지각과 동떨어지게 파악하는 것은 매우 자의적인 일입니다. 이 중 어느 한 측면은 특정한 생각으로 강조될 수도 있겠지만, 모든 측면을 하나의 전체 속에서 이해해야 합니다.

하나의 전체를 결합할 수 없는 둘로 쪼개어 보는 전통적인 견해, 즉 하나는 합리적인 기능을 공적이고, 비개인적이고, 객관적인 것으로 보고 다른 하나는 감수성과 감성을 개인의 취향과 기호에 따라 결정되는 사적이고 개인적이고, 주관적인 것으로 보는 견해에서는 어떤 합당한 논거를 찾을 수 없습니다. 양자 중 어느 하나도 순수한 의미에서 배타적으로 주관적이며 객관적이라고 할 수 없습니다.

실제로 기본 입자이론처럼 물리학의 법칙이 객관적인 것으로 평가되는 것조차도 한정된 맥락 속에서 들어맞는 것이며, 그 한정된 맥락이라는 것도 어떤 점에서 보면 우리 사회와 역사 속에서 잉태되어 형성된 개인 취향이나 기호에 맞도록 우리가 사고하고 느끼면서 관찰한 내용에 따라 조건화된 습관의 표현일 뿐입니다. 다른 한편으로 보면, 이미 지적한 바와 같이, 기존 물리학에서 놓쳤던 "전체 운동의 법칙"이 지닌 보편적 특성은 우리 인간처럼 살아 있는 존재들이 어떻게 조직되어 기능하는가, 자연환경이 전반적으로 어떻게 반응하는가를 통해서 드러납니다. 특히 후자에는 감각 지각과 함께 보편적 비율이나 이성만이 아니라 이와 똑같이 중요한 역할을 하는 심미적 감수성과 정서를 통해서 확인할 수 있습니다.

총체적 운동으로 세계를 이해하는 것은 한편으로는 아름다움, 다른 한편으로는 합리적 법칙의 기능을 통해서 가능합니다만, 더욱 중요한 점은 세계 이해 방식이 모든 측면에 걸쳐 잘 어울리는가 아닌가에 무한한 관심을 기울여야 한다는 것입니다. 이러한 일은 일상적으로 하듯이 지각을 심미적－정서적 측면과 이성적－기능적 측면으로 떼어놓고 생각한다면 가능한 일이 아닙니다.

따라서 우리는 우리 자신이 전체이며 이제까지 조건화되어 왔던 분절화된 사고로부터 자유로울 수 있도록 세계의 전체성을 이해할 수 있는 또 다른 방식을 살펴보도록 하겠습니다.

진리, 형이상학, 언어

앞 절에서 살펴본 방식에 따라, 우리는 만물을 모든 것이 어울리는 운동인 '자재 운동'을 통해서 파악할 수 있는 새로운 형이상학 형식을 탐구할 수 있게 되었습니다. 이 방식을 통해서 우리가 생각하고 주장하는 진리 여부를 알 수 있을까요? 실제로 진리인가 거짓인가 하는 문제를 제기한다는 것 자체가 형이상학적 차원에서 의미하는 바는 무엇일까요?

우리가 진리가 의미하는 바가 무엇인가를 토론하면서도 정작 그 질문이 함의하는 바가 가장 광범위하면서도 심오한 문제인데도 불구하고, 이를 매우 사소한 문제로 다루어왔습니다. 그래서 여기서는 이러한 문제를 다루는 것이 곧 형이상학적 사고만이 아니라, 우리 자신과 우리가 사는 세계에 대한 일반적 관점, 그리고 궁극적으로는 우리가 이러한 이슈를 다룰 때 사용하는 언어가 수행하는 기능을 검증하는 일임을 보여줄 것입니다.

이러한 질문을 탐구함에 있어서 진술의 진위를 따지는 논리적 맥락을 먼저 살펴보고, 이어 보다 광범위한 맥락에서 진리가 의미하는 바가 무엇인가를 고려해 보도록 하겠습니다. 예를 들어서 누군가 "테이블 위에 연필이 있다"고 할 경우 그는 이 문장이 의미하는 바가 관찰된 사실과 들어맞는다는 사실을 알 것입니다. 그러나 누군가 "테이블 위에 고양이가 한 마리 있다"고 할 경우 그는 이 문장이 의미하는 바가 관찰된 사실과 들어맞지 않는다는 사실을 알게 될 것입니다. 따라서 이 경우 논점은 문장의 진위는 지각행위를 통해서 파악된다는 점입니다. 즉 파악해야만 할 점은 관찰된 사실이 드러나거나 문장이 지시하는 바가 아니라 이 '두 가지가 상호 들어맞는가 여부'에 달려 있다는 것입니다.

의미와 관찰된 사실이 어떻게 관련되는가에 대한 널리 수용된 이론은 참인 진술은 관념과 사실 간의 '대응correspondence' 상태를 표현한다는 것입니다. 이 이론의 한 형태는 참인 진술이 드러내는 아이디어가 사실에 대응하는 '이미지'라는 것입니다. 즉 이 이론은 '기능상' 관찰되어야 할 내용에 유사하다는 점에서 진술이 사실 자체만이 아니라 사실이 변할 잠재적 가능성에도 대응한다는 것입니다.

물론 이러한 대응설의 양태는 들어맞음의 '일종'입니다만, 진리에 들어맞음이 의미하는 바를 제한적으로 기술합니다. 예를 들어서 우리는 심상을 통해서 지각으로 잡을 수 없는 물체를 상상할 수 있으며, 또 이 물체가 자연법칙의 지배를 받는다는 점을 가정함으로써 그 이미지를 어떤 모형에 맞추어 볼 수 있습니다. 그러나 들어맞음의 일반적 본질은 이러한 대응작용의 특성을 넘어섭니다. 그러므로 두뇌의 기능과 간의 기능이 신체의 전반적인 유기적 관련을 통하여 서로 들어맞을 수는 있지만, 이미지 또는 모형 사이에 그렇지 않습니다. 여기서 논점은 참된 개념과 관찰된 사실 간의 관계는 대응의 형태가 아니라, 지각, 사고, 의사소통의 전체적 움직임 속에서 유기적으로 들어맞는 기능을 수행한다는 점입니다. 앞 절에서 지적한 바와 같이, 강조할 점은 사고는 매번 작동할 때마다 인간 활동 전반에 걸쳐 조직되어 있는 다른 기능과 "함께 작동하는works together" 기능으로 여겨져야만 한다는 점입니다.

이러한 총체성을 통해 보면, 문장 진술의 가장 주된 기능은 어느 순간 관찰의 전체적 국면 중 하나에 끌리게 하는 '주의를 이끌어냄ordering of attention'을 통해 소통한다는 것입니다. 예를 들어서 '집어냄pointing'을 통하여 문장 속에 담긴 내용에 집중하게 됨으로써 주의력은 질서 정연하게 끌려나올지도 모릅니다. 실제로 "색인index"이라는 말이 손가락을 뜻한다면, 그것은 "지적하다indicate"라는 동사의 형태를 띱니다. 이런 것이 아니라면, 이 의미는 아마 진술 자체가 의도하는 전체 기술을 통하여 파악될지도 모릅니다. 이러한 기술적 지시의 가장 단순한 형태는 곧 대응이 제대로 되어 있는가에 있습니다. 따라서 "가로수a row of tree를 찾아보라"는 진술은 주의력을 "행렬row"과 관찰된 "실제 나무들actual trees"의 모습 사이의 대응관계에 집중하게 합니다.

그러나 일반적으로 말하면, 이러한 대응관계는 존재하지 않습니다. 예를 들어서 수학적 토론에서 누군가 "논의의 모순점을 찾아봐"라고 말했다고 합시다. 어느 누구도 모순이라는 이미지나 모형을 가지고서 그것과 논의 중 지각된 내용 사이의 대응관계가 있는가를 따질 수는 없습니다. 모순을 찾아낸다는 것은 그보다는 "전체 그림a whole picture" 속에 들어맞지 않는 특성을 찾아내는 것입니다.

앞 절에서 지적했듯이, 심층적인 수준에서 들어맞는가 여부를 안다는 것은, 얼핏 보기에, "그것은 어딘가 잘못되어 있다"는 특정할 수 없는 감정을 말하는 것입니다. 이러한 감정과 심미적 감수성으로부터 "잘못"되었을지 모른다는 개념이 일어나게 되는 것입니다. 그래서 이러한 맥락으로 보면 지시하는 것이 무엇인지를 지각하는 것은 "실제로 본 것"과 정연한 "이미지" 또는 "모형"을 상호 비교하는 방법에 속할 수 없는 기량을 요구하는 명백한 '예술'입니다.

일반적으로 말하자면, 특정 진술이 실제 관찰된 내용에 잘 들어맞는가 여부를 지각한다는 것은 언어와 추상적 사고 수준에서는 결코 파악할 수 없는 매우 세밀하게 주의력이 작동하는 것을 말합니다. 실제로, 이 글 앞부분에서 지적한 바와 같이, 주의력의 작동은 '언어의 상징적 기능'의 한 측면입니다. 그러나 이 기능은 면밀한 기술이나 분석을 통하여 얻을 수 있는 것을 넘어서, 심상, 관념, 충동, 동기, 반사작용이 매우 신속하고 복잡한 전체 반응을 통하여 작용합니다. 이와 유사하게, 이러한 복합적인 움직임이 집중력을 요구하는 관찰 행위에 "들어맞는가" 아니면 "들어맞지 않는가"를 따지는 일은 명제로 소상하게 설명할 수 없습니다. 감각 지각의 역동적 작용은 상징적 기능보다 훨씬 더 세밀합니다. 그럼에도 불구하고, 진술의 진위를 파악하는 능력은 진술내용이 관찰에 정확하게 들어맞는가 여부를 "비할 데 없이 순간적으로split second" 보는 능력에 달려 있습니다. 이러한 파악능력은 감각 지각과 사고 내용의 지각에서만 일어나는 것이 아니라, 관찰이 사고의 기능에 집중되어 있을 경우에도 일어납니다. 예를 들어서, "내 현재 사고방식은 뒤죽박죽이고 산만해"라는 진술은 오히려 이 진술의 진위를 가려낼 수 있게끔 마음의 내적 운동과 지각을 관찰하도록 주의를 집중시키는 매우 미묘하지만 복잡한 상징 기능을 야기합니다.

요약하면, 진술의 진위를 따지는 데 전제가 되는 것은 어떤 면에서는 이 진술의 상징적 기능이 관찰되어야 할 내용과 반드시 대응이 아니더라도 어떤 것인지에 집중하도록 주의력을 일으켜준다는 데 있으며, 또한 목하 주의력이 관찰되어야 할 관련 내용에 적합한지를 알 수 있도록 하는 보다 상위 수준의 지각 운동이 존재한다는 점에 있습니다.

진술의 상징적 기능은 진술이 잘 들어맞는지 여부를 지각할 수 있는 맥락을 "지적해 주는pointing to" 지시기능을 포함하는 한, 진술의 진위가 뜻하는 바가 무엇인지 매우 명백해집니다. 그러나 우리의 사고가 끊임없이 추상적 수준으로 이어지기 때문에, 지각할 수 있는 맥락이 무엇인지는 점점 더 애매해집니다. 우리가 "만물은 X이다"라는 일반적 형이상학 진술에서, 이러한 애매성은 증가해서 "지적해 주는" 기능이 붕괴되어 버립니다. 물론 책장에 꽂힌 '모든' 책의 예를 들자면 구체적이고 특정한 범위 속의 총체성을 따지는 경우에는 "모든"이 지니는 의미상 난점은 야기되지 않습니다. 그러나 "모든"이라는 개념을 특정하지 않고 무제한적인 의미로 보면 주의를 집중하는 것이 어떻게 가능하겠습니까? 어떻게 진술 속에 포함된 아이디어가 지니는 상징적 기능이 "모든"이 지칭하는 내용에 들어맞는지 여부를 확인할 수 있겠습니까?

그러면 형이상학적 진술의 상징적 기능이 정확하게 무엇인지 어떻게 이해할 수 있을까요? "'모든'을 묻는 질문은 곧 아닌 것을 묻는 것이다Whatever we say 'all' is, it isn't"라는 코르지브스키Korzybsky의 추론을 "만물은 *X*이다"의 형이상학적 진술에 적용함으로써 아마 이 질문을 해결하기 위한 통찰을 얻을 수 있을 듯합니다. "모든"에는 우리가 알 수 있는 것 이상의 일체를 포함하는 것일 뿐만 아니라, 우리의 지식이 절대진리가 아니며 무한한 외삽[28]에 의한 거짓일 수 있다는 또 다른 의미를 지닙니다. 앞의 절에서 지적한 바와 같이, 전체로서 실재는 방대하고 헤아릴 수 없습니다. 그래서 특정 단계에서 총체적인 것의 근원, 지속, 종국의 소멸을 인류가 알 수 있다고 탐구한 어떤 것도 불가사의한 것으로 드러났습니다.

심지어 코르지브스키의 진술 자체도 무엇을 지칭해 낼 수 없는 결함으로 벗어나기 어렵습니다. 그의 주장 역시 "모든"에 관한 진술이기 때문이어서, 설사 그 자체로 의미를 지닌다고 하더라도, 그것은 결국 모순에 빠지게 됩니다. 이것이 의미하는 바는 "모든"으로 수식되는 진술을 '참'으로 만들려는 시도는 곧장 멈추어야만 한다는 것입니다. 그보다는, 앞서 지적한 바와 같이, 형이상학은 세계관을 드러낸 것에 불과한 것입니다. 따라서 형이상학은, 전체로서의 실재의 진리를 파악하기보다는 어떤 점에서는 시를 짓는 일이나 수학적 탐구와 유사한 예술의 형태로 간주되어야 합니다.

우리가 지니고 있는 세계관에 관하여 앞의 여러 절에서 밝힌 바와 같이, 형이상학의 기능은 우리의 지식과 경험을 총괄적으로 조직해

28) extrapolate. 미지의 사실을 기지의 사실로부터 추정하는 일. 즉 알 수 없는 사실을 현재의 입장을 토대로 참으로 추론하는 일을 통해서 진리를 확보할 수 없다는 뜻.

주는 데 있습니다. 그러므로 형이상학은 '내용상 진리truth of content'를 목적으로 한다는 생각은 형이상학의 온전한 기능을 오히려 방해할 뿐입니다. 실제로 "만물은 *X*이다"라는 진술의 내용이 참이라는 가정은 그것이 '항상' 참이어야 하며 그 결과로 기존의 세계관의 적합성 한계를 넘어서서 새로운 관찰에 부합하는 어떤 형이상학적 변화 가능성을 인정하지 않게 합니다. 그러나 우리가 어떤 형이상학도 예술의 한 형태로 이해한다면, 우리는 형이상학적 주장이 우리의 관찰과 경험에 지속적으로 들어맞지 않는다는 점을 인정하고 자유로워질 수 있다는 점을 알게 됩니다. 그래서 형이상학은 이제까지 우리가 견지해 온 어떤 변화도 가로막는 수단이 아니라 우리 사고 전반을 창의적으로 변화시키고 발전시키는 수단으로 작용할 것입니다.

형이상학의 진리는 특정 단계에서 지닐 수 있는 특정 내용에 담겨 있는 것이 아니라, 특정한 형이상학이 우리의 총체적 지식과 경험이 성장하고 변화하는 만큼 이에 잘 들어맞는가 하는 질문에 끊임없이 주의를 기울이게 전반적으로 기능하는가에서 찾아질 수 있습니다.

내용상 진리와 '기능상 진리truth in function'를 모두 고려할 필요가 있다는 점은 우리 일상 언어 용법에 이미 담겨 있습니다. 영어 "진실성veracity"에서 예시하는 바와 같이, 라틴어의 참에 해당하는 "verus"는 고대 인도유럽어족의 어근인 "~인 것that which is"에서 비롯된 말입니다. 이 말은 현대 영어의 "were"와 독일어 "wahr"로 이어집니다. 한편, 영어 "참true"은 앵글로색슨어의 어근에서 유래하는데, 그 뜻은 "정직한" 또는 "충실한"의 뜻을 지닙니다. 전자의 입장에서는 아이디어가 "~임what is"에 들어맞는가에 집중되어 있어서 내용상 진리가 강조됩니다. 반면에 후자의 입장에서는 마음의 기능이 전반적으로 내용과 "~임what is" 사이의 관계를 온전하게 지각하는 바와 잘 들어맞는가 하는 행동의 진실성이나 기능상의 진리가 강조됩니다. 기능상 정직함이 없이 내용의 진실성이 없어 보이는 것은 명백합니다. 이를테면 부정직한 의도를 지닌 사람이 참인 내용을 왜곡시켜서 "의사진리"[29]의 형태로 그릇된 결과와 의미를 가져다줄 수 있습니다. 그래서 형이상학에서 요구되는 것은 '기능상 진리'라고 말할 수 있습니다. 따라서 안정감을 얻기 위하여 정해진 내용을 진리로 하고 그 결과 이것이 더 이상 새로운 경험세계에 들어맞는 기능을 수행하지 못하는 내용상 진리에 더 이상 집착할 필요가 없습니다.

이와 같이 설정된 기능은 이를테면 모든 물체는 미립자와 같은 기본 요소로 분해될 수 있다는 기존의 형이상학적 개념의 방해를 받아서 제 역할을 수행하지 못하는 경우도 있습니다. 앞서 지적한 바와 같이, 기능상 진리에 방해가 되는 것은 이와 같은 개념적 내용 문제만이 아닙니다. 절대불변의 진리가 있다는 전제가 지배적인 경우도 형이상학적 사고가 온전하게 기능하는 데 방해가 됩니다.

이처럼 분해를 통하여 조각내기를 시도하는 형이상학적 태도는 비단 과학 탐구에만 적용되지 않을 만큼 뿌리가 매우 깊습니다. 또한 이 태도는 우리 일상생활의 모든 국면에서도 암묵적으로 "상식", "직관적으로 자명함", "매사 익숙한 방식"의 형태를 띠면서 퍼져 있습니다. 아주 어린 시절부터 우리는 세계가 서로 다른 별개의 실체로 구성되어 있다는 생각을 수용하면서 자라왔습니다. 이 중 어떤 것은 무정물이고, 어떤 것은 유정물이며, 나머지는 인간이라고 말입니다. 게다가 각 개인에게 '자기 자신'은 이 중에서 특정한 하나로 존재하는 실체입니다. 처음에는 이 "자아"가 피부로 덮인 별도의 물리적 신체

29) half－truth. '의사(疑似)진리.' 사고의 분절 작용에 의하여 내용상 진리는 종국에 의사진리가 되고야 만다는 뜻. 용어해설 참조.

로 여겨지다가, 나중에는 물리적 신체 안에 담긴 이른바 "영혼"을 "정신적 실체"라고 여기고 그것을 개개인의 본질로 보게 됩니다. 별도로 실존하는 "자아"의 개념은 '모든 사물'은 제각기 독특한 본성을 지닌다는 기존의 형이상학의 한 측면입니다.

기존 형이상학은 앞서 언급한 명시적 진술 형태로 알려진 것이 아니라, 별 근거 없이 암묵적으로 설정되어 생애 전반에 걸쳐 셀 수 없는 영향을 준다는 점을 강조할 필요가 있습니다. 암묵적으로 형이상학적 사고가 누적된 결과는 우리가 '그 자체as such'를 의식하지 못할 만큼 무조건적이고 타성적인 형태를 띠게 됩니다. 이 역시 앞 절에서 지적한 바 있지만, 우리는 사고가 외부로는 지각작용으로 내부로는 감정, 동기, 충동 등으로 기능하는 하나의 실체인 분할되지 않은 운동을 볼 수 없습니다. 그 결과 형이상학적 사고가 지각과 감정에 주는 영향은 실재가 마치 우리의 실제 사고와 관련 없으며 인간과 사회의 "외부세계"와 "자아"라는 "내부세계"를 모두 포괄하는 하나의 실체로 경험하게 하는 것입니다. 이와 유사하게 형이상학의 내용은 잘 짜여진 "자명한 진리" 또는 "인간이 항상 숙지해 왔던 영원한 진리"로 경험하게 됩니다. 그래서 사고의 내용이 쪼개진 형태로 우리가 실재라고 지각하는 경험 양식과 진리 자체를 지각할 수 있는 행위에 그대로 투영된다는 환상이 복잡한 양상을 띠면서 널리 퍼지게 됩니다. 이렇게 됨으로써 사람은 사고가 그릇되게 기능하고 있다는 것조차 인식할 수 없게 되어 버립니다.

이러한 환상을 떨쳐내기 위하여 실존하는 전체를 조각내는 것은 "사물이 어떻게 실재하는가"를 표현한 것이 아니라, 우리 경험을 제한된 영역에 맞추는 "형이상학적 예술"이 지어낸 편의적 형태임을 지각하는 일이 필요합니다. 실재하는 사물들 사이를 구분하는 어떤 경계도 존재하지 않는다는 것은 명백합니다. 원자 구조를 보면 어떤 물체도 이러한 경계를 지니지 않습니다. 오히려 두 실체가 접촉할 때 상이한 원자가 상호 침투할 뿐입니다. 앞서 보았듯이, 어떤 경우에도 원자는 우주 장의 전체 흐름으로 궁극적으로 모두 합쳐져 결합되는 기본 미립자들로 구성되어 있습니다. 그리고 이에 덧붙여 인간의 경우를 고려해 보면, 음식, 물, 공기 등의 물질이 계속적으로 인간의 신체와 그 세포막 바깥의 환경 사이를 상호 교통한다는 사실을 알 수 있습니다. 또한 감각과 신경계를 통하여 인간은 자연환경과 사회환경을 접하면서 지각작용도 합니다. 이 점에서 개별 인간의 생각은 다른 사람의 생각을 접하면서 자신의 생각이 다른 사람과 유사하면서 다르다는 데에 반응하는 순환 운동을 통해 생겨납니다. 따라서 인간이 되는 모든 것은 신체적으로나 정신적으로나 자신이 살아가는 전체 세계와 접하면서 형성되는 것입니다.

따라서 사람은 자신이 처한 환경과 엄격하게 분리시켜 놓고 "자아"를 관찰할 수 없습니다. 오히려 삶의 모든 면에서 개별 인간의 경계는 기능 면에서 도시의 경계에 견주어볼 수 있습니다만, "~임what is"을 알고자 그것을 조각내거나 구분하여 기술할 수는 없습니다.

개별 사물의 정체성은 서로 다른 사물이란 사실상 따로 떼어낸 실체로 추상화시킨 개념을 편의상 추상화시킨 것에 불과하다는 점을 알 수 있습니다. "정체성identity"이라는 말은 그 의미가 "동일한 존재the same thing"라는 뜻의 "id"와 "entity"에서 비롯되었습니다. 사람들은 어쩌면 '본질상in essence' 각기 사물은 "그 자체로 동일하게" 존재한다고 생각할지도 모릅니다. 이 개념은 "자아"와 결부시켜 볼 때 영원한 정체성을 지니는 것으로 여겨진다는 점에서 공통적 특색을 지니고 있습니다. 실제로 정체성에 대한 신념이 강하면 사람들은 자신의 정체성을 잃거나 그것을 제대로 파악하지 못하였을 때, 문학작품에서 "잃어버린 정체성"을 찾아서라는 표현을 할 정도로, 심각한 혼란을 경험하게 됩니다.

만약 개별 "사물"이 전체 속에서 태어나서, 지속되다가 종국에는 사멸한다는 것이 원자의 미립자를 추출하는 데서부터 우주의 장 운동에 이르기까지 적용된다면, 이 사물이 "항상 동일하다"는 것은 의미가 없습니다. "정체성"이라고 하는 영속적 본질이라는 개념은, 마치 경계의 예리한 구분처럼, 어느 한정된 영역 속에서 들어맞는 것을 추상화한 것에 불과합니다. 다시 말하자면, 사물이 영속하는 별개의 실체라고 간주한다면, 개개 사물은 "이것은 이러함what it is"이나 "이것은 다른 것과 이러한 차이가 있음how it differs from other things"이라고 표현되는 영속적인 본질이나 특징에 의하여 규정될 것입니다. 그래서 사물에다가 별개의 실체가 있다는 식으로 정체성을 부여하는 것은 이것을 "~임"이라는 참된 진술이라는 정체성의 원리에 따른 표현으로 보는 것이 아니라, 형이상학적 예술의 한 형태로 볼 경우에만 의미를 지닙니다.

하나의 예로서 우리는 유체의 소용돌이를 생각해 볼 수 있습니다. 실제로 소용돌이는 어떤 정체성도 없습니다. 소용돌이는 소용돌이치는 형태를 추상화한 흐름을 단지 끊임없는 유동적인 운동에서 떼어내서 비교적 안정적인 상태 특징으로 표현한 것에 불과합니다. 하나의 소용돌이를 유동적 물체 "사이"에 있는 액체를 놓고 이를 다른 물체와 "따로 떼어내는" 것이라고 말하는 것은 실제 일어난 일을 통찰을 통해서 한정시키는 하나의 예술 형태로서 형이상학적 표현 방식일 뿐입니다. 이와 마찬가지로, 추상적인 소용돌이임이 하나의 "정체성"을 지닌 공통의 본질이라고 말하는 것은 형이상학적 사고의 한 양태일 뿐입니다.

물론 우리가 사물을 이러한 방식으로 관찰하는 것은 매우 어려운 일입니다. 그보다는 마치 제각각의 정체성을 지닌 규칙이 존재하듯이 사물이 존재한다는 것이 우리의 공통된 경험입니다. 이는 "자아"와 관련시켜 보면 명백합니다. 우리는 "자아"를 자율적으로 실존하는 것으로 느끼면서, 형이상학적 사고에 따른 예술 형태로서 소용돌이와 같은 유동적인 움직임의 추상화된 패턴이라고 생각하지 않습니다.

하지만 이미 살펴본 바와 같이, "자아"가 전체 운동에서 추상화된 개념이며 일정한 행동 패턴이나 형태의 유사성이나 지속성을 상대적으로 지닌다는 생각은 주의 깊게 관찰된 사실에 매우 잘 들어맞습니다. "자아"가 하나의 정체성을 지닌다는 기존의 생각은 형이상학적 사고가 반사적이며 습관적으로 작용한 결과로 보입니다. 앞서 설명한 바와 같이, 이러한 기능은 형이상학의 내용에 투영되어 실재, 감정, 진리를 지각함에 있어서 우리의 경험을 환상에 빠지게 합니다. 이러한 투영으로 인하여, 형이상학적 사고가 형식적으로 분할되고, 이것이 실재를 분할하여 쪼개진 실체로 여기면서도, 형이상학적 분할의 내면에는 이러한 쪼개진 실체를 영원불변하는 실재로 한데 결합시켜 주는 실재가 있다고 여기게 합니다.

물론 추상적 사고의 분할과 결합 기능은 사고가 작동하는 한 매우 유용하고 필요합니다. 그러나 이러한 사실을 간과하게 된다면, 총체로서 우리 경험의 의미는 잘못 지각될 것이며, 사고는 모든 사물을 본성상 분할되고 불변하는 실체로 여기는 환상을 만들어내는 도구가 되어 버립니다.

그러므로 정작 필요한 것은 '형이상학적 사고에 따라 결정되는 모양에 제한받지 않는 주의'를 기울이는 일입니다. 우리는 개체 사물

안에서 관찰되는 내용 그리고 다양한 사물의 경계를 넘어서 그들 사이에서 끊임없이 드러나는 새로운 유사성과 상호 관련성을 토대로 항상 변하는 차이에 보다 세심한 주의를 기울여야 합니다. 이러한 주의력을 통하여 우리는 개별 실체의 고정된 본질을 지닌다고 지각되어 왔던 '추상적 특징'의 정체를 파헤칠 수 있습니다. 이러한 추상적 특징들을 이렇게 이해하게 되면, 인간은 "실재를 완전하게 파악할 수 있는 절대진리"를 상정한 형이상학적 과오를 더 이상 저지르지 않고 그것을 자신의 제한된 사고 틀 속에서만 들어맞는 특징으로 파악할 수 있을 것입니다. 그러면 인간의 마음은 어느 순간 자유롭게 되어서 "사물들"의 새로운 구조를 지각할 수 있게 하는 참신한 차이와 유사성에 세심한 주의를 기울이게 될 것입니다.

[저자의 미주]

[1] Bohm, D. and Hiley, B. J. (1993). *The Undivided Universe*. London: Routledge 참조.

제5장

예술, 대화 그리고 암재 질서

- 데이비드 봄과 대화 -

제5장

예술, 대화 그리고 암재 질서

— 데이비드 봄과 대화 —

대화자 : 루우린 비저[1)]

질문자 : 봄 박사님, 21세기를 앞둔 현재 시점에서 물리학은 어디까지 왔다고 보십니까?

봄 박사 : 20세기 초엽에 두 가지 위대한 혁명이 있었지요. 하나는 상대성이론이고 다른 하나는 우리가 지닌 물질 개념에 큰 변혁을 가져다준 양자이론입니다. 그 이후부터 물리학은 이 두 이론에 근거하여 발전해 왔습니다. 그러나 지금 시점에서 이 이론에도 한계

---

1) Louwrien Wijers. 1941년생 네덜란드 출신의 플럭서스 예술 운동(fluxus art movement)에 몸담아 활동을 한 예술가이자 작가. 이 운동은 일부 '전위예술 운동'으로 번역되기도 하지만, 이 대화편에 나와 있는 데이비드 봄의 생각과 일치한다. 우리나라 백남준 화백은 이 운동을 대표하는 작가 중 한 사람이다. 그리고 1990년 암스테르담 스테델레이크 박물관(Stedelijk Museum Amsterdam)에서 '예술은 과학과 영성(종교)이 함께 만나야 한다'는 주제로 대화를 이어간 바 있다. 그 대화에는 달라이 라마, 테레사 수녀 등이 참여한 바 있으며, 이 대화내용을 담은 책이 1992년 그녀의 대표적 저작 *Writing as Sculpture* 이다.

가 드러나고 있습니다. 한 가지는 미시적 차원의 한계인데, 현재 수용된 모든 이론, 즉 상대성이론, 양자이론, 그리고 중력이론 모두가 설명을 제대로 하지 못합니다.

또 다른 한계는 이를테면 빅뱅이론과 같이 사람들이 우주의 기원을 추구하는 거시적 차원의 우주론에서 찾아볼 수 있습니다. 이 이론도 설명력이 잘 작동하지 않을 것으로 보입니다. 이와 관련하여 나는 물리학이 지난 세기에 새로운 입자들을 많이 발견하고, 그것을 거시적 차원의 우주론에 적용할 수 있는 소기의 성과를 거두었다고 생각합니다. 그 성과는 거대한 흐름flux의 상태에서 파악됩니다. 하지만 아직도 이전의 과학 혁명의 성과가 진정으로 무엇을 의미하는지 이해하지 못하고 있습니다. 만약 한 가지 업적을 버리고 다른 입장을 취한다고 해서 더 나은 새로운 입장을 이해하는 것이 아니라 오히려 더욱 혼란만 가중시켜줄 뿐입니다.

질문자 : 박사님께서는 닐스 보어 박사, 그리고 알버트 아인슈타인 박사와 함께 연구하면서 생각을 발전시켜 오신 것이지요?

봄 박사 : 보어 박사와 대화를 나눈 적은 있지만, 함께 연구한 적은 없습니다. 아인슈타인 박사와도 상당히 많은 대화를 가진 바 있습니다. 이후에 서신을 통하여 의견도 많이 교환하였죠.

우선 나는 양자역학과 상대성이론을 공부했고, 그로 말미암아 닐스 보어 박사의 아이디어를 다소 수용하기 시작했습니다. 이후 나는 『양자이론』[2]이라는 저술에서 내가 이해하는 한 그의 입장을 강력하게 지지하였습니다. 하지만 그 책의 집필이 완료되던 1950년경에 이르러 그 이론에 약간 만족할 수 없었습니다. 그래서 나는 파울리, 보어, 아인슈타인을 포함하여 여러 물리학자들에게 원고

2) *Quantum Theory* (1951). New York: Prentice-Hall.

사본을 검토해 달라고 보낸 바 있습니다. 파울리 박사는 좋아했고, 아인슈타인 박사도 좋아했습니다. 하지만 토론을 하는 과정에서 아인슈타인 박사는 만족할 수 없다고 하더군요. 우리 두 사람이 공유한 핵심 질문은 "실재란 무엇인가?"입니다. 하지만 아시다시피 우리가 논의하는 모든 것이 실재에 관한 지식인 것처럼, 보어의 관점은 인식론에 근거한 것입니다. 나는 그 견해에 만족할 수 없었습니다.

질문자 : 그래서 당시에 스스로 혁명적 생각이라도 하시게 되었습니까?

봄 박사 : 꼭 그렇지는 않습니다. 당초 나는 보어 박사의 견해를 따랐습니다. 그리고 그의 견해는 심각한 문제를 다루는 데 있어서 주로 미시적 차원에서 큰 진전이 있으리라 생각하였습니다. 하지만 그것이 실재의 개념을 명확하게 파악할 수 없기 때문에 그 이론이 일반적으로 적용되는 데 만족할 수 없었습니다. 오로지 관찰되고 측정할 수 있는 것만을 다룰 뿐입니다. 만약 당신이 "바로 이것이 실재입니다"라고 말한다면, 당신은 "이 말이 실재의 본질에 관하여 무엇인가를 말해 주는가?" 하는 질문을 여전히 제기할 수 있어야 합니다.

질문자 : 그러면 박사님은 무엇을 놓고 실재라고 하시는 것입니까?

봄 박사 : 무슨 말인가 하면, 실재는 우리가 알아낸 바와 관계없이 독립적으로 실존하는 무엇을 가리킵니다. 우리가 실재를 알아냈다고 말할 수 있지만, 그것이 곧 실존하는 형태로 실재를 파악했다는 뜻은 아닙니다. 그래서 보어 박사의 견해가 궁극적으로 견지되기 어렵다고 보는 것입니다. 나는 매우 흥미로운 뜻을 담은 새로운 모델을 제시한 바 있지만, 제대로 받아들여지지 않았습니다. 핵심적 위치에 있는 물리학자들이 수용하지 않았습니다. 후에 나는 이와 유

사한 목적을 지닌 암재 질서의 개념을 내놓게 되었습니다.

질문자 : 현존 과학의 기계론적 견해를 파기한다는 입장이 박사님의 신념인가요?

봄 박사 : 분명하게 나는 기계론에 만족할 수 없습니다. 그렇지요, 말씀하신 것처럼 기계론과 환원주의는 파기되어야 합니다. 왜냐하면 그 이론은 인간의 사고를 편협하게 제한하고, 지엽적인 문제에만 집착하게 하여 사고를 경직시켜 버립니다. 만약 인간의 삶, 정신, 사회를 포함한 모든 문제를 기계론의 틀에 포함시키고자 한다면, 그것은 매우 나쁜 결과를 초래할 것이라고 생각합니다. 물론 나는 보어 박사가 기계론자라고 보지 않습니다만, 실재에 관한 확고한 견해를 갖고 있지 않다면 우리가 논의하는 것 자체가 무의미해집니다. 그래서 보어 박사의 견해는 물리학의 근본 질문이 어떤 의미도 지니지 못하고 묵살되고야 마는 일종의 독단으로 흐를 것으로 봅니다.

질문자 : 그러니까 과학자들도 예술가와 마찬가지로 모종의 감흥muse을 자아낼 필요가 있다는 말씀이지요?

봄 박사 : 그렇습니다. 적어도 내가 아는 한, 실제로 많은, 아니 대부분의 과학자가 그렇게 생각하리라 믿습니다. 이는 내가 어릴 적부터 지녀왔던 신념입니다. 즉 과학자와 예술가의 정신은 상호 공유한다는 신념입니다. 과학자는 사실을 알아내려는 것만이 아니라 그 사실들이 어떻게 하여 서로 정합적으로 엮여서 하나의 전체를 이루는가를 이해하려 합니다. 과학자는 심지어 자신의 이론을 설정하는 데 도움이 된다고 판단하면 미와 균형감과 같은 준거를 사용하기도 합니다.

과학자는 자신의 생각 속에 전체 우주 질서를 담아낼 수가 없습니다. 그 대신에 우리가 우주 전체를 유추할 수 있는 일종의 축소 모형을 자신의 이론으로 제시해야 합니다. 이 방식에 의해서 전체를 감지하려는 노력이 가능해집니다. 내가 보기에 예술가도 이와 같은 방식으로 세계를 감지합니다.

질문자 : 그러면 과학자의 이러한 정신이 종교적 깨달음에 근접하는 것이라고 해도 되겠습니까?

봄 박사 : 그렇습니다. 내가 아주 오래전에 읽은 적이 있는데, 고대의 한 현인은 인간에게 세 가지 근본 정신이 있다고 했습니다. 과학, 예술, 종교입니다. 이 셋은 공통되기도 하지만, 상당히 다른 양상을 드러냅니다. 이것이 제가 말씀드리고자 하는 핵심입니다.

과학정신의 가장 중요한 핵심은 우리의 호불호와 관계없이 사실을 파악하거나 사실을 온전하게 해석하는 일입니다. 우리가 좋아하는 방식으로 해석해서도 안 되지만, 좋아하지 않는다고 있는 사실을 제쳐두어서도 안 됩니다. 이는 우리 일상생활에 요구되는 방식과 반대되기 때문에, 과학자는 이러한 정신을 견지하는 일에 매우 커다란 고통을 감내해야 합니다. 이 점은 예술가에게도 요구되는 정신입니다. 예술가가 자기 기분 내키는 대로 사물을 왜곡해 묘사하거나 자신이 원하는 결과 산출을 염두에 두고 작품을 만들 수는 없습니다. 종교에서 요구되는 정신도 이와 같아서, 만약 그렇게 되지 않는다면, 종교 자체가 자기기만으로 전락하게 됩니다. 이러한 현상은 쉽게 찾아볼 수 있습니다.

질문자 : 암재 질서라고 박사님 자신이 명명한 이론으로 화제를 옮겨 볼까 합니다. 무엇을 설명하고자 한 것입니까?

봄 박사 : 그 당시에, 과정의 실재[3]를 이해해야 한다는 생각과, 양자

3) the reality of the process. 이는 실재의 과정, 즉 'the process of the reality'와는

역학은 실제로 일어나는 일에 대한 어떤 그림을 제시하거나 개념으로 설명할 수 없다는 생각에서 만든 말입니다. 양자역학은 측정한 것과 관찰한 결과만을 언급할 뿐입니다. 이러한 결과를 토대로 하여 실재가 어떤지에 아랑곳하지 않고 통계적으로 또 다른 관찰 결과의 가능성만을 통계적으로 계산해 낼 수는 있습니다.

그때 나는 양자이론의 수식이 말해 주는 과정에 대하여 어떤 아이디어를 얻고자 하였습니다. 나는 그것을 보고 '접힘enfoldment'이라고 명명하였습니다. 수학 그 자체는 공간상의 특정 요소가 모두 전체로 펼쳐지는 장을 가지고 있으며, 전체는 그 안에 요소를 담고 있는 운동을 보여줍니다. 이에 해당하는 예가 홀로그램hologram입니다. 렌즈를 사용한 일반사진에서는 점과 점이 결합된 것을 사진 속 사물로 인식하게 됩니다. 사물 안의 각 점들은 이미지상의 점들과 일대일 대응합니다. 그런데 홀로그램에서는 사물 전체가 파동 형태로 접혀진 채로 사물의 각 부분에 포함되어 있습니다. 우리는 거기에 빛을 쏘임으로써 그것을 펼쳐내는 것입니다.

요점이 무엇인가 하면, 양자이론을 표현한 수식을 잘 들여다보면, 그것은 이러한 특성을 지닌 운동, 즉 우주 전반에 걸쳐서 접혔다 펴졌다 하는 파동으로 기술된다는 것입니다. 그러므로 모든 사물은 전체 속에서 또는 각 부분 속에 접힌 상태로 담겨 있으며, 그것이 다시 펼쳐진다고 말할 수 있습니다. 나는 이를 접힌 질서를

상반되는 뜻을 가진다. 과정의 실재는 '실재는 일어나는 과정'이라는 것이다. 이에 반하여 '실재의 과정'은 일어나는 과정이 실재의 한 속성이라는 뜻이다. 즉 실재하는 것이 있고 그 속성이 변화하는 과정이라는 뜻이다. 그러나 봄 박사가 주장하는 바는 실재하는 것이 따로 있지 않으며 만약 실재가 있다면 그것은 일어나는 과정이라는 뜻이다. 용어해설 중 'process' 항목 참조. 이 차이는 더욱 간명하게 '것'-중심사고와 '일'-중심사고의 차이라고 볼 수 있다. 하지만 이에 대한 상당한 설명이 요구된다. 역자후기 참조.

뜻하는 '암재 질서'라고 명명하였으며, 이것이 명재 질서로 펼쳐진다고 보았습니다. 암재된 것은 접힌 질서입니다. 암재된 것은 모든 사물이 마치 별개로 존재하는 것처럼 보이는 명재 질서 속에서 펼쳐집니다.

결론적으로 나는 이러한 운동이 양자이론이 주장하는 운동의 본질이라고 생각합니다. 암재 질서를 가장 잘 예증하는 경우가 방금 말한 홀로그램입니다. 홀로그램과 일반 사진을 대비시켜 보십시오. 홀로그램의 각 부분은 접힌 상태에서 사물의 정보를 포함하고 있습니다.

공간의 각 부분은 모든 사물로부터 나온 파동을 포함하고 있으며 전체 공간, 전체 우주, 사물 전체를 담고 있기 때문에, 우리는 어쩌면 홀로그램조차도 설명이 필요하지 않을 수도 있습니다. 암재 질서에서 모든 사물은 다른 모든 것들과 내재적으로 연결되어 있으며, 모든 사물은 모든 사물을 서로 포함하지만, 오로지 명재 질서 속에서 각기 사물들이 개별적으로 독립된 것으로 보입니다.[4)]

질문자 : 그러면 박사님은 현재 물리학이론을 뛰어넘어선 것인가요?

봄 박사 : 내 이론은 양자이론의 수식을 바꾼 것이 아닙니다. 양자이

---

4) 이 부분은 우리나라 화엄종의 시조인 의상대사(義湘大師, 625－702)가 당나라 유학 시절 화엄사상을 요약한 210자 7언 30구의 게송을 만자(卍字)로 발전시킨 화엄일승법계도(華嚴一乘法界圖) 또는 해인도(海印圖)를 구성하는 법성게(法性偈) 내용과 기가 막힐 정도로 일치한다. 독자들은 특히 다음 부분을 보면 봄의 주장과 여러 면에서 일관되고 정합됨을 알 수 있을 것이다.
… 眞性甚深極微妙 不守自性隨緣成(참 성품이 깊고 깊어 미묘하고 지극해서, 자기 성품 지키지 않고 인연 따라 이루었네) 一中一切多中一 一卽一切多卽一(하나 속에 일체이고 일체 속에 하나이니, 하나가 곧 일체이고 일체가 곧 하나여서) 一微塵中含十方 一切塵中亦如是(작은 하나 티끌 속에 시방세계 머금었고, 일체 모든 티끌 속에 하나하나 그러하네) … 九世十世互相卽 仍不雜亂隔別成(구세 십세 무량세월 걸림없이 상응하여, 혼란하지 아니하고 따로따로 이뤄졌네) …

론이 의미하는 바를 새롭게 보도록 해석한 것입니다. 이해하시지요? 이러한 암재 질서의 경험을 누구나 가지고 있습니다. 가장 간명한 예는 우리 일상 의식에서 찾을 수 있습니다. 의식은 우리가 보고 알고 있는 모든 것을 접힌 형태로 담고 있습니다. 우리 의식은 우주를 담고 있을 뿐만 아니라 우리는 그 담긴 내용에 따라 행동하게 됩니다. 그러므로 전체를 담고 있는 의식에 따라 우리가 행동하는 것처럼 우리 자신은 전체와 내적으로 관련되어 있습니다.

접힌 질서는 그것이 펼쳐지는 만큼 잠재력의 범위가 매우 넓습니다. 그것이 펼쳐지는 방식에는 여러 가지 요소가 작용합니다. 우리가 사고하고 행동하는 양식도 이 요소들 가운데 하나입니다. 암재 질서는 모든 사물들이 상호 간여participate하는 것을 말합니다. 어느 것 하나도 독립적으로 존재하지 않습니다. 사물의 존재는 이러한 상호 간여 속에서만 가능합니다. 암재 질서는 물리학적 차원에서 상호 간여가 다양한 형태로 일어나는지를 알 수 있는 이미지를 제공해 줍니다.

상호 간여를 통하여, 우리가 파악하는 사물의 잠재력은 불완전한 것이지만, 사물 자체는 완전한 전체임을 알 수 있습니다. 이러한 사실에 비추어 보면 우리는 주변 환경에서 사물에 작용하는 끌고 당기는 힘과 같은 기계론적 방식으로 행동하는 것이 아니라 사물을 의식함에 따라 행동한다는 점이 명백합니다. 따라서 이 점을 의식하지 못하다면 우리가 결코 지적으로 행동한다는 것은 불가능합니다. 그러므로 의식이란 이러한 암재 질서를 가장 극명하게 경험하는 것입니다.

일상적으로 우리는 세계에 대한 그림만을 추구하지만 사실은 상호 간여의 양상에 따라 세계를 창조해 냅니다. 우리가 현행 방식대로 사고한다면 우리는 우리가 이미 창조해 낸 세계와 같은 종류의 사고를 창조해 내는 것입니다. 만약 이와 달리 사고한다면, 우리는 전혀 다른 또 하나의 세계와 사람들을 창조해 낼 수 있을지도 모를 일입니다. 세계와 사람, 이 둘이 함께 변화한다는 점만이 확실합니다.

질문자 : 창조주로서 신은 박사님의 암재 질서에 존재합니까?

봄 박사 : 그것은 목하 내 논점이 아닙니다. 나는 암재 질서에는 그것을 넘어서 초암재 질서super-implicate order가 있으며, 이어 이에 대한 또 다른 초암재 질서가 존재함으로써 더욱더 미묘한 질서에 접근한다는 아이디어를 갖고 있습니다. 나는 더욱 많은 미묘한 수준이 여러 가지 존재한다고 한 바 있습니다. "미묘한subtle"이라는 말은 "멋있게 짜여진finely woven"을 뜻하는 '서브텍스트subtext'[5]의 어원을 갖고 있습니다. 이를 통하여 점점 더 정교해지는 의식의 망을 생각해 보거나 암재 질서의 정교한 측면을 보다 세밀하게 생각해 볼 수 있게 됩니다. 이 과정은 무한히 진행될 수 있습니다. 이러한 과정은 개인에 따라 달리 파악될 문제입니다. 암재적인 것이 있는 데에 지력이 작용한다고 나는 생각합니다. 이렇게 지력이 펼쳐집니다. 지력이 나오는 원천은 반드시 두뇌가 아닙니다. 지력의 궁극적인 원천은 전체 속으로 여러 겹으로 접혀진 데 있습니다.

그러면, 당신이 질문한 것처럼 그것을 "신"이라고 부를 수 있는가와 관련해 볼 때, 문제는 당신이 그 말을 어떤 의미로 받아들이는가에 달려 있습니다. 왜냐하면 이를 인격신으로 받아들이면 의

5) subtext. 작품 속에 숨겨진 뜻. 즉 암재 질서는 여러 수준의 층에 숨겨진 의미를 담고 있다는 점을 설명하고자 하는 것. 예술가의 작업이 작품을 통해서 숨겨진 뜻을 드러내듯이, 과학자도 자신의 연구를 통하여 암재 질서를 드러내고자 한다. 그 연구 결과가 명재 질서이다.

미가 매우 제한되기 때문입니다. 내가 말하고자 하는 바는 생명이나 정신과 같은 것이 모든 것에 접혀서 존재한다는 것입니다. 만약 당신이 이를 궁극적인 실체로 여긴다면, 그것은 종교인들이 믿는 "신"과 같을 수도 있겠습니다. 그러나 "신"이라는 말은 사람마다 상이한 의미를 가져서, 그것이 무엇을 함의하는지 정확하게 파악하기 어렵습니다. 암재 질서는 신을 배제하지 않지만, 그렇다고 신이 실체로서 존재한다고 언급하는 것도 아닙니다. 다만 암재 질서는 전체에 창의적인 지력이 깔려 있다는 것을 함의할 뿐입니다. 그것이 "신"이라는 말이 의미하는 본질이라고 여길 수도 있겠지요.

이런 의미에서 보면, 비록 어떤 형태의 언어와 사고의 한계를 넘고자 한다 해도 우리가 생각을 통해서 만들어내는 어떤 그림도 제한적이며, 심지어 그로 인한 암재 질서에 대한 아이디어조차도 제한적입니다. 오직 궁극적 실체만이 무제한적입니다. 그러나 당신이 무제한적이라고 말하는 순간, 그로 인하여 당신은 그 말에 의하여 제한을 받고 있습니다.[6] 만약 당신이 "무한자는 신"이라고 말할 때, 내가 신이라는 뜻을 이렇고 이런 존재로 받아들이도록 한다면, 이미 당신은 의미를 제한시킨 것입니다. 당신이 신의 존재를 믿는다면, 나는 신의 속성을 언어와 사고로 제한하지 않는 것이 매우 중요하다고 봅니다.

이것은 애초 헤브라이인들이 신을 언급할 때 오직 "나[신]는 있

---

6) 불가사의(不可思議)를 말한다. 언어와 사고를 넘어서는 어떤 실체를 인정한다고 해도 그것은 언어와 사고로 표현할 수 없다. 언어와 사고로 표현할 수 없는 것을 표현하고자 하는 순간, 그것은 다시 그 언어와 사고로 인하여 제한을 받는다는 것이다. 즉 분별(分別)을 떠나서 존재하는 궁극적 실체 또는 무제한적인 존재는 언어와 사고로 표현할 수 없다. 따라서 불교의 분별심은 곧 봄이 주장하는 분할, 조각내기(fragmentation)이다.

음이야"라고만 표현하고 그 외의 어떤 부언도 하지 않는 그들의 종교관과 같습니다.[7] 그러나 그들은 이것을 정합적 방식으로 소화해 내지 않았습니다. 내가 보기에 정합성이 본질적인데 이를 정합적으로 받아들이지 않으면 본질이 얽히게 됩니다. 본질 문제를 다루는 수준에서 이처럼 얽히게 놓아두면 오히려 해로운 것이 되어버립니다.

질문자 : 하지만 박사님 스스로가 사고의 새로운 틀을 찾고 계신 것 같습니다. 내가 보기에 박사님의 주장은 예를 들자면 여러 면에서 크리슈나무르티[8]와 가깝다고 여겨집니다.

봄 박사 : 나는 실지로 60대 초반에 크리슈나무르티를 알게 되었습니다. 그 즈음 나는 전체를 보다 심층적으로 이해하는 일에 관심을 갖게 되었습니다. 내가 보기에 그는 인간이 전체 질서를 접할 수 있는 가능성을 제시해 주었습니다. 그렇지만 그가 언어와 사고에 의하여 제한된 의미에서 "신"이라는 말을 사용하기 원했다고 보지 않습니다.

질문자 : 이후에는 박사님은 달라이 라마를 친견하였습니다. 박사님의 아이디어가 티베트 불교[9]에 부합한다고 보십니까?

---

7) "I am." 신이 "나는 있음이야"라고 하는 것은 신이 하나의 실체가 아니라 우주 질서에 편재함을 뜻한다. 또 '정합적'이라고 하는 것은 모든 것을 관통한다는 뜻이므로, 이 말은 신이 '자재(自在)'하다는 뜻이다.

8) Jiddu Krishnamurti(1895~1986). 20세기에 가장 훌륭한 철학가이자 정신적 스승으로 추앙받는 명상가이자 인도철학자. 그의 주장은 어떠한 계급, 국적, 종교 그리고 전통에도 얽매이지 말라는 것이다. 그러한 요인들로 인한 학습된 정신, 즉 생각을 내는 것이 파괴를 가져온다고 보며, 모든 가정을 의심하며 삶의 근원이 되는 질문을 던지는 것을 강조한다. 그것은 곧 봄의 '전체 질서'를 탐구하는 것이다. 이 점에서 그가 봄 박사와 유사하지 않느냐고 질문하는 것이다. 실제로 봄이 나이 60 이전부터 크리슈나무르티와 대화를 통하여 자신의 생각을 더욱 공고하게 발전시켜 갔다는 것은 봄의 사후에 발간된 그와의 여러 대화편에서 확인할 수 있다.

9) Tibetan Buddhism. 흔히 '라마교'라고 한다. 라마교는 불교가 주술을 중시하는 티

봄 박사 : 내가 추구하고자 하는 것은 이해하는 것입니다. 나는 여러 다른 사람들과 대화하면서 그들이 어떻게 생각하는가를 찾아내고 공유하고자 합니다. 즉 사물에 간여하는 방식이 무엇인가를 이해하고자 합니다. 내가 보기에 인간의 생각은 자신이 처한 제한된 영역의 틀 안에서 자기 스스로에게 과도하게 집중하여 결과적으로 스스로를 제한시켜 버립니다. 모든 사람들과 의사소통하고 각 개인들이 대화하고 경청하는 것이 중요합니다. 모든 사람들의 견해를 경청하고 공유하는 것은 모르기는 해도 그 견해 자체조차도 초월하게 해 줄 것입니다.

이것이 내가 달라이 라마를 포함하여 다른 견해를 가진 많은 분들과 대화하려는 까닭입니다. 하지만 그분이 작고하기까지 크리슈나무르티와 보다 긴밀한 관계를 유지해 온 것은 사실입니다.

질문자 : 크리슈나무르티가 유독 더욱 큰 인상을 주었나요?

봄 박사 : 그렇습니다. 처음 만났을 때 내가 받은 첫인상은 그의 개방적 사고가 엄청난 영역에 걸쳐 있다는 점이었습니다.

지금 생각해 보면 그가 말한 바와 부처님과 그 제자들이 말한 바에 유사점이 있어 보입니다. 그때 나는 이 모든 것에 흥미를 느끼고 있었습니다.

불교에서 핵심은 모든 것이 상호 관련되어 있다는 연기에 있습니다. 애초에 모든 것은 의존해서 생겨난다는 것입니다. 나는 이것이 암재 질서와 유사하다고 생각합니다. 나는 암재 질서가 발생근

베트의 고유 신앙인 본교(bon敎)를 배척하지 않고 혼합된 형태를 지니고 토착화되어 형성되었다. 달라이는 몽골어로 바다를 뜻하며, 라마는 덕이 높은 스승을 가리킨다. 티베트인은 자신의 국가를 관음정토(觀音淨土)라 생각하며, 그 통치자인 달라이 라마를 관음의 화신으로 생각한다. 여기서 언급하는 달라이 라마는 제14대 현존 인물이다.

원을 가지고 있고 모든 것이 상호 관련되어 있지만, 그 근원은 어떻게도 정의할 수 없다고 하였습니다. 모든 것이 상호 의존한다는 것은 내가 보기에 불교에서 말하는 카르마karma의 법칙입니다. 그러나 카르마는 우리의 마음이 전체의 일부일 경우에조차 무상하게 변합니다. 그래서 카르마가 변화하면 전체도 변화하고, 또다시 카르마가 작용하여 변화합니다.

질문자 : 내가 보기에 당초 박사님의 생각 전반에 창의성은 과학의 초석입니다.

봄 박사 : 내 생각이 그렇다고 꼬집어서 말할 수 있을지는 모르겠습니다. 하지만 내가 보기에도 많은 사람들이 창의성이 과학의 핵심임을 인정하고 있다는 점입니다. 창의적 통찰력은 과학이 새롭게 나아가는 핵심입니다. 창의성은 과학에서만 요구되는 것이 아니라 삶 전반에 걸쳐 요구됩니다.

만약 기계론적 반복 질서에 매여 있다면, 그것은 퇴보하는 것입니다. 이는 모든 문명이 공통적으로 안고 있는 문제입니다. 반복만이 가능한 확실성을 말하는 것입니다. 그렇게 되면 창의적 에너지는 소진됩니다. 이것이 문명이 쇠퇴하는 원인입니다. 수많은 문명이 외적 압력에 의하여 멸망하기도 하였지만, 내적으로 소진되어 멸망한 것입니다.

질문자 : 많은 사람들이 창의성은 항상 예술과 관련되어 있다고 믿습니다.

봄 박사 : 창의성은 예술, 과학, 종교에 관련될 뿐만 아니라 삶의 모든 측면에 걸쳐 있습니다. 그래서 나는 모든 인간 활동은 근본적으로 하나의 예술이라고 생각합니다. 과학은 사물의 특정 측면을 강조하는 하나의 예술 장르입니다. 사물의 상이한 측면에 집중하는

시각예술, 청각예술 외의 다른 예술 분야가 존재합니다. 그러나 근본적으로 예술은 어디에나 편재합니다. "예술art"은 라틴어의 "어울리다to fit"에서 나온 말입니다. 질서의 총체적 개념은 희랍어 "질서order"를 의미합니다.[10] 이 말은 곧 예술적 개념임을 뜻합니다.

질문자 : 현대예술의 추이와 과학의 추이를 상호 비교해 본 적이 있나요?

봄 박사 : 예, 나는 유사성이 있다고 생각합니다. 변화는 이미 19세기 말과 20세기 초에 있었습니다. 내가 보기에 예술의 방향 변화를 나타내는 첫 징후는 인상주의Impressionism의 출현에서 찾을 수 있습니다. 물론 인상주의가 그 이전부터 잉태된 것은 사실이지만요. 인상주의 회화작품의 전체적 특징은 원색의 점을 사용한 데 있습니다. 작품을 가까이서 들여다보면 아무 의미 없어 보이지만, 거리를 두고 조금 떨어져서 보면 작품에 갑자기 하나의 전체 세계가 드러납니다. 나는 이것도 암재 질서의 하나라고 봅니다. 채색된 점들에 담긴 의미가 작품 속에서 펼쳐지는 것입니다.

나는 인상주의의 이러한 특징과 양자이론을 설명하는 수식 작동 방식 사이에 상당한 유사성이 있다고 봅니다. 예술은 감각을 통하여 지각의 새로운 양태와 상상의 새로운 형식을 근본적으로 탐구합니다. 예술이 그러한 일을 수행한다고 하면, 마찬가지로 과학이나 인간의 정신활동도 이에 상응하는 일을 수행합니다.

나는 루오의 회화작품Rouault of a clown[11]을 본 적이 있습니다. 내

---

10) 본서 제4장 및 용어해설 참조.

11) 조르쥬 루오(George Rouault, 1871~1958)의 작품인 '광대의 머리(Head of a Clown)'를 가리킨다. 봄이 이 작품을 통해 주장하는 바는 이 작품을 보면 마치 홀로그램의 경우처럼 지각된다는 점이다. 물론 작품 감상을 이렇게 단정하는 것은 무리가 있지만, 본문의 대화 취지에 비추어 그렇게 설명할 수 있다.

기억으로는 에드워드 로빈스Edward G. Robinson 작품집에 담긴 것이었습니다. 핵심은 모든 채색이 광대의 중앙부분에 맞추어져 있으나, 바깥부분에 채색이 보완되어 있다는 점입니다. 그때 나는 시선이 한 부분에서 다른 부분으로 이동함을 감지하며 작품 전체가 힘차게 고동침을 느꼈습니다. 그리고 나서 전혀 다른 시선이 잡히는 것이었습니다. 그것은 전체 공간 속에서 시선이 광대로부터 나와서 내게로 돌아오는 순환과 같았습니다. 자, 이것이 또 다른 지각 방식을 창조해 낸 것입니다. 내가 보기에 예술가들은 감각–지각의 다른 형태를 탐구해서 지각의 새로운 뜻을 찾아내려는 듯합니다. 이 점에서 세잔Cézanne이나 입체파 미술가들도 마찬가지라는 것을 알 수 있습니다. 그 이후 예술이 수많은 새로운 방향으로 확장되면서 나는 그것을 한 가지로 집어서 확정하기 어렵게 되었습니다. 그때부터 예술은 바야흐로 새로운 전개 국면에 접어들었습니다.

초창기에 예술은 종교적 목적에 따른 형상을 재현하거나 건축물이나 제반 부대시설을 제작하는 등 그 기능 면에서 사회적 도구에 깊게 관련되어 있었습니다. 그러나 19세기 말에 이르러 예술의 모든 것이 변하였습니다. 일련의 예술가들은 예술의 사회의 기능적 관련은 경시하고 새로운 지향점을 찾기 시작하였습니다.

질문자 : 예술, 과학, 종교 사이의 관련에 암재 질서가 있다는 것을 인정한다고 하면, 이것이 미래의 경제 모델에 영향을 줄 수 있을까요?

봄 박사 : 이렇게 경제와 관련시켜 묻는 것은 좀 더 생각해 보아야 할 여지가 있습니다. 어원을 좀 파고들어 보면 어원이 당초 무엇을 뜻한 것인지 의미를 새롭게 파악하게 해 줍니다. “경제economy”라는 말은 “가사 살림household management”이라는 뜻을 지닌 희랍어를 어원

으로 합니다. 논점은 가사 살림이 무엇인가입니다. 세상에는 오만 가지의 살림살이가 있고, 이 각각은 독자적으로 운영됩니다. 그러나 사실 그들은 상호 의존적입니다. 지구는 사실 하나의 살림살이이지만, 우리는 이렇게 받아들이지 않습니다. 그래서 경제의 첫 단계는 "지구는 하나의 살림살이이고, 이는 한 통이다"라고 말할 수 있습니다.

접힌 질서는 우리가 이 사실을, 즉 모든 것은 모든 것을 펼쳐 보인다는 사실을 이해하는 데 도움을 줍니다. 모든 사람이 서로 간에 '의존'할 뿐만 아니라, 심층적으로 보면 사실 모든 사람은 한 뿌리[12)]입니다. 우리를 구성하는 모든 것은 지구에서 왔고 지구로 돌아가기 때문에 우리가 곧 지구입니다. 여기서 지구를 우리가 살아가는 주변 환경으로 이해하는 것은 큰 실수입니다. 지구를 주변 환경으로 보는 것은 우리의 두뇌를 신체의 일부분으로 보는 것처럼 타당하지 않기 때문입니다.

모든 살림살이가 각기 동떨어진 것이 아니기 때문에 세계를 하나의 전체로 보는 것이 핵심입니다. 접힌 질서와 이와 유사한 모든 아이디어는 우리에게 세계를 하나로 된 전체로 보게 합니다. 이는 전적으로 상호 간여입니다. 그러므로 우리는 사물을 볼 때 이와 같이 보아야 합니다. 자, 문제는 하나의 살림살이인 세계를 어떻게 꾸려나가는가에 있습니다. 그 첫출발은 세계는 하나임을 인정하는 것입니다. 세계가 여러 살림살이로 구성되어 있다고 여기게 되면 우리는 살림살이를 제대로 꾸려갈 수가 없습니다.

---

12) actually everybody is everybody. 앞서 자신의 암재 질서가 카르마와 같다고 언급했듯이, 이 문장은 곧 연기(緣起)를 뜻하기 때문에 이와 같이 불교적 표현으로 번역하였다. 즉 이 문장은 생명은 한 뿌리라는 불교의 교훈과 같다.

질문자 : 세간에는 이익 창출profit making이 관심사입니다만, 박사님 말씀대로 세계를 하나의 살림살이로 보면 이익창출은 곧 자신의 주머니에서 무엇인가를 훔쳐오는 것밖에 되지 않을 듯합니다.

봄 박사 : 그렇기 때문에 우리는 공영하지 않으면 공멸하게 됩니다. 우리는 무엇인가 방도를 찾아야 합니다. 비단 경제만이 아니라 정치가 각기 다른 살림을 하는 별도의 정부를 둡니다. 그러나 아시다시피 이러면 결코 성공할 수 없습니다. 우리에게 세계 속의 인간을 새롭게 조망할 비전이 요구됩니다. 현재 생태계 질서 파괴의 위험은 이러한 비전이 더욱 필요함을 말해 줍니다.

질문자 : 박사님이 생각하는 한 가지 전체가 온갖 세상살이의 다양함을 아우를 수 있다는 점을 보다 상세하게 설명해 주시겠습니까?

봄 박사 : 그러지요. 제일 먼저 전체 질서의 정연함을 보는 데 초점을 맞추어야 합니다. 이는 전체주의가 아니라 전체가 정연하게 정합되어 있음을 뜻합니다. 정합coherent은 "앞뒤가 들어맞다hang together"는 뜻입니다. 사람들이 전체에 대하여 정합적이지 못한 관점을 가지게 되면, 그것은 파멸에 이르게 됩니다. 실제로 과거 전체주의 이론가들이 세계에 매우 나쁜 해악을 미쳤습니다. 이를테면 나치가 전체주의 이론을 수용했음을 상기해 봅시다. 내 말은 전체 질서가 중요하다는 것이 정합적이지 못한 전체주의로 가서는 안 된다는 것입니다.

우리는 각 개체가 자유롭다는 것을 입증하기 위하여 부분들이 상호 의존함과 동시에 각각의 부분을 정당화해야만 합니다. 이때 전체에 의미를 부여하는 것이 아니라, 전체는 부분 안에 의미가 부여되어 있고 각 부분은 전체 안에 의미가 부여되어 있습니다.[13)]

---

13) 一中一切多中一 一卽一切多卽一(하나 속에 일체이고 일체 속에 하나이니, 하나가 곧

이것이 내가 상호 간여라고 칭한 것입니다. 이때 상호 간여는 그 의미가 두 가지로 변화됩니다. 하나는 "함께 어울리다to partake of"는 뜻으로, 우리는 우리 자신 안에서 전체와 어울립니다. 다른 하나는 "전체에 능동적으로 참여한다to take part in it actively"는 뜻입니다. 이 두 가지가 필수적입니다.

이러한 생각은 외적 상호작용하는 원자처럼 각 개인이 사회를 구성한다는 원자론적 사회관과는 뚜렷하게 대비됩니다. 이렇게 되면 개인은 사회와 어울릴 수 없습니다. 다만 자기 자신의 이익을 도모하고자 상호작용을 할 뿐입니다. 내 생각의 저변에는 상호 간여가 깔려 있습니다. 이것은 우리 모두가 대화를 해야 한다는 것을 의미합니다. 우리는 서로 간의 생각을 공유해야만 합니다. 그리고 우리가 함께 생각할 수 있어야만 합니다. 만약 우리가 함께 생각하고 대화하지 않는다면, 우리가 할 수 있는 것은 아무것도 없습니다. 이것이 우리가 당면한 가장 어려운 숙제입니다.

질문자 : 박사님의 학문적 삶 생활에서 가장 큰 만족을 주는 것은 무엇이었나요?

봄 박사 : 글쎄요, 비록 그때는 어떻게 진전시켜야 할지 막막하긴 했지만 접힌 질서라는 생각을 했을 때 가장 만족스러웠습니다.

질문자 : 미래의 과학 발전을 위하여 바라는 바는 무엇인지요?

봄 박사 : 나는 정량화된 정확한 수학적 개념보다는 질적인 것에 보다 더 초점을 맞추기를 기대합니다. 나는 원자론적 분석 방법보다는 상호 간여의 개념을 근간으로 하여 과학이 추진되기를 바랍니다.

질문자 : 인간의 미래를 위하여 바라는 바는 무엇인지요?

봄 박사 : 앞서 말한 바와 같습니다. 나는 각 개인의 자유 또한 존중

일체이고 일체가 곧 하나이다). 앞의 각주 4) 법성게 참조.

되면서 인류 전체가 하나로 인식되기를 기대합니다. 무엇보다도 상호 간여의 개념으로서 인류가 정합된 전체가 되면, 인류는 창의적으로 발전할 것입니다.

질문자 : 요즈음 하시는 일은 무엇인지요?

봄 박사 : 나의 동료 힐리 박사$_{\text{Dr Basil Hiley}}$와 물리학 저술 작업을 하고 있습니다.[1] 또 여행을 많이 하면서 강연이나 세미나에도 참석합니다.

질문자 : 박사님은 사람들이 결국 박사님의 주장인 접힌 질서에 동의하리라고 보십니까?

봄 박사 : 사람들이 익숙해 합니다. 물리학 안에서보다 밖에서 그렇습니다. 내가 보기에 물리학자들은 오히려 일반인들이 접힌 질서를 받아들이는 이유조차 찾지 못하는 듯합니다. 물리학에서 수용하는 일반적 입장은 실험결과를 설명해 주는 일련의 방정식을 구하는 것을 우선시하기 때문입니다.

질문자 : 사람들은 수학적 모형에 너무 의존합니다. 심지어 경제학조차도.

봄 박사 : 내 생각에 수학은 현대과학에서 지나치게 강조되었습니다. 수학이 정확성을 도모해 주기는 하지만, 그 대가로 과학이 다루는 개념을 구조적으로 지나치게 제한시켜 버립니다.

경제학의 경우에, 상호 간여의 개념이 매우 중요합니다. 양자이론에서 그러하듯이 수학은 상호 간여를 어느 정도 수용합니다. 하지만 경제학은 모든 것이 상호 간여되어 있다는 모형을 통하여 근본적으로 질적으로 접근하여 다루어야 합니다. 따라서 어떤 경우에도 독자적으로 존재하는 장소, 기업, 실체는 없습니다. 특정 지역에서 상품을 생산하여 타 지역의 제3자에게 판매하는 어떤 기업이 독자적으로 존재한다고 생각해선 안 됩니다. 일련의 기업이 존속하고 그 존속의 조건은 지구 전체로부터 여러 요인들이 펼쳐진 결과입니다.

우리에게 이와 같은 사고방식이 필요합니다만, 현행 수학은 너무 추상적이어서 이러한 현실을 제대로 다루지 못합니다. 그 결과 사람들은 구체적인 실재들도 온전하게 파악하지 못하게 됩니다. 수학은 항상 추상적인 차원에서 계산을 하기 때문에 '무엇에서 추상화시킨 것인지를 파악하는 데 실패합니다.' 수학은 가능한 한 정확성을 담보하는 데 최적이지만, 질적 사고조차 이전에 설정한 법칙에 국한시켜 이해합니다.

아시다시피, 비록 부적합한 것이라고 간주하기는 했어도 과거에는 이러한 질적 문화가 존재하였습니다. 수학은 획기적인 기술 공학적 진보를 가져오는 데 기여했지만, 우리가 수학적 방법으로는 지금도 여전히 해결할 수 없는 숱한 문제를 남겨놓았습니다.

질문자 : 박사님이 말씀하신 "문화culture"는 무엇을 뜻합니까?

봄 박사 : 문화에 대하여 언급하는 게 좋겠습니다. 문화는 모든 것이 상호 간여된 의미를 담고 있습니다. 문화는 그 자체로 간여가 이루어진 실체입니다. 현재 우리가 향유하는 문화는 결코 정합적이지 않습니다. 전 세계적 견지에서 보아도 정합적이지도 않으며, 각 문화별로 보아도 정합적이지 않습니다. 우리에게는 정합적인 문화가 필요합니다. 사실, 우리가 대화의 세계에 들어가야 하는 이유 중 하나가 바로 이러한 정합적 문화를 설정해야 하기 때문입니다.

현재 사람들은 상호 간에 자유롭게 대화를 할 수 없는 현실에 살고 있습니다. 예를 들어서 유엔에서 협상 가능한 몇몇 의제에 관해서만 대화할 뿐이며 근본적인 문제라 하더라도 협상의 여지가 없는 것은 아예 다루지 않습니다. 그러므로 사람들은 근본적인 문제를 다루는 대화를 할 수 없습니다.

우리는 근본적인 문제를 협의할 수 있는 차원에서 다루기 위한 공통의 문화를 창조할 필요가 있습니다. 그러나 모든 사람들이 제각기 다른 주장을 합니다. 예컨대 동구권에서는 집단적 복지가 일차적 관심사로 집중되어 있지만, 서구권에서는 개인 문제가 우선입니다. 일차적 관심사로 무엇을 다룰 것인가를 생각하지 않고 여전히 자신들이 공언한 것에만 관심을 집중합니다. 이 두 가지가 상호 협의할 수 없는 한 우리는 결코 공통의 문화를 창출하거나 공유할 수 없습니다. 그래서 우리는 상호 간의 입장을 경청하는 공통의 노력을 기울일 수 있도록 해야 합니다. 그렇게 되면 양측 입장에 국한되지 않는 새로운 문화에 접목할 수 있습니다.

질문자 : 그러면 예술, 과학, 종교가 한데 어울린다는 것은 무엇을 뜻합니까?

봄 박사 : 이것이 공통 문화를 창출하는 단계라고 생각합니다. 과학, 예술, 종교[14]는 고금을 통하여 문화의 기저를 차지해 온 대표적 분야입니다. 여기에 과학에서 발전되어 온 기술문명을 추가할 수도 있습니다. 하지만 이 세 가지를 잘 결합시킨다면, 이 세 가지에 포함되지 않는 어떤 문화도 없을 것입니다. 이 세 가지를 포함하는 정합적인 문화를 가질 수 있다면 그것은 인류의 큰 진전이 될 것입니다.

질문자 : 이에 대하여 매우 낙관적이십니다.

---

14) spirituality. 영성, 영적 삶 등의 뜻을 지니지만, 맥락에 따라서 종교를 지칭하기도 한다. 이 대화의 앞부분에서 태고로부터 인간의 근본적이며 한 통인 활동으로서 과학, 예술, 종교라고 주장한 점에 비추어, 여기서는 종교로 번역한다.

봄 박사 : 나는 나의 태도를 "전략적 낙관주의tactical optimism"라 부르고 싶습니다. 나는 정합적 문화 창출이 가능하다고 봅니다. 안 될 이유가 없습니다. 난관이 있을 수 있지만, 그것이 가능하다는 낙관에서 시작되어야 한다고 봅니다. 우선 전체 질서에 대한 정합적 의미를 설정하는 것에서 출발해야 합니다. 하지만 출발선에서 핵심은 대화를 할 수 있어야 한다는 점입니다. 이에 따라 다양한 입장의 사람들이 대화하고 자신들의 의미를 공유함으로써 새로운 의미를 창출해 내는 것이 가능할 것입니다.

예컨대, 나만의 환상이랄 수도 있지만, 나는 과학자들 간의 대화를 제안하고자 합니다. 내가 생각하기에 과학자들이야말로 대화하기에 가장 어려운 부류의 사람들입니다. 그들은 각각 자신만의 진리관을 갖고 있기 때문입니다. 그렇다고 그들을 상대로 대화하라고 밀어붙일 필요는 없습니다. 어느 영역에서든 대화에 개방적인 사람들이 있다면, 우선 이들과 대화를 시작해야 합니다. 문제의 해결책을 강구하지 않더라도 다만 이 사람들과 대화할 수 있는 장을 마련한 다음, 서로 의사소통에 경주하면 이 사람들이 상호 이해하는 방식을 공유하게 될 것입니다.

질문자 : 제가 또 다른 질문을 드려보겠습니다. 삼차원적 사고방식을 깨버린 예술가와 일련의 지식인들은 다차원적인 관점을 제공하였습니다. 그렇게 되면 당초 하나의 단일 우주a universe는 하나의 다우주a multiverse가 되는 것입니다.

봄 박사 : 예, 그렇습니다. 접힌 질서는 다차원적 관점을 함의합니다. 실제로 접힌 질서는 과거 어느 이론보다도 실재를 잘 설명해 주는 거대한 다차원을 뜻합니다. 흥미 있는 질문 중 하나가 물리학의 관점에서 보면 다차원을 지닌 접힌 질서가 어떻게 우리의 일상 경험

세계와 같은 삼차원적 질서에 압축되어 있는가 하는 것입니다. 이는 나의 동료 힐리 박사와 내가 매우 흥미롭게 수학적으로 풀어가고 있는 문제이기도 합니다.

질문자 : 그러면 다차원성이 과학 이외에도 예술과 종교에도 들어맞는다는 것이지요.

봄 박사 : 내가 보기에 예술에서 다차원적 질서는 인상파 미술에서 처음 등장하였고, 이후 입체파 미술에서 찾을 수 있습니다. "정신spirit"이라는 말도 역시 다차원적입니다. 정신은 선형linear으로 존재할 수 없습니다.

내 말은 우리는 어떤 사물이든지 그것을 전체적 질서 속에서 사고하고 지각해야 한다는 것입니다. 이 세 가지 기본적 입장에 공통적인 것을 파악하는 것 자체가 생각을 낳습니다. 사고는 '축어적literal' 방식에 따라 드러납니다.

무슨 말인가 하면 생각은 실재하는 것을 자신이 언어적으로 재현하도록 한다는 것입니다. 이 설명 방식이 완전하거나 정확하지 않지만, 이는 우리가 생각하고자 하는 논점에 부합합니다. 내가 보기에 이것은 생각에 의해 제한된 것일 뿐입니다. 여기서 설명되지 못한 부분이 바로 생각이 간여한 결과, 우리가 살아가면서 사물을 볼 수 있는 것은 모두 생각이 지어낸 결과입니다. 당신이 관찰하는 것은 모두 당신이 생각한 산물입니다. 건축물, 농장, 비행기, 심지어 공해를 포함한 모든 것이 생각의 산물입니다.

이것 말고도 생각은 우리가 실재를 지각하도록 해 주는 작용과 구조를 창출해 냅니다. 우리는 실재를 우리의 생각에 비추어 파악합니다. 그러므로 생각은 끊임없이 우리 자신의 지각 형성과 동시에 실재의 지각에 간여합니다. 그런데 생각은 이 사실을 모릅니다.

생각은 자신이 아무것도 하지 않는다고 생각합니다. 내가 보기에 난점은 여기에 있습니다. 우리는 생각이 실재의 한 부분이라고 여기면서, 동시에 우리가 '실재에 관한 생각'을 하는 데 그치는 것이 아니라 '실재를 생각한다'고 여깁니다. 이 차이를 이해하시겠습니까?

질문자 : 예, 이해합니다. 하지만 이것이 현실세계에 오면 왜 이해하기가 어려운가요? 생각을 하는 사람이나 과학자나 왜 생각에 제한을 받지요?

봄 박사 : 무엇보다도 난점은 조각내기fragmentation에 있습니다. 모든 사람은 생각할 때 조각을 내서 생각을 하지요. 이를테면 나라를 지방으로, 지방을 소도시로 조각내듯이 말입니다. 조각내기를 막을 방법은 없습니다. 생각이 마치 사물이 객관적으로 실재하는 방식을 말해 주듯이 어떤 영향을 받아서는 안 된다는 전통적 방식에 따라 일어나기 때문에 조각내기가 시작됩니다. 그러므로 사람들은 자신이 문제를 창출하여 그것을 자신 있게 해결해 낼 수 있다고 생각해서는 안 됩니다.

현실 문제에 적용해 봅시다. 어떤 문제로 할까요? 공해로 하지요. 생태학은 그 자체 내에 문제가 없습니다. 생태학 그 자체가 잘 굴러가는 학문입니다. 생태학이 문제가 되는 것은 우리가 사물을 쪼개서 설명하거나 자신의 입장에서 사물을 파악하는 등 모든 것을 쪼개서 생각하기 때문입니다. 따라서 생태학적 문제는 우리가 생각하는 바에 따라 생겨납니다. 공해는 "밖에 실재하는out there" 대상으로서 문제라고 생각하고 이를 해결하려고 합니다. 그러나 생각이 문제를 해결하고자 모든 활동을 지어내고, 그것을 다룰 또 다른 활동을 지어내기 때문에 이러한 주장은 통하지 않습니다.

생태학적 문제, 국가적 관심사 등을 만들어 그것의 해결책을 도모하는 생각은 멈출 줄 모르고 이어집니다.[15)] 새로운 의식세계가 왜 현실적으로 펼쳐지지 못하는지는 우리가 하고 싶다고 생각한 것과 반대로 무의식세계에서 행동하기 때문입니다. 그러므로 중요한 점은 우리가 현재 하고 있는 일을 깨닫는 것입니다.

질문자 : 박사님은 이러한 깨달음이 사람들에게 제대로 먹힌다고 생각하십니까? 사람들이 현실 속에서 자신이 하는 것을 어떻게 깨달을 수 있을까요? 이를 초중등학교에서 가르치기 시작해야 하나요. 아니면 대학에서 가르쳐야 하나요?

봄 박사 : 이를 실행에 옮긴다는 시도 자체가 큰 실수입니다. 이러면 모순을 저지르는 것입니다. 이미 언급하였듯이, 우리가 어떤 일을 한 가지 방향에서 착수하여 이를 진행하면서, 반대편에서 진행되는 것만 막으려고 애씁니다. 이는 마치 왼손이 하는 일을 오른손으로 막아내어 자신을 멈춰 세우는 사람의 행동과 유사합니다. 근본적인 난점은 우리가 이와 같은 문제를 야기한다는 사실을 현실 상황에서 깨달을 수 없다는 점입니다.

우리에게 색다른 접근이 필요하다고 봅니다. 즉 현재 벌어지고 있는 일을 그대로 깨닫는 것입니다. 의사소통의 어려움을 예로 들어봅니다. 서로 의견을 나누는 의사소통 그 자체 이외에 의사소통을 가능하게 확정시키는 별도의 실행방법은 없습니다. 사람들이 의사소통을 원하는데 거기에 실행상 문제가 있다고 말한다면, 이러한 언급 자체가 우리를 제약하는 것입니다. 가령 "우리는 의사소

---

15) '계몽'을 내세우는 인위적 기획이 인류의 불행을 자초한다는 뜻. 실체가 있다고 가정하는 분할적 사고는 인간 이성이 그 해결책을 마련할 수 있다는 생각으로 이어지지만, 이는 총체적 질서에 부합하지 않는다는 뜻. 인위적 기획은 곧 조각내기 사고의 산물이다. 이는 인위적 질서를 반대하는 하이에크의 자생적 질서(spontaneous order)에 어긋난다. 이것은 봄이 전체주의를 반대하는 맥락과도 통한다.

통하기 원한다"고 말하면서 우리는 진정 문제를 설정하려고 하지 않습니다. 아주 오래 전에 나는 북아메리카 원주민들의 원시적 삶을 연구한 인류학자가 쓴 글을 읽었습니다. 때때로 그들은 원을 그리며 돌면서 모든 사람이 서로에게 대등한 입장에서 이야기를 나누고, 나누고, 또 나누고 한다고 합니다. 그들은 아무런 결정도 하지 않은 채, 어느 정도가 되면 이야기를 멈출 뿐입니다. 그러면 모든 사람이 무엇을 하는지를 알게 됩니다. 이런 대화를 꾸준히 함으로써 그들은 서로를 이해하고 무엇을 실행할지 아는 데 아무런 어려움을 느끼지 않게 되었답니다.[16]

그런데 우리는 이렇게 하지 못합니다. 한데 모여 있는 사람들을 상상해 보십시오. 같은 지역 안에서, 심지어 한 가정 안에서도 지역, 문화, 종교와 같은 경계를 넘어서지 못합니다. 만약 우리가 이러한 일을 시작하려면 어떠한 일을 먼저 실행해야 하느냐고 묻는다면, 이것은 이치에 닿지 않습니다. 왜냐하면 그런 질문 자체가 우리가 원하는 바와 정반대로 하고 있음을 무의식적으로[17] 말하는 것이기 때문입니다. 이러한 난제를 극복하려면 우리가 의도적으로 하고자 하는 바를 무의식적으로 정반대 방향에서 격파해 나가야 합니다.

질문자 : 이것은 인간의 본성에서 비롯된 것이군요.

봄 박사 : 그렇습니다. 인간의 기억 속에 인간 내면의 심층 속에서 인간

16) 본서 리틀 베어 서문 참조.

17) unconsciously. 이하에서 이 말은 정신분석학에서 언급하는 무의식이 아니라, 생각의 전제를 가리킨다. 우리가 어떤 '것'을 상정하면, 이미 무의식 상태에서 '것' 이외의 다른 '것'을 상정한다는 뜻이다. 이를테면 누군가 이 방이 넓다고 하면, 그는 이미 좁은 방을 무의식적으로 상정하고 있다. 조각내기 사고가 야기된다는 뜻. 불교식으로 말하자면, 생각이 분별을 낳는다는 뜻.

의 내적 전체 질서 속에, 그리고 문화 속에 이미 다 담겨 있습니다.

질문자 : 그러면 이를 어떻게 수용해야만 합니까?

봄 박사 : 우선 새로운 문화를 만들어줄 핵심을 파악함으로써 우리의 현행 문화를 개혁해 가야 한다고 봅니다. 이는 마냥 실행에 옮긴다고 될 문제가 아닙니다. '실행은 심층의 무엇으로부터 흘러나올 때 가능합니다.' 결코 실행에 옮기겠다는 실천의지만 가지고 이루어지지 않습니다. 오히려 무엇을 무심히 해야 할 필요를 공통적으로 지각하는 것입니다. 사람들이 이렇게 하기 시작하면, 원하는 대로 일이 진행됩니다. 만약 이 과정에서 모든 사람이 같은 것을 이해하고 같은 목적을 갖게 되면, 그들은 일을 함께 하게 됩니다. 하지만 모든 사람이 서로 다른 목적을 갖게 되면 동문서답하는 꼴이 되어 함께 하는 일이 이루어질 수 없습니다. 내가 보기에 진짜 문제는 우리가 상통하는 문화를 공유하지 않는 데 있습니다. 인류 초기 단계에서 원시인들은 상통하는 문화를 가졌을 것입니다. 적어도 확신에 찬 앎이 없더라도 그들은 그렇게 믿고 함께 일을 이루어냈을 것입니다. 그 첫 단계 중 하나가 아시다시피 어떤 문제를 해결하는 의도 없이 대화에 참여하는 것입니다.

질문자 : 박사님은 앞으로 인류가 이처럼 해야 된다고 믿으시는군요. 즉 우리 모두 상통하는coherent 문화를 함께 해야 한다고 말입니다.

봄 박사 : 그것이 핵심이라고 믿습니다. 이렇게 할 수 없게 된다면, 인류는 석기시대보다 더 나은 생존을 할 수 없다고 봅니다. 더욱이 현대 기술공학의 출현으로 이에 대한 특단의 조치를 하지 않으면, 인류는 퇴보합니다.

질문자 : 과연 사람들이 이 말을 제대로 경청이나 할까요?

봄 박사 : 경청하는 사람들이 있습니다. 이 말을 경청하는 사람들과

더불어 시작하면 됩니다. 경청할 준비가 되어 있는 분들이 꽤 있습니다. 그들이 핵심nucleus입니다. 우리는 그들의 역할을 미세 문화micro-culture, 즉 더 큰 문화의 소우주microcosm of the bigger culture라고 칭할 수 있습니다. 그렇습니다. 미세 문화를 확증할 수 있다면 그것은 곧 확산될 것입니다. 하지만 내가 제안하는 것은, 미세 문화를 그 자체 목적으로 설정해선 안 된다는 것입니다. 설정된 목적은 무의식적으로 일어나는 저항과 동기에 의하여 왜곡되기 때문입니다.[18] 예컨대 사람들은 사회주의를 목적으로 선정했습니다만 이와 동시에 무의식적으로 이와 상반되는 자기중심적 동기가 상정되어 사회주의 이념이 제대로 작동된 적이 없습니다.

질문자 : 이와 같은 방식으로 동기가 변화하면 인간 정신을 보다 정확히 파악하려는 탐구는 인류 미래에 전혀 새로운 국면을 창조해 주겠습니다.

봄 박사 : 그렇지요. 확실하게 문화와 사회를 변화시킬 것입니다. 우리에게 필요한 것은 이야기를 나누며 대화를 할 수 있는 자세입니다. 현 시점에서 보면 그 격차가 매우 크므로 이 중 많은 것들이 한꺼번에 해결되지는 않을 것입니다. 정작 필요한 것은 탁구 경기처럼 공을 즉각적으로 주고받는 교환이 아니라 사람 속의 "흐름을 따라간다flowing through"는 뜻을 지닌 "대화"의 참뜻을 살려서 대화를 갖는 것입니다. "모든 것을 분쇄한다to break everything"는 뜻을 갖는

18) 미세 문화를 의식적인 목적으로 상정하면 이것이 다시 의식적으로 이와 상반되는 생각을 일으킨다는 뜻이다. 여기서 미세 문화는 지력의 작용에 따른다. 사고는 지력을 낳을 수 없지만, 지력은 사고로 변형되기도 한다. 따라서 미세 문화가 왜곡되면 생각을 일으키게 되어 또 다른 불행을 자초한다. 앞서 예시한 인위적 기획은 인류 공영을 지향하는 '미세 문화'가 고착화된 경우이다. 일례로 과거 사회주의가 의도적으로 기획하여 추진한 '인위적 기획'이 실패한 것을 들고 있다.

"토론discuss"이라는 말은 분석하고 게임처럼 상호 교환하는 것입니다. 우리에게 필요한 것은 대화입니다. 대화의 정신은 경쟁하는 데 있지 않습니다. 대화는 우리가 새로운 것을 발견할 경우 우리 모두에게 승리를 가져다준다는 것을 의미합니다.

이러한 대화의 기본 정신은 자신의 의견을 잠시 유보하고 상대방과 이야기를 나누는 자세입니다. 결코 자신의 입장을 관철시키거나 고집하는 것이 아닙니다. 확신시키려는 노력이 아니라 상호 이해하면 됩니다. 첫 과제는 모든 사람이 함께 공유할 의미를 파악하는 것입니다. 거기에는 어떤 의사결정도 할 필요가 없으며 누가 옳고 누구는 그르다고 말할 필요도 없습니다. 더욱 중요한 것은 우리 모두 같은 것을 볼 수 있어야 한다는 점입니다. 그래야 공통의 의식이 존재할 수 있는 정신의 새로운 틀을 창출할 수 있습니다. 이것은 각 개인에게 전체 질서가 담겨 있는 일종의 접힌 질서입니다. 공통의 의식과 더불어 우리는 전혀 새로운 종류의 지력을 소유할 수 있게 될 것입니다.

[저자의 미주]

[1] Bohm, D. and Hiley, B. J. (1993) *The Undivided Universe*. London: Routledge 참조.

참고문헌

Bohm, D. (1951) *Quantum Theory*. New York: Dover.

—— (1965, 1996) *The Special Theory of Relativity*. London: Routledge.

—— (1980) *Wholeness and the Implicate Order*. London: Routledge.

—— (1992, 1994) *Thought as a System*. London: Routledge.

—— (1996) *On Dialogue*. London: Routledge.

—— and Hiley, B. J. (1993) *The Undivided Universe*. London: Routledge.

Field, J. (1936, 1981) *A Life of One's Own*. Los Angeles: Jeremy Tarcher.

Rosenthal, M. (1996) *Abstraction in the Twentieth Century: Total Risk, Freedom, Discipline*. New York: Guggenheim Museum Publications.

봄의 생애와 저서

데이비드 봄(David Joseph Bohm, 1917년 12월 20일~1992년 10월 27일)은 미국 펜실베이니아주의 윌크스바(Wilkes-Barre)에서 헝가리계 유대인 아버지 사무엘 봄(Samuel Bohm)과 리투아니아계 유대인 어머니 프리다(Frieda Popky)에게서 태어났다. 아버지는 가구 가게 사장이자 랍비의 조수였다. 어린 시절 불우하지는 않았으나, 화목하지 않은 가정 분위기에서 자랐다. 우리나라 다문화 가정처럼 이민 온 어머니의 영향도 있지만, 부모 사이의 불협화가 있었다고 한다. 그것이 봄으로 하여금 자신만의 궁금증과 탐구세계를 구축하는 계기를 만들었다. 영어 'maverick'은 그러한 그의 성격과 학문적 성향을 대표하는 말이 되었다.

펜실베이니아 주립 대학을 1939년에 졸업하였고, 대학원 과정으로 캘리포니아 공학 대학을 1년 다닌 뒤 캘리포니아 대학 버클리에 전학하여 로버트 오펜하이머의 지도를 받으며 공부하였다. 펜실베이니아 학창 시절에 나름대로 하고 싶은 공부를 할 수 있는 분위기를 좋아했던 봄은 캘리포니아 공과 대학의 경쟁적인 분위기에 염증을 느끼고 있었다. 그러던 중 그곳에 강의하러 온 오펜하이머에 매료되고 그에게 이끌려서 버클리로 옮겨갔다. 이 시절에 봄은 물리학과 인문학의 세계를 통합적으로 보는 우주관, 특히 접힌 질서에 관한 아이디어를 구상한 것으로 알려졌다. 동시에 봄은 이러한 자신의 우주관에 부합하는 사상이 마르크스주의라고 보고 이를 신봉하게 되었다. 그러나 그는 미국 공산주의 청년 연맹(Young Communist League, USA)과 같은 공산주의 관련 단체에 연루되기는 하였으나 우리가 아는 개인을 몰살하는 식의 공산주의 활동에 가담하지 않았다. 본서에서도 소개된 그의 전체성은 공산주의나 사회주의가 추구하는 전체주의가 아니다.

이른바 좌익에 연루된 경력으로 인하여 봄은 제2차 세계 대전 동안 원자폭탄을 제조하는 연구인 맨해튼 프로젝트에 참여하지 못했다. 심지어 자기가 수행한 핵물리 관련 연구결과도 기밀문서로 분류되어 자신조차 더 이상 볼 수 없게 되었다. 이처럼 더 이상 물리 연구를 할 수 없게 되자 봄은 오펜하이머의 보증으로 졸업 논문 없이 1943년에 박사 학위를 취득할 수 있었다.

제2차 대전 이후, 봄은 미국 프린스턴 대학교에서 조교수직을 얻고, 아인슈타인과 공동 연구를 진행하였다. 매카시즘이 한창이던 1949년 5월에 미국 의회 산하의 반미국인 활동 위원회(Committee on Un-American Activities)가 공개 청문회에 그의 사상에 관련해 참석을 요구하였으나, 봄은 참석을 거부하였다. 1950년에 이로 인하여 체포되었고, 아인슈타인의 반대에도 불구하고 프린스턴 대학교에서 해임되었다. 1951년 5월에 석방되었으나 재임용되지 못했다.

봄은 미국을 떠나 브라질 상파울루 대학교에서 아인슈타인과 로버트 오펜하이머의 추천으로 교수직을 얻을 수 있었다. 그러나 그가 1951년 10월 10일 상파울루에 도착하자 미국 영사관에서 그의 여권을 압수하였다. 미국은 그가 당시 소련으로 망명할 것을 우려해서 여권을 압수한 것으로 알려졌다. 당시 미국과 소련 간의 냉전이 극에 달하던 시절이었음을 상기할 필요가 있다. 이에 따라 브라질 밖으로 여행할 수 없게 된 봄은 이를 피하기 위하여 어쩔 수 없이 브라질 시민권을 획득하였고, 미국 시민권을 자동으로 상실하였다.

1955년에 봄은 이스라엘 하이파의 테크니온에 2년 동안 체류하였다. 이 기간 동안 세라 울프슨(Sarah Woolfson)을 만나, 1956년에 결혼하였다. 1957년에는 영국 브리스틀 대학교 연구원으로 자리를 옮겼고, 여기서 1959년에 야키르 아로노프(Yakir Aharonov)와 아로노프-봄 효과를 발견하였다. 1961년에 런던 대학교 버크벡 칼리지의 이론 물리학 교수가 되었다. 이후 런던에서 생활하면서 영국 국적을 취득하였고, 1986에 긴 소송 끝에 미국 시민권도 되찾았다.

봄은 1987년에 은퇴하였으나, 1990년 영국왕립 과학원 정회원으로 선출되었다. 우울증이 심해져서 1991년 5월 10일에서 8월 29일까지 입원하였다. 1992년 10월 27일 귀가 중 런던 집 근처에 이르러 한 택시 안에서 심장 마비로 사망하였다.

물리학적 관점에서건 인문학적 관점에서건 봄의 사상을 간략하게 서술하는 것은 내 능력 밖의 일이다. 다만 본서 이해를 위해 몇 마디 부언하고자 한다. 그의 사상적 특징은 코펜하겐 해석(Copenhagen Interpretation)에 대한 반론에서 찾을 수 있다. 코펜하겐 해석은 '논리적으로 양립할 수 없는 두 가지 성질'인 이중성과 상보성을 전제로 한다. 즉 입자와 파동을 동시에 갖는 이중성(duality)과 한 개념과 대립되는 짝이 되는 대립개념과 함께 사용해야만 사물을 기술할 수 있다는 상보성(complementarity)을 모두 받아들인다는 것이다. 이를 확률해석이라고도 한다. 확률해석과 관련하여 봄은 하이젠베르크의 불확정성의 원리를 비판하면서 양자장이론을 제시한다. 그에 따르면,

모든 공간 속에 스며들어 있는 양자장(quantum field)으로 모든 입자들은 초공간적으로 상호 연결되어 있다. 세계의 실상은 전자와 같은 아원자 입자들이 허공 속에 저마다 뿔뿔이 흩어져 떠도는 모습이 아니라, 실제적이고 활발히 살아 있는 공간 속에 만물이 불가분의 그물망의 일부분으로서 얽혀 있는 모습이라는 것이다. 우리가 파악할 수 있는 '것' 이면에는 존재의 깊은 차원, 즉 광대하고 더 본질적인 차원이 존재한다는 것이다. 이를 설명한 것이 양자장이다. 그것은 마치 홀로그램 필름이 홀로그램 입체상을 탄생시키듯이 그것이 모든 사물과 물리적 세계의 모습을 만들어내는 것과 유사하다. 봄은 전자를 한 낱 물체라고 믿지 않고 전 공간에 펼쳐진 하나의 총체(totality), 혹은 조화체(ensemble)가 드러난 것이라고 본다. 이는 곧 봄의 자재 운동(artamovement)으로 이어진다. 만약 어떤 장치가 하나의 전자의 존재를 탐지한다면 그것은 단지 전자의 조화체의 한 측면이 펼쳐졌기 때문이다. 이를 비유적으로 설명한 것이 그의 접힌 질서와 펼친 질서(enfolded and unfolded order), 또는 암재 질서와 명재 질서(implicate and explicate order)이다.

그의 저서는 다음과 같다.

1951. *Quantum Theory*, New York: Prentice Hall. 1989 reprint, New York: Dover.

1957. *Causality and Chance in Modern Physics*, 1961 Harper edition reprinted in 1980 by Philadelphia: U of Pennsylvania Press.

1962. *Quanta and Reality*, A Symposium, with N. R. Hanson and Mary B. Hesse, from a BBC program published by the American Research Council.

1965. *The Special Theory of Relativity*, New York: W.A. Benjamin.

1980. *Wholeness and the Implicate Order*, London: Routledge ; 1983

Ark paperback ; 2002 paperback.

1985. *Unfolding Meaning: A weekend of dialogue with David Bohm* (Donald Factor, editor), Gloucestershire: Foundation House ; 1987 Ark paperback; 1996 Routledge paperback.

1985. *The Ending of Time*, with Jiddu Krishnamurti, San Francisco, CA: Harper.

1987. *Science, Order, and Creativity*, with F. David Peat. London: Routledge. 2nd ed. 2000.

1989. *Meaning and Information*, In: P. Pylkkänen (ed.): The Search for Meaning: The New Spirit in Science and Philosophy, Crucible, The Aquarian Press.

1991. *Changing Consciousness: Exploring the Hidden Source of the Social, Political and Environmental Crises Facing our World* (a dialogue of words and images), coauthor Mark Edwards, Harper San Francisco.

1992. *Thought as a System* (transcript of seminar held in Ojai, California, from 30 November to 2 December 1990), London: Routledge.

1993. *The Undivided Universe*: An ontological interpretation of quantum theory, with B. J. Hiley, London: Routledge. (final work)

1996. *On Dialogue*. editor Lee Nichol. London: Routledge ; 2004 edition.

1998. *On Creativity*, editor Lee Nichol. London: Routledge ; 2004 edition. **본서**

1999. *Limits of Thought: Discussions*, with Jiddu Krishnamurti, London: Routledge.

1999. *Bohm–Biederman Correspondence: Creativity and Science*, with Charles Biederman. editor Paavo Pylkkänen.

2002. *The Essential David Bohm.* editor Lee Nichol. London: Routledge, preface by the Dalai Lama.

2018. *The Unity of Everything: A Conversation with David Bohm*, with Nish Dubashia. Hamburg, Germany: Tredition.

이 중에서 현재까지 우리나라에 번역되어 소개된 책은 다음 두 권이다.

* 1980. *Wholeness and the Implicate Order.* London: Routledge. 이정민 역 (2010) 『전체와 접힌 질서』. 서울: 시스테마.

* 1996. *On Dialogue.* London: Routledge. 강혜정 역 (2011) 『데이비드 봄의 창조적 대화론』. 서울: 에이지21.

역자후기

몇 년 전부터 역자는 형이상학적 탐구에 큰 관심을 갖게 되었다. 그것은 불교의 인연이기도 하지만, 탈근대 아래 논의되는 '일체의 틀을 벗어나게 하는 틀'에 관한 관심이었다. 그래서 과감하게 불교 경책도 접하고, 문명 패러다임, 복잡계 이론, 수학의 불완전성의 원리, 상대성이론과 양자물리학을 소개하는 책과 글을 읽게 되면서, 이를 형이상학이라는 거창한 우산 아래 공부하고 싶은 의욕이 생겨났다. 그러던 중, 전공 영역인 교육학에서 중시되는 앎의 문제를 다룬 두 권의 책*을 번역하고, 이를 정리하는 과정에서 사고의 기본 유형이 두 가지로 대별된다는 생각을 굳히게 되었다. 이를 나름대로 '것'－중심사고와 '일'－중심사고라고 명하고 학회에서 논문 형식으로 발표를 하였으나, 이것이 앎의 문제, 즉 인식론적 영역의 문제에 국한되지 않음을 확신하게 되었다.

이 와중에 니체의 철학적 반전을 기점으로 하여 20세기 철학이 큰 변환을 하여 후설, 베르그송, 듀이, 화이트헤드 등의 사상가에 이르러 각기 다른 색깔로 전개되는 양상이 '일'－중심사고에 토대를 둔

* 폴라니 (1966) 『암묵적 영역』. 김정래 역 (2015) 서울: 박영사 ; 쉐플러 (1965) 『지식의 조건』. 김정래 역 (2017). 서울: 학지사.

것임을 알게 된 '인연'은 동국대학교 김종욱 교수의 BTN의 인문학 강좌에서이다. 이후 내게는 전혀 생소했던 니체, 베르그송, 후설 등 대륙사상가들의 저작과 해설서를 구해 보면서, 어떤 면에서는 영미 분석철학의 틀 속에 살아온 자신이 후회스러울 정도로 유럽 철학과 미국 프래그마티즘의 매력에 끌리기도 하였다. 이즈음 BBS의 우승택 법사의 강의를 들은 인연으로 서점에서 구해 읽은 책이 『봄의 창의성』이다. 단박에 3개의 장인가를 읽고 그 다음 날 출판사에 염치없이 출판을 조르면서 번역 '섭외'를 할 정도로 끌렸던 책이다.

2년여의 번역 과정에서 이 책을 통해서 배운 것이 많아서 기뻤던 것은 물론이지만, 저자의 학문세계의 무량함에 숙연해지기도 하였다. 봄의 사상은 양자물리학을 기점으로 하지만, 그 설명 영역은 인문학과 사회과학 전반을 포괄할 뿐만 아니라, 나아가서 불교의 이치에 그대로 닿아 있는 듯하다. 접힌 질서와 펼친 질서는 광대한 우주론이며, 자신의 초양자장에서 중첩은 연기로 설명되는 존재론이며, 창의성은 인식론적 사고를 보여준다. 그는 또한 자재(自在) 운동의 관점에서 인류의 불행과 파멸을 막을 수 있는 윤리학과 정치철학적 비전을 제시한다. 천학(淺學)한 나에게 이런 경지가 공자의 일이관지(一以貫之)이며, 언어도단이며 불가사의하다는 『금강경』의 일합상(一合相)인 줄로 짐작할 뿐이다. 혹자는 그를 원효대사의 화신(化身)이라고 한다. 그래서 봄의 한 단면을 알았다는 감격에 초역이 끝나고 나서 나름대로 '봄의 인문학적 이해'라는 제하의 제법 긴 해설을 붙일 양으로 글을 꾸며 보았지만, 이것은 봄을 피상적으로 접한 나의 만용임을 깨달아 삼가는 마음으로 다시 차분히 공부하여 차후 다른 경로에 '봄의 인문학적 기여'를 소개하기로 하였다. 그때 가서 역자가 나름 그리고 있는 '것'－중심사고와 '일'－중심사고의 개요를 선보일 것을 약속드린다.

다만 역자가 뜬금없이 두 가지 사고를 언급한 데 대하여 약간 부언하고자 한다. 물리학 탐구의 전개 과정을 입자냐 파동이냐에 관한 탐구라고 할 수 있다. 뉴턴 시절에는 빛이 입자인가 파동인가의 논쟁이었다가 이후 전자와 같은 미립자의 정체를 둘러싼 논쟁으로 발전하였다. 여기에 양자물리학이 대두하면서 논쟁에 한껏 불을 지핀 셈이다. 즉 물리학의 전개를 파동과 입자의 대립 양상이라고 할 수 있다. 이 대립을 김성구 교수는 다음과 같이 정리하고 있다.

[표] 입자와 파동의 대립 양상

입자	파동
서로 떨어져 있음 discrete countable	연속적임 continuous uncountable
위치 점유→위치 확인 (가두어둘 수 있음)	퍼져나감 (가두어둘 수 없음)
운동량을 가짐 (다른 물체를 튕겨낼 수 있음)	운동량을 갖지 않음 (다른 물체를 튕겨내지 못함)
간섭현상 없음	간섭현상 있음
입자들의 물리량은 개별 입자들의 물리량의 합과 같음	파동의 총세기는 개별 파동의 세기의 합과 다름
몸, 실체	몸짓(실체가 없음)

김성구 (2018)『아인슈타인의 우주적 종교와 불교』. 서울: 불광출판사. 181쪽.

이 [표]의 내용은 내가 설정한 두 가지 사고방식에 상응한다. 이를테면 '입자'가 바로 고정된 '것'이라는 실체 또는 이에 상응하는 존재형태를 뜻하며, '파동'은 곧 '벌어지는 사태', '일이 벌어지는 장', 움직임 등의 특징을 지님을 알 수 있다. 따라서 다음과 같은 대비가 가능하다.

입자 vs 파동 : '것'-중심사고의 기반 vs '일'-중심사고의 기반

그렇다면 봄의 입장은 입자를 부정하고 파동의 편에 있다고 할 수 있는가? 적어도 내가 아는 바로 그의 입장을 입자를 부정하고 파동의 편에 섰다고 할 논거를 찾기 어렵다. 그의 주장은 오히려 입자 대 파동의 이분법을 넘어선 것이라고 해야 옳을 듯하다. 그래야 봄의 '자재 운동'이나 '접힌 질서'와 '펼친 질서'를 온전하게 이해할 수 있을 것이다.

달리 말하자면, 봄의 주장은 입자 대 파동의 대립 양상이 아니라 '것'-중심사고 대 '일'-중심사고의 양상으로 파악해야 한다는 것이다. 그러나 '것'-중심과 '일'-중심의 대립조차 이분법적인 것이 아니다. 그것은 어디까지나 '것'-중심사고의 한계를 극복하고자 한 것이니 만큼, '일'-중심사고 자체가 이분법적 사고를 떠나 존재하는 것으로 보아야 한다. 봄의 주장대로 접힌 질서에서 예측할 수 없는 '펼친 질서'가 전개되듯이, '일'-중심사고에서 '것'이 펼쳐 나올 가능성은 봄이 주장하는 바와 어긋나지 않는다. 여기서 '일'이란 '노동'을 뜻하는 것이 아니라 봄의 '흐름(flux)' 또는 '전체상'을 가리키는 말이다. 그것이 접힌 상태로 있다가 '것'의 형태로 펼쳐 나온다는 것이다.

초역이 끝나고, 역자의 동료들은 번역에 도움을 주었다. 성리학을 넘어서 있는 성리학자 李相益 교수님과 인문학 소양과 감각이 남달리 뛰어난 성악가 梁宗模 교수님, 그리고 학교 현장에 필요하다면 무엇이든 달려들어 공부하고자 하는 金相烈 선생님은 초역을 꼼꼼히 읽고 어색한 부분을 잡아주었다. 이 세 분에게 감사드린다. 이들의

기여에도 불구하고 본 역서에 남아 있을 오역과 결함은 역자의 부족함에 기인한 것이다. 독자들의 질정을 바란다. 데이비드 봄의 사상을 소개하면서 이를 시각화해 달라는 부탁에 표제화를 만들어 준 딸 芝暎에게 고마움을 전한다. 끝으로 역자의 '간청'을 마다 않고 출간 결정을 해 준 박영사 安相浚 대표님께 감사드린다.

庚子年 仲秋佳節

玄山 金正來 謹白

색인

(아래 색인은 봄의 본문과 리틀 베어 서문과 리 니콜 서문에 담긴 아이템만을 대상으로 한 것이다.)

인명 색인

사항 색인

저자 | 데이비드 봄(David Joseph Bohm)

데이비드 봄(David Joseph Bohm, 1917~1992)은 미국 펜실베이니아 주에서 헝가리계 유대인 아버지와 리투아니아계 유대인 어머니 사이에서 태어났다. 펜실베이니아 주립 대학교를 졸업하고, 캘리포니아 대학교 버클리에서 로버트 오펜하이머의 지도를 받아 졸업하였다. 봄은 미국 공산주의 관련 단체에 연루되어, 갖은 고초를 겪고 살아야 했다. 그 결과 그는 브라질로 추방당하였으며, 이스라엘을 거쳐 결국 영국에 정착하여 브리스톨 대학과 런던 대학교 버크벡 칼리지의 이론 물리학 교수로 활동하였다. 봄은 물리학에서 초양자장이론을 폈으며, 이를 토대로 하여 모든 것을 포섭하는 우주 질서이론을 개진하게 된다. 그의 이론과 주장은 인문학과 사회과학의 영역을 모두 포괄할 뿐만 아니라 불교의 이치에도 닿아 있다. 접힌 질서와 펼친 질서는 광대한 우주론이며, 자신의 초양자장에서 중첩은 연기로 설명되는 존재론이며, 창의성은 인식론적 사고를 보여준다. 자재 운동의 관점에서 인류의 불행과 파멸을 막을 수 있는 윤리학과 정치철학적 비전을 제시한다. 그가 이른 경지는 공자의 일이관지(一以貫之)이며, 언어도단이며 불가사의하다는 『금강경』의 일합상(一合相)을 증득하는 경지이다.

그의 저서는 사후에 편집하여 출간된 서적을 포함하여 대략 다음과 같다.

Quantum Theory (1951); *Causality and Chance in Modern Physics* (1957); *Quanta and Reality* (1962); *The Special Theory of Relativity* (1965); *Wholeness and the Implicate Order* (1980); *Unfolding Meaning: A weekend of dialogue with David Bohm* (1985); *Science, Order, and Creativity* (1987); *Changing Consciousness: Exploring the Hidden Source of the Social, Political and Environmental Crises Facing our World* (1991); *Thought as a System* (1992); *The Undivided Universe (1993); On Dialogue* (1996); *On Creativity* (1998; 본서); *Limits of Thought: Discussions* (1999); *Bohm-Biederman Correspondence: Creativity and Science* (1999); *The Essential David Bohm* (2002); *The Unity of Everything: A Conversation with David Bohm* (2018) 등이 있다.

역자 | 김정래(金正來)

김정래(金正來)는 서울대학교 사범대학 교육학과와 동대학원을 졸업하고, 영국 University of Keele에서 교육철학으로 박사학위를 받았다. 이후 서울대학교 교육연구소와 한국교육개발원을 거쳐, 부산교육대학교 교수로 있다. 현재 관심분야는 교육형이상학과 새로운 문명패러다임 문제이다. 저서로는 『봄의 인문세계』와 『세상을 바꾸는 나』, 『세상을 바꾸는 힘』이 있고, 연작인 『증보 아동권리향연』, 『아동권리향연 플러스』, 『아동권리향연 마당』과, 『민주시민교육비판』, 『진보의 굴레를 넘어서』, 『고혹평준화 해부』, 『전교조비평』 등이 있다. 공저로는 『교육과 한국불교』, 『교육과 성리학』, 『교육과 지식』, 『학생과 시민의 자원봉사활동』 등이 있다. 역서로는 『지식의 조건』, 『암묵적 영역』, 『초등교육문제론』, 『교육과 개인』, 『아동의 자유와 민주주의』, 『교육목적론』이 있으며, 같이 번역한 책으로는 『대중을 위한 경제학』이 있다.

봄의 창의성
On Creativity

초판발행 2021년 1월 5일
중판발행 2023년 10월 30일

지은이 David Bohm
옮긴이 김정래
펴낸이 안종만·안상준

편 집 황정원
기획/마케팅 박세기
표지디자인 이미연·김지영
제 작 고철민·조영환

펴낸곳 (주) 박영사
서울특별시 금천구 가산디지털2로 53,
210호(가산동, 한라시그마밸리)
등록 1959. 3. 11. 제300-1959-1호(倫)
전 화 02)733-6771
f a x 02)736-4818
e-mail pys@pybook.co.kr
homepage www.pybook.co.kr
ISBN 979-11-303-1158-6 03700

* 파본은 구입하신 곳에서 교환해 드립니다. 본서의 무단복제행위를 금합니다.

정 가 21,000원